# 建筑工人操作技能培训教程

## ——优质工序（共35集）

香港房屋协会　编制

高小旺　饶娟娣　王　昕　编写
王大坚　高　炜

中国建筑工业出版社

**图书在版编目(CIP)数据**

建筑工人操作技能培训教程——优质工序(共35集)/香
港房屋协会编制. —北京:中国建筑工业出版社,2005
ISBN 7-112-07833-4

Ⅰ. 建… Ⅱ. 香… Ⅲ. 建筑工程—工程施工—技术培
训—教材 Ⅳ. TU74

中国版本图书馆 CIP 数据核字(2005)第 128067 号

建筑工人操作技能培训教程
——优质工序(共 35 集)
香港房屋协会 编制
高小旺　饶娟娣　王 昕 编写
王大坚　高 炜

*

中国建筑工业出版社出版、发行(北京西郊百万庄)
新 华 书 店 经 销
北京天成排版公司制版
世界知识印刷厂印刷

*

开本:787×1092 毫米　1/16　印张:14½　字数:360 千字
2005 年 11 月第一版　2005 年 11 月第一次印刷
定价:**500.00** 元(含光盘)
ISBN 7-112-07833-4
(13787)

本培训教程光盘由香港房屋协会编制，原名为"优质工序"，为适应中国内地的习惯用语改名为《建筑工人操作技能培训教程》，含有 4 张 DVD 光盘，播放时间约 13 小时，共 35 个工序。为便于从事建筑工程一线操作人员更好地理解光盘，解读光盘中所述工序要点，了解中国内地与中国香港施工工序在质量控制、施工工艺等方面的差异，我社和香港房屋协会特别邀请高小旺等 5 名专家编写了与光盘配套文字介绍。香港房屋协会授权中国建筑工业出版社在中国内地独家出版发行本培训教程光盘。

培训光盘的主要内容包括：绑扎钢筋、洒水泥砂浆、木地板、木门、砌砖、给水管、排水、洁具安装、支木模板、浇筑混凝土、抹灰工程、铺地面瓷砖、石材工程、贴墙身瓷砖、铝窗、清洁、电气、地面、吊顶、油漆、空调机、基坑支护、非传统模板、塑料窗、结构墨线、装修墨线、竹脚手架、消防、钻孔灌注桩、空调系统、拆卸工程、防水、斜坡、保护、外墙拆棚架前验收。

本套培训光盘可供建筑业企业开展建筑工人技能培训使用，也可供建筑类高等院校、职业院校教学及建筑工人和技术人员自学使用。

＊　　＊　　＊

责任编辑：王　跃　张　晶
责任设计：郑秋菊
责任校对：王雪竹　王金珠

# 出　版　说　明

为深入贯彻《建设部关于贯彻〈中共中央、国务院关于进一步加强人才工作的决定〉的意见》，加快提高建筑行业生产一线操作人员整体素质，培养造就一支高技能的建筑工人队伍，提高我国建筑工程施工质量，中国建筑工业出版社特组织出版《建筑工人操作技能培训教程》光盘(共 35 集)及配套文字说明，以便全国各培训机构及有关人员从多渠道、多层次、多形式地开展建筑工人操作技能培训工作。

本培训教程光盘由香港房屋协会编制，原名为"优质工序"，为适应中国内地的习惯用语改名为《建筑工人操作技能培训教程》。为便于从事建筑工程一线操作人员更好地理解光盘，解读光盘中所述工序要点，了解中国内地与中国香港施工工序在质量控制、施工工艺等方面的差异，我社和香港房屋协会特别邀请高小旺等 5 名专家编写了与光盘配套文字介绍。香港房屋协会授权中国建筑工业出版社在中国内地独家出版发行本培训教程光盘。在此对香港房屋协会及高小旺等专家所做出的贡献表示感谢。

建筑工程是由多道工序构成的，要成为优质工程，切实控制好每个工序的施工质量是最为关键。本套光盘抓住了这个特点，选择了 35 个比较重要且容易出问题的施工工序，对如何达到优质工序施工进行了系统的阐述，包括工序的施工准备、施工机具、施工程序、工艺要求、质量控制和注意事项等。这些对于正在大规模基本建设的我国建设工作者将具有很大的借鉴作用和参考价值，有助于建筑施工人员了解在建筑工序施工中做到优质工序的技术要点、方法、步骤、工艺要求、质量标准和注意事项等，对提高我国建设工程的施工质量和建筑工人的技术素质都有着重要的意义。

我国从 2001 年开始陆续颁布了《建筑工程施工质量验收统一标准》GB 50300—2001及其配套的各专业验收规范，其编制原则是"验评分离、强化验收、过程控制、完善手段"。也就是说验收是强制性的，而施工过程和施工工艺可以由建筑工程单位灵活运用，可以参考地方标准或企业施工工艺标准，也可以引进国外的先进技术。本套光盘虽是以香港施工工艺为背景，但施工中基本的操作技术、操作方法和操作程序与中国内地是大致相同的。我国内地可以借鉴和学习参考一些香港的施工技术、操作方法和安全生产管理等方面的先进经验，从建筑工程一道道工序的施工质量做起，让每一道工序都达到优质标准，从而使整个单位工程成为优质工程。

本套培训光盘可供建筑业企业开展建筑工人技能培训使用；也可供建筑类高等院校、职业院校教学及建筑工人和技术人员自学时使用。

# 前　　言

本书是与建筑工人操作技能培训教程——优质工序(共35集)光盘相配套的文字介绍，该光盘由香港房屋协会编制。

为了便于从事建筑工程的工作者更好地理解光盘中所阐述的达到优质工序的要点，我们在编写中进行了包括各工序的章节、要点标题及顺序的编排。同时，对中国内地与中国香港在施工工序的质量控制、施工工艺等方面的差异作了简要的说明。

建筑工程是由地基基础、主体结构、建筑装修和设备安装等分部工程构成的。各分部工程又可按工种、材料和施工工序划分为分项工程，而分项工程则是由一道道工序实施完成的。因此，建筑工程的施工质量最根本和最基础的是各道工序的施工质量。而搞好建筑工程的施工质量就要从一道道工序的施工质量做起，若建筑工程所包含的施工工序都达到了优质标准，则由全部优质工序构成的分项工程、分部工程也就达到了优质标准，整个单位工程就成为了优质工程。香港房屋协会编制的"优质工序"光盘，抓住了建筑工程的特点和切实搞好施工质量的关键。共选择了35个较为重要和易出质量问题的施工工序，对如何达到优质工序施工进行了系统的阐述，包括工序的施工准备、施工机具、施工程序、工艺要求、质量控制和注意事项等。对于正在大规模进行基本建设的中国内地的建设者们来说，这无疑有很大的借鉴作用和参考价值。有助于中国内地建设工程施工企业的相关人员了解在建筑工程的施工中做到优质工序的技术要点、方法、步骤、工艺要求、质量标准和注意事项等。对于提高中国内地建设工程的施工质量和提高建筑工人的技术素质都有着重要的意义。

为了使中国内地从事建筑工程施工的人员全面了解香港房屋协会编制的"优质工序"光盘的内容，我们保留了光盘中的全部技术内容。从中国内地建筑工程施工的人员更便于应用的角度出发，我们还用了少量的篇幅阐述了中国内地与中国香港在施工工序方面的主要差异。这些差异分为两类：一是各施工工序共有的；二是具体工序特有的。对于具体工序特有的差异则在具体工序中给予了说明，对于各工序共同的差异，则在各工序中没有重复阐述。

由于中国内地在2001年颁布的《建筑工程施工质量验收统一标准》GB 50300—2001及其相配套的专业验收规范贯彻了"验评分离、强化验收、过程控制、完善手段"的编制原则，把原有专业施工及验收规范中的施工工艺部分删除了，仅保留了施工验收的内容，并把施工验收标准作为强制性的标准，其质量验收标准是必须达到的。而施工工艺是自愿采用的，并鼓励有技术能力的施工企业编制企业的施工工艺规程。所以，中国内地在建筑工程施工工艺方面并没有统一的施工工艺规程。有些城市制定了相应的地方性标准，如北京市的《建筑安装分项工程施工工艺规程》DBJ/T 01—26—2003；也有些施工企业编制了施工工艺标准，如中国建筑工程总公司、北京建工集团总公司等。但施工企业对实际工程的施工工序的质量是必须要达到《建筑工程施工质量验收统一标准》GB 50300—2001

及其相配套的专业验收规范规定的验收标准。以下是中国内地对各工序验收要求，即各工序与中国香港共同差异的简要说明。

1. 建筑材料进场验收

对于建筑材料进场验收，中国内地和中国香港均要查验材料合格证、查验外观质量和数量。除此之外，在中国内地还要对涉及建筑工程安全和主要功能的建筑材料进行见证取样和送样检测。只有具备资质的实验室检测合格后才能在工程中使用。

2. 建筑工程的验收组织与管理

中国香港采用的是项目管理制度，建筑工程的验收基本上是由建筑师及工程师负责，并受业主监察；而中国内地采用的是项目监理制度，建筑工程的检验批和分项工程验收由项目监理部的专业工程师组织，建筑工程的分部工程验收由项目监理部的总监理工程师组织，而建筑工程的单位工程验收由建设单位项目负责人或总监理工程师组织进行。

3. 分部工程的抽样检验

中国内地的建筑工程施工质量验收采用强制性的技术标准，对检验批、分项工程、分部工程和单位工程的验收有较具体的抽样检验项目和相应指标要求。同时，对涉及建筑工程安全和重要功能分部工程的还要进行抽样检验。由于本书仅讲述施工工序，所以这些内容就没有涉及。

本书由高小旺、饶娟娣、王昕、王大坚、高炜编写。高小旺负责编写第1、5、9、10、22、23、29、31、32、33、34、35集，饶娟娣负责编写第2、11、12、13、14、16、19、20、27集，王昕负责编写第6、7、8、21、30集，王大坚负责编写第17、28集，高炜负责编写第3、4、15、18、24、25、26集。全书由高小旺负责统稿。在本书编写的过程中得到了北京太平洋建筑工程监理有限公司的领导和员工的支持和帮助，香港房屋协会审阅了本书的初稿，并提出许多宝贵意见，对此我们表示深深的谢意！限于编写者的水平和知识面的局限性，难免有疏漏和不当之处，敬请读者指正。

编写者
2005 年 10 月 8 日

# 目　　录

# 第1集 绑 扎 钢 筋

在建筑工程施工中，如果要建造优质的楼宇，就一定要从正确的基本工序开始。

对于绑扎钢筋这道工序来说，所缺乏的就在于是否能按照工程工序将工作做得更好。

## 1.1 香港绑扎钢筋工序施工工艺和质量控制的主要内容

### 1.1.1 施工准备

(1) 首先要由钢筋工工长备齐施工章程和香港屋宇署批准的最新施工图纸，比如平面图、结构图以及放样图等等，然后才可以开始进行绑扎钢筋的工序。

(2) 另外，还要依照施工章程和施工图纸来制定一份"钢筋工程施工程序"的建议书。内容须列明钢筋工程的施工方法、验收标准和验收程序，而这份建议书必须经过工程师批准以后，才可以进行下料及绑扎的工作。

在绑扎钢筋前，要在工地里面选定一个接近塔式吊机的地方作为钢筋的下料场，以方便钢筋的搬运存取。另外，除了要保持这个下料场的整洁之外，还要注意场地内千万不能有积水的现象出现，下料场必须有足够的排水坡度。

(3) 建筑钢材

所有运送到工地的钢筋必须出示来源证，证明符合标准要求的才可以被验收。

这些钢筋还要送去政府认可的实验室做样本检验测试，包括拉力测试、冷弯和反向弯曲测试，这些测试合格的钢筋才可以使用，而不合格的就必须立刻运走。

(4) 建筑钢材摆放

已经验收合格的钢筋应与那些未经验收的钢筋是分开来摆放。并且都加上了记号，以便于辨别。对于不同规格的钢筋也同样要分开摆放。

在摆放已验收好的钢筋下面一定要垫木头，不能直接放在泥地上，遇到下雨时，要用预备好的防水帆布遮住，以免生锈。

### 1.1.2 钢筋下料

(1) 在下料前，钢筋工工长一定要按照最新图纸来制定下料表格，除了要计算好钢筋实际所需要的长度之外，还要按图预留搭接或锚固长度。

(2) 由于"梁"和"柱"或"墙"的相交位置的钢筋分布比较密，为了避免钢筋互碰的情况出现，钢筋工工长在制定工作表时就要预先将问题解决。"下料"和"钢筋弯制"的工序必须在预先安排好的钢筋下料场进行。在下料时，必须选取合适的钢筋，不能使用有太多铁锈和鳞片的钢筋。

下料要根据下料表来做，至于"弯主筋"和"弯箍筋"的方法就略有不同。在"弯主筋"的时候，必须用不同的弯制模具来配合不同钢筋直径的要求。在"弯箍筋"的时候，必须要先把箍筋本身和箍筋口的长度计算好。

(3) 对已经下好的料要绑上适当的记号，并存放在适当的位置。而废弃的钢筋应该扔进预先准备好的废料筒里，并尽快清理出场。

### 1.1.3 钢筋绑扎工艺

(1) 对将要进行钢筋绑扎工序的位置，必须提供准确的施工水平墨线，包括清晰准确的柱、墙以及留孔墨线，然后才能上料。

(2) 起吊机的钢索必须符合安全标准，同时被吊起的钢筋一定要保持平衡。否则，一不小心，钢筋掉下来产生意外就不好了。

(3) 在上钢筋前，先要跟其他专业互相配合。通常绑扎底层钢筋、预埋管、绑扎面层钢筋，整个过程的时间非常紧迫，所以承建商必须通过妥善的工地管理，来协调各专业所需的工作时间。绑扎钢筋工序完成后，施工的现场就不应该留有剩余的钢筋。做好了以上的步骤，就等于迈出了优质工程的第一步。

(4) 在下料前钢筋工工长要再一次复核钢筋的种类和数量。特别要注意在绑扎柱、墙、楼面和梁的钢筋时，对钢筋的交接和搭接位，必须用足够的绑扎丝稳固扎好，以避免在浇筑混凝土的时候被振散及移位。

(5) 负责监管的钢筋工工长必须持有最新的施工图纸，用来校对钢筋绑扎的位置、尺寸及钢筋与钢筋之间的距离。

(6) 在钢筋绑扎完成支墙身模板之前，钢筋工工长要再一次确保各个部分都有足够的塑料垫块，并且要稳固扎好，以保证所需的混凝土保护层厚度和不露钢筋。

(7) 锚入墙和柱的钢筋要有足够的锚固长度，其锚固长度必须符合施工图纸上的规定。搭接钢筋必须根据施工图纸上显示的长度绑扎。还要特别留意箍筋的间距，以及必须将梁箍筋上下绑扎稳。

(8) 整个钢筋绑扎工程应该和各专业互相协调配合，包括给排水、电气、消防、冷气、燃气、电梯、模板等等，以制定钢筋绑扎步骤。在预埋管的地方，应该尽快绑扎好楼面底部的钢筋，让各专业都可以尽快的完成该项工作。各类预理管不可以安装在梁钢筋外面，以免减小钢筋保护层厚度。

(9) 在绑扎楼面钢筋时，应该要在楼面准备好合适的扳手，用来改正临时更改的钢筋。

(10) 一般会预先安装好一个较大的电器线路盒，以避免要拆去个别楼面钢筋才进行安装工作。应在拆完和装好以后，必须即刻将楼面钢筋重新绑扎好。各专业的装置如有任何更改，应该尽早通知钢筋工长，使绑扎钢筋的工序能够加以配合。

(11) 对所有预留孔的位置，除了必须准确和符合尺寸之外，还必须按照施工图要求，在正确的位置加上足够的附加钢筋(Trimming Bar)，以加强混凝土抗剪能力，防止混凝土凝固时在留孔位置产生裂缝。

另外为避免已绑扎好的钢筋不会被破坏，楼面必须有足够的桥板作为过路通道。

### 1.1.4 工序验收

(1) 每次钢筋绑扎完成后，都必须由总承建商的工长审核后，然后呈交验收报告，由工程师进行验收。

(2) 工序和工种交接验收。如果钢筋工程部分涉及板模、机电或其他专业，就必须同时由工程师、监工和机电工程师验收，经三方认可及签署验收报告之后，才可以安排浇筑混凝土。浇筑混凝土后，必须尽快清理附在钢筋上的水泥浆。

(3) 浇筑混凝土完成后，承建商在工程师指示下，用检测仪抽样检验混凝土保护层，如果发现混凝土保护层在浇筑混凝土期间受到影响而引导致不足，承建商必须检验所有同期混凝土保护层，并提出适当补救方法。而补救方法须经工程师批准后方可进行。

1.1.5　其他有关问题

（1）如果要采用钢筋螺纹连接作为搭接方式，或者要在所有混凝土的"施工缝"位置，预留钢筋搭接，则要得到工程师预先批准。

（2）对于悬挑板，除了悬臂式楼面主钢筋要放于楼面上方位置之外，还需要一次性浇筑混凝土。

（3）对柱头钢筋，防止浇筑混凝土时钢筋变得松散错位的措施为：除了用柱头箍筋来保持垂直之外，还需要用钢筋来卡死柱头的钢筋。

（4）墙内的钢筋，头尾中间的位置，必须加"U"形套来保持距离。

（5）当绑扎地基梁和桩帽的钢筋时，因地基梁和桩帽长期接触泥土，则必须有足够的混凝土保护层。

**1.2　中国内地与香港在绑扎钢筋工序的比较**

中国内地与香港在绑扎钢筋工序的准备、钢筋下料、绑扎工艺和工序验收方面的主要控制内容是一致的。但中国内地有 2/3 的地区为 6～9 度的抗震设防区，对于有抗震设防要求的建筑工程的钢筋搭接位置、同一截面搭接数量则有更严格的要求。另外，在材料进场验收和工序验收等方面中国内地的规定更为具体和带有强制性。

1.2.1　钢筋材料进场复验

在《混凝土结构工程施工质量验收规范》GB 50204—2002 中明确规定了钢筋分项工程原材料进场复验和见证取样送样检验的要求。钢筋材料进场复验和见证取样送样检验的内容要求列于表 1.2.1。

钢筋原材料质量检验项目、数量和方法　　　　　　　　表 1.2.1

| 项目类别 | 序号 | 检验内容 | 检验数量 | 检验要求或指标 | 检验方法 |
|---|---|---|---|---|---|
| 主控项目 | 1 | 力学性能 | 按进场的批次和产品的抽样检验方案 | 必须符合《钢筋混凝土用热轧带肋钢筋》GB 1499 等有关标准的规定 | 检查产品合格证、出厂检验报告和进场复验报告 |
| | 2 | 抗震性能 | 按进场的批次和产品的抽样检验方案 | 对有抗震设防要求的框架结构，其纵向受力钢筋的强度应满足设计要求；当设计无具体要求时，对一、二级抗震等级，检验所得的强度实测值应符合下列规定：<br>（1）钢筋的抗拉强度实测值与屈服强度实测值的比值不应小于 1.25；<br>（2）钢筋的屈服强度实测值与强度标准值的比值不应大于 1.3 | 检查进场复验报告 |
| | 3 | 化学性能 | 当发现钢筋脆断、焊接性能或力学性能显著不正常时 | 必须符合标准要求 | 化学分析检验报告 |

| 项目类别 | 序号 | 检验内容 | 检验数量 | 检验要求或指标 | 检验方法 |
|---|---|---|---|---|---|
| 一般项目 | 1 | 外观 | 全数检查 | 钢筋应平直、无损伤，表面不得有裂纹、油污、颗粒状或片状老锈 | 观察 |

### 1.2.2 钢筋加工质量控制和检验

在《混凝土结构工程施工质量验收规范》GB 50204—2002 中明确规定了钢筋分项工程钢筋加工质量的要求。钢筋加工质量检验项目、数量和方法等要求列于表1.2.2。

**钢筋加工质量检验项目、数量和方法**　　　　　　　　　　　表1.2.2

| 项目类别 | 序号 | 检验内容 | 检验数量 | 检验要求或指标 | | 检验方法 |
|---|---|---|---|---|---|---|
| 主控项目 | 1 | 受力钢筋的弯钩和弯折 | 每个工作班同一种类型钢筋，同一种加工设备加工的抽取不少于3件 | (1) HPB235级钢筋末端应作180°弯钩，其弯弧内直径不应小于钢筋直径的2.5倍，弯钩的弯后平直部分长度不应小于钢筋直径的3倍；<br>(2) 当设计要求钢筋末端需作135°弯钩时，HRB335、HRB400级钢筋的弯弧内直径不应小于钢筋直径的4倍，弯钩的弯后平直部分长度应符合设计要求；<br>(3) 钢筋作不大于90°的弯折时，弯折处的弯弧内直径不应小于钢筋直径的5倍 | | 钢尺 |
| | 2 | 箍筋的末端 | 每个工作班同一种类型钢筋，同一种加工设备加工的抽取不少于3件 | 除焊接封闭环式箍筋外，箍筋的末端应作弯钩，弯钩形式应符合设计要求；当设计无具体要求时，应符合下列规定：<br>(1) 箍筋弯钩的弯弧内直径除应满足本表序号1的要求外，尚应不小于受力钢筋直径；<br>(2) 箍筋弯钩的弯折角度：对一般结构，不应小于90°，对有抗震等要求的结构，应为135°；<br>(3) 箍筋弯后平直部分长度：对一般结构，不宜小于箍筋直径的5倍；对有抗震等要求的结构，不应小于箍筋直径的10倍 | | 钢尺 |
| 一般项目 | 1 | 钢筋调直 | 每个工作班同一种类型钢筋，同一种加工设备加工的抽取不少于3件 | 当采用冷拉方法调直钢筋时，HPB235级钢筋的冷拉率不宜大于4%，HRB335级、HRB400级和RRB400级钢筋的冷拉率不宜大于1% | | 观察和钢尺检查 |
| | 2 | 钢筋加工形状尺寸 | 每个工作班同一种类型钢筋，同一种加工设备加工的抽取不少于3件 | 项　目 | 允许偏差 (mm) | 钢尺 |
| | | | | 受力钢筋顺长度方向全长的净尺寸 | ±10 | |
| | | | | 弯起钢筋的弯折位置 | ±20 | |
| | | | | 箍筋内净尺寸 | ±5 | |

### 1.2.3 钢筋连接质量要求

《混凝土结构工程施工质量验收规范》GB 50204—2002对钢筋连接钢筋的接头宜设置在受力较小处；同一纵向受力钢筋不宜设置两个或两个以上接头；同一连接区段内，纵向受力钢筋的接头面积百分率应符合设计要求等给予的规定。关于钢筋连接质量检验项目、数量和方法等要求列于表1.2.3。

钢筋连接质量检验项目、数量和方法 表1.2.3

| 项目类别 | 序号 | 检验内容 | 检验数量 | 检验要求或指标 | 检验方法 |
|---|---|---|---|---|---|
| 主控项目 | 1 | 纵向受力钢筋的连接方式 | 全 数 | 应符合设计要求 | 观察 |
| | 2 | 机械连接 | 应符合《钢筋机械连接通用技术规程》JGJ 107的规定 | | |
| | 3 | 焊接连接 | 应符合《钢筋焊接及验收规程》JGJ 18的规定 | | |
| 一般项目 | 1 | 钢筋接头位置 | 全 数 | 钢筋的接头宜设置在受力较小处；同一纵向受力钢筋不宜设置两个或两个以上接头；接头末端至钢筋弯起点的距离不应小于钢筋直径的10倍 | 观察和钢尺检查 |
| | 2 | 焊接机械连接接头外观检查 | 全 数 | 其质量应符合《钢筋机械连接通用技术规程》JGJ 107、《钢筋焊接及验收规程》JGJ 18的规定 | 观 察 |
| | 3 | 受力钢筋采用机械连接或焊接接头设在同一构件内 | 梁、柱和独立基础应抽查构件数量的10%，且不少于3件；对墙、板应抽10%有代表性的自然间，且不少于3间；对大空间结构，墙可按相邻轴线间高度5m左右划分检查面，板可按纵横轴线划分检查面，抽查10%，且均不少于3面 | 设置在同一构件内的接头宜相互错开。纵向受力钢筋机械连接接头及焊接接头连接区段的长度为35倍$d$（$d$为纵向受力钢筋的较大直径）且不小于500mm，凡接头中点位于该连接区段长度内的接头均属于同一连接区段。）<br>同一连接区段内，纵向受力钢筋的接头面积百分率应符合设计要求；当设计无具体要求时，应符合下列规定：<br>(1) 在受拉区不宜大于50%；<br>(2) 接头不宜设置在有抗震设防要求的框架梁端、柱端的箍筋加密区；当无法避开时，对等强度高质量机械连接接头，不应大于50%；<br>(3) 直接承受动力荷载的结构构件中，不宜采用焊接接头；当采用机械连接接头时，不应大于50% | 观察和钢尺检查 |

| 项目类型 | 序号 | 检验内容 | 检验数量 | 检验要求或指标 | 检验方法 |
|---|---|---|---|---|---|
| 一般项目 | 4 | 纵向受力钢筋绑扎搭接 | 梁、柱和独立基础应抽查构件数量的10%，且不少于3件；对墙、板应抽10%有代表性的自然间，且不少于3间；对大空间结构，墙可按相邻轴线间高度5m左右划分检查面，板可按纵、横轴线划分检查面，抽查10%，且均不少于3面 | 同一构件中相邻纵向受力钢筋的绑扎搭接头宜相互错开。绑扎搭接接头中钢筋的横向净距不应小于钢筋直径，且不应小于25mm<br><br>钢筋绑扎搭接接头连接区段的长度为1.3$l_l$（$l_l$为搭接长度），凡搭接接头中点位于该连接区段长度内的搭接接头均属于同一连接区段。同一连接区段内，纵向钢筋搭接接头面积百分率为该区段内有搭接接头的纵向受力钢筋截面面积与全部纵向受力钢筋截面面积的比值（图1.2.1）<br><br><br>图1.2.1 钢筋绑扎搭接接头连接区段及接头面积百分率<br>注：图中所示搭接接头同一连接区段内的搭接钢筋为两根，当各钢筋直径相同时，接头面积百分率为50%<br><br>同一连接区段内，纵向受拉钢筋搭接接头面积百分率应符合设计要求；当设计无具体要求时，应符合下列规定：<br>（1）对梁类、板类及墙类构件，不宜大于25%；<br>（2）对柱类构件，不宜大于50%；<br>（3）当工程中确有必要增大接头面积百分率时，对梁类构件，不应大于50%；对其他构件，可根据实际情况放宽 | 观察和钢尺检查 |
| | 5 | 构件纵向受力钢筋搭接长度范围内的箍筋 | 梁、柱和独立基础应抽查构件数量的10%，且不少于3件；对墙、板应抽10%有代表性的自然间，且不少于3间；对大空间结构，墙可按相邻轴线间高度5m左右划分检查面，板可按纵、横轴线划分检查面，抽查10%，且均不少于3面 | 在梁、柱类构件的纵向受力钢筋搭接长度范围内，应按设计要求配置箍筋。当设计无具体要求时，应符合下列规定：<br>（1）箍筋直径不应小于搭接钢筋较大直径的0.25倍；<br>（2）受拉搭接区段的箍筋间距不应大于搭接钢筋较小直径的5倍，且不应大于100mm；<br>（3）受压搭接区段的箍筋间距不应大于搭接钢筋较小直径的10倍，且不应大于200mm；<br>（4）当柱中纵向受力钢筋直径大于25mm时，应在搭接接头两个端面外100mm范围内各设置两个箍筋，其间距宜为50mm | 钢　尺 |

1.2.4　钢筋安装质量要求

《混凝土结构工程施工质量验收规范》GB 50204—2002 对钢筋安装质量检验项目、数量和方法等要求列于表1.2.4。

钢筋安装质量检验项目、数量和方法　　　　　　　　　　表 1.2.4

| 项目类别 | 序号 | 检验内容 | 检验数量 | 检验要求或指标 | | | | 检验方法 |
|---|---|---|---|---|---|---|---|---|
| 主控项目 | 1 | 受力钢筋的品种、级别、规格和数量 | 全数 | 钢筋安装时，受力钢筋的品种、级别、规格和数量必须符合设计要求。 | | | | 观察和钢尺 |
| 一般项目 | 1 | 钢筋安装位置偏差 | 在同一检验批内，对梁、柱和独立基础，应抽查构件数量的10%，且不少于3件；对墙和板，应按有代表性的自然间抽查10%，且不少于3间；对大空间结构，墙可按相邻轴线间高度5m左右划分检查面，板可按纵、横轴线划分检查面，检查10%，且均不应少于3面 | 项　目 | | 允许偏差（mm） | | |
| | | | | 绑扎钢筋网 | 长、宽 | ±10 | | 钢尺检查 |
| | | | | | 网眼尺寸 | ±20 | | 钢尺量连续三档，取最大值 |
| | | | | 绑扎钢筋骨架 | 长 | ±10 | | 钢尺检查 |
| | | | | | 宽、高 | ±5 | | 钢尺检查 |
| | | | | 受力钢筋 | 间距 | ±10 | | 钢尺量两端、中间各一点，取最大值 |
| | | | | | 排距 | ±5 | | |
| | | | | | 保护层厚度 | 基础 | ±10 | 钢尺检查 |
| | | | | | | 柱、梁 | ±5 | 钢尺检查 |
| | | | | | | 板、墙、壳 | ±3 | 钢尺检查 |
| | | | | 绑扎箍筋、横向钢筋间距 | | ±20 | | 钢尺连续三档，取最大值 |
| | | | | 钢筋弯起点位置 | | 20 | | 钢尺检查 |
| | | | | 预埋件 | 中心线位置 | 5 | | 钢尺检查 |
| | | | | | 水平高差 | +3，0 | | 钢尺和塞尺检查 |
| | | | | 注：1. 检查预埋件中心线位置时，应沿纵、横两个方向量测，并取其中的较大值；<br>2. 表中梁类、板类构件上部纵向受力钢筋保护层厚度的合格点率应达到90%及以上，且不得有超过表中数值1.5倍的尺寸偏差 | | | | |

1.2.5　钢筋隐蔽验收

在浇筑混凝土之前，应进行钢筋隐蔽工程验收，其检验内容列于表1.2.5。

钢筋隐蔽工程质量检验项目、数量和方法　　　　　　　　　表 1.2.5

| 检 验 内 容 | 检验数量 | 检验要求或指标 | 检 验 方 法 |
|---|---|---|---|
| 1　纵向受力钢筋的品种、规程、数量、位置等；<br>2　钢筋的连接方式、接头位置、接头数量、接头面积百分率等；<br>3　箍筋、横向钢筋的品种、规格、数量、间距等；<br>4　预埋件的规格、数量、位置等 | 全　数 | 同表 1.2-1～1.2-4 的检验要求或指标 | 现场检查和核验有关资料 |

# 第2集 洒水泥砂浆

在混凝土墙基层面上抹水泥砂浆之前，很重要的一道工序是在混凝土面上洒水泥砂浆。它的主要功能是加强水泥砂浆面层与混凝土基层之间的粘结力，防止水泥砂浆面层空鼓、剥落。

## 2.1 香港洒水泥砂浆施工工艺和质量控制的主要内容

### 2.1.1 施工准备

（1）施工前，承建商要根据最新批准的施工图和相关的施工章程来确定施工部位并编制该工序的施工程序建议书，建议书中要明确施工方法、验收标准和验收程序报工程师批准。

（2）材料准备

1）所需用材料水泥、砂、水全都要经工程师批准。承建商一般都用政府自来水，如果用其他水源，就一定要把水样送到化验所检验，证明其水质符合标准才可使用。

2）砂子要用淡水砂，其砂粒的粗细也要符合要求。运到工地后要存放在指定地方，并做好保护。

3）水泥要由生产厂家提供水泥的试验报告和出厂合格证明书。

水泥在搬运过程中，注意不要弄破纸袋。存放水泥的地方要干燥，上面要有遮盖，而且要摆放在平坦而牢固的地方，并要做好保护，防止水泥受潮。水泥应先到先用，结块或变硬后不能再使用。

（3）工具和主要机具：灰桶、水管、铲子、搅拌器、铁板、大约150mm宽的木扒或塑料扒。

### 2.1.2 作业条件

（1）洒水泥砂浆的时间要在混凝土模板拆除后当天。

（2）在洒水泥砂浆之前，要做好基层处理，将粘在混凝土面上的模板皮、水泥浆等杂物、油污等清理干净，还要把混凝土面上电气等预留孔洞用适当的物料塞好。

（3）施工前，要对混凝土面进行淋水，一小时后才可洒浆，以增加混凝土与水泥砂浆之间的粘结力。

（4）如果混凝土面上有蜂窝，就要马上通知工程师并根据工程师批准的方法进行处理。

### 2.1.3 作业要点

（1）配料：先将水泥和砂子按1：2的比例放在平板上混合并搅拌均匀，再将其倒入桶内加水搅匀，直到调成浆糊状。分量要准，要用多少搅拌多少，避免浪费。拌好的水泥浆要在一小时内用完。

（2）施工时，要注意水泥砂浆的覆盖密度，不能出现大于50mm×50mm的空隙。

（3）水泥砂浆干后，要进行洒水养护，洒水时间和次数要视天气而定。

（4）如果洒水泥砂浆的工序不能在拆模后立刻进行，那么，事先要经工程师的批准，可在和灰浆时，加入一定比例的白胶浆（加强剂）。具体做法：将水和加强剂混合后倒入砂子灰中再搅拌成糊状。加强剂的比例要参照生产商的产品说明。

### 2.1.4　质量验收

七天后，由工程师进行检查验收。检查水泥砂浆的密度，并用钢丝刷刷其表面来测试其强度，如果不符合要求，就得铲去，重新返工。

## 2.2　中国内地与香港水泥砂浆施工工艺和质量控制的比较

### 2.2.1　工艺方面

香港用 1∶2 的水泥砂浆用木扒洒到混凝土墙上。

内地目前大多采取在抹灰打底之前对基层进行处理。对于混凝土基层，目前多数采用水泥细砂浆掺界面剂，喷或甩到混凝土或加气混凝土墙上进行"毛化处理"。

### 2.2.2　材料

（1）水泥：内地除了要求厂家提供出厂合格证和检测报告外，还要求对进场水泥按不同品种、不同批次和数量做复试、出厂超过 3 个月的水泥要重新做检测，而且是带有强制性的。水泥包装袋上不标明生产日期，而在出厂合格证上注明生产日期。

（2）砂子：内地不强调用淡水砂。

（3）所有甩毛用砂浆全部要加建筑胶或界面剂。

### 2.2.3　作业条件

内地不强调作业时间，只强调环境温度不得低于 5℃。

### 2.2.4　作业要点

香港要求拆模当天施工。

内地不要求当天施工，用 1∶1 水泥砂浆（内掺用水量 10％的建筑胶或界面剂）喷或甩毛。

### 2.2.5　质量验收

（1）在内地，此工序只作为墙面抹灰前基层处理的其中一道工序，不需要正式办理验收手续，只需工地的质量检查员检查通过就可以。

（2）检查方法及标准

香港用钢丝刷刷，空白的地方有标准可依，不允许超过 50mm×50mm。

内地对毛化处理的要求：甩点要均匀，毛刺长度一般不超过 8mm，甩浆要满，空白处越少越好。检查方法：对毛刺用手掰，手感有强度，但对空白的地方没有统一标准。

# 第 3 集　木地板(木器)

## 3.1　香港木地板(木器)工序施工工艺和质量控制的主要内容

### 3.1.1　施工准备

(1) 要做到优质楼宇,就一定要从正确的基本工序开始。而地板的踢脚线、台板以及顶棚线,都同样是属于室内装饰的类别,想做到优质标准的话,注重材料的材质和施工的技术都是相当重要的。我们一定要先收集齐最新批准的施工图纸,制定一份"木地板施工程序建议书"。

建议书中要列明施工方法、收货标准及验收程序,然后再交给工程师去批准。

(2) 应根据图纸、施工章程以及标书的要求,呈交有关材料产地证明以及所需的样本,比如白胶浆,又或者固体沥青以便交给工程师批准。

这些材料主要分成两大类:一种是外露的,一种是隐蔽的。

外露的材料,比如地板、踢脚线、台板和顶棚线,都是要呈交三个样板,以便将来作为收货的标准。而不能外露的材料,像地脚线背面和夹板底板等等,都要在安装前,刷上防蚁油作保护。

(3) 木材和制成品运到工地以后,要摆放在干爽和空气流通的地方,同时要有适当保护,不要让它们遭到任何的损坏。

### 3.1.2　材料进场验收

(1) 木地板材料要备有出厂合格证书以证明它的质量是符合规格要求。不过光有证书还不够,还要抽样检查木材的质量、尺寸和规格。

(2) 这些木材和制成品还要用测试表来测试含水率,其含水率必须要达到施工说明上的标准。如果是因为环境的影响,比如说湿度太高而达不到施工的标准,就要去找工程师想办法。

### 3.1.3　制作样板

(1) 在正式铺地板前,施工的工人必须先根据已经批准的施工图,把地板铺好,让工程师查看这些样板有没有问题。

(2) 除了做样板之外,还要确保其他装修工程完成之后把瓷砖、玻璃进行清理和装嵌好才行。还有地面不可以有空鼓爆皮和翻砂的情况,在铺时,还一定要保持地面的清洁和干爽。

### 3.1.4　铺地板工艺

经常采用的地板有四种。包括有窄条木地板、方格地板、长条地板和无缝地板。

(1) 对于窄条地板所用的木材通常是柚木或者是金橘木,每一格地板都是由 5 块,大约长 120mm 宽 24mm,厚度至少有 8mm 的木条组成。

这些窄条木地板也要交给工程师来检查,它们的颜色要接近,木条上也没有弊病,那才可以使用。在铺时，工人一定要用有齿的铁板，把验过没问题的胶浆刷在地面上，再铺上地板，还要拍紧。每块窄条地板，都一定要对齐而且要照墨线铺，口要对直，角位要对点，不然将来做出来就歪七扭八了。

靠近墙边或者其他地面装饰位置的地板，就要用直木条来围边收口。

还要在墙边的位置，留有 5～10mm 来做伸缩缝。否则，地板受热膨胀就没有胀缩位置。

铺完地板，就要立刻清除裱纸，再用珍珠棉条把伸缩缝塞住。

（2）对于方格地板，通常是用柚木或其他硬木制成的，形状要有榫及有槽，也一定要经工程师批准之后才能够使用。

每格地板就要用 6 条，厚度最少要是 18mm 的方格地板组成，而每格地板都应该有305mm 这么大才够标准。

方格地板的木材颜色要相似和平直，而且这些木块不可以有瑕疵。地板所用的木板是有纹有路的，所以工人在选木板的时候，记住一定要把纹理颜色配合好，否则铺出来就难看了。

画好墨线复查后，可以把已经溶解沥青刷在地面上，然后再把木块铺上去，要注意，木块的底部也要均匀的沾上沥青。千万不要沾在木块的边上，否则打腊的时候沥青就会被吸到木块的表面上。每铺完一块，都要马上把它敲紧，这样地板才能铺得整齐好看。

还要注意每一个方格一定要对正，或按人字条纹来进行铺，空隙要对齐，如果是遇到墙边或是其他地台装饰相碰的时候，就要按照工程师批准的样板，至少用两块木板围边收线。

方格地板和窄条地板都要在墙边位置留 5～10mm 的伸缩缝，然后再用珍珠棉来把它塞住。

（3）对于长条地板，通常长条地板是用 18mm 厚，70～83mm 宽的硬木来做的。做法是：先把胶纸和腊青纸铺在测过水平的地面上，然后铺上合规格的夹板底板，再用适当长度的钉把它钉好，底板之间也一定要留 5～10mm 的位置来做伸缩缝。

然后再用合规格的气枪钉，把长条地板钉在底板上，一定要在榫头位置钉上斜钉，这样钉头才不会在板面上出现。要注意每几件地板之间都要留伸缩缝，至于伸缩缝的数量和宽度，就要根据木材的种类、木质、含水率及实地环境的湿度而定。

长条地板的油漆，一般分为预涂油色和后做涂色两种。

（4）对于无缝地板，这种地板就一定要根据工程师批准的制造商交来的施工说明书来安装，一般的安装方法大至上可以分为两种。

第一种就是固定安装法。在铺前，先把混凝土地面搞平整和干爽，这样铺出来的地板才会平滑。

然后就可以把合规格的马路胶纸和沥青铺在混凝土的地面上，再将适当厚度夹板底板铺面用钉钉稳。

最后，就可以将符合规格的胶浆刷地板底，再钉头位落斜钉。底板与底板之间，底板与墙身边都一样要预留 5～10mm 作为伸缩缝。

第二种就是浮装法。工人先要在地台上面铺上合规格的胶纸和胶垫，在画好了墨线后在地板的槽和榫之间刷上合规格的胶浆，再用木锤和木垫把地板间的接口敲实，一定要敲得紧贴为止。

做好后一定要清理好板面多余的胶浆，还要不断检查地板与地板之间的夹口，要确保其平整。

### 3.1.5　工序验收

所有地板都铺好了后，承建商要来验收。其主要检验项目为：

(1) 铺砌方法、材料和位置是否都符合工程师批准的样板；地板和墙边是否有适当的空位做伸缩缝；长条地板是否按照工程师的指示在地板之间都留有伸缩缝。

(2) 窄条地板和方条格地板一样，在所有的工序做完后，就要用砂纸机磨光，先用粗砂纸，再用细砂纸把地板磨光滑。但是在边角上，砂纸机磨不到，就要手提机或者是用人手来补做。最后就可以在地板上打上工程师准许的地板腊。

(3) 至于脚线不能有虫孔，或有木节以及裂开之类的问题。而且木材的颜色要接近，表面又要足够平滑，切面的形状要以工程师批核的样板做标准。

(4) 在安装脚线之前，要先确保墙身平直。然后用气枪钉，把脚线稳固的钉在墙上，要注意这个脚线一定要贴紧墙身和地面。钉完后，钉头位置要填平颜色也要配合好，以免看出一颗颗钉头。

(5) 安装直脚线尽量不要有接驳口，如果是无法避免，就要根据工程师批准的位置，一定要以 45°角来进行接驳。而且接驳口一定要平直紧密才行。

(6) 至于窗台板的安装。首先要清理好窗台的混凝土面以及确定好实木窗台板的钻孔位置，然后就可以把螺钉胶塞在窗台位置上，再用螺钉把窗台板固定。

要注意螺钉头一定要藏在窗台下面，钉孔要用木塞填好并且一定要弄平滑。

在安装窗台的饰面板时，也要先把混凝土面做好平滑工作并且清理好，才用螺钉胶塞及混凝土钉装上夹板底板，接着就可以贴上装饰面夹板或者是装饰薄皮。

这种装饰面薄皮，除了可以用气枪钉之外，也可以加钉临时木条来固定它，最后再钉上封边线，等到饰面薄皮紧贴底板之后，就可以把木条拆掉。

要注意所有窗台板的位置和水平，都要按照图纸来做，窗台板要低于玻璃线，这对于将来换玻璃，就方便得多。

(7) 对于装在大厦公众走廊或者大堂的顶棚线，一定要采用防火材料；如果顶棚线是木料的话，那么顶棚线就要刷上防火油了。

在安装顶棚线之前，工人就要先根据墨线，贴好保护胶纸，并且要确保顶棚、墙身装饰都已经完全做好了才行。

另外，顶棚和墙身一定要平直，所有顶棚上的灯位以及开关的位置，都不可以侵占顶棚线的位置。

一般顶棚线的安装方法，就是把顶棚线刷上制造商的胶浆或者是液体钉，然后就贴在顶棚和墙身的位置上，注意尽量不要在显眼的地方来接驳顶棚线。最后把接口位置弄平把胶纸清理干净。记住，顶棚线一定要装的稳固和平直。

## 3.2　中国内地与香港在木地板(木器)工序施工工艺和质量控制的差异

香港对木器(木地板、踢脚线、台板)等统归为木器工序，而中国内地则区分为地面(木地板面层)工程和细部工程(窗台板安装工程)。鉴于此，这里主要讨论木地板工序的施工工艺和质量验收标准。中国内地的地面木、竹面层铺设又分为实木地板面层、实木复合地板面层、中密度(强化)复合地板面层和竹地板面层。在《建筑地面工程施工质量验收规范》GB 50209—2002 中木竹面层铺设给出了较为详细的质量验收标准。下面仅以实木地板面层为例给予说明。

3.2.1 实木地板面层施工工序的基本要求

(1)实木地板面层采用条材和块材实木地板或采用拼花实木地板,以空铺或实铺方式在基层上铺设。

(2)实木地板可采用双层面层和单层面层铺设,其厚度应符合设计要求。实木地板面层的条材和块材应采用具有商品检验合格证的产品,其产品类别、型号、适用树种、检验规则以及技术条件等均应符合现行国家标准《实木地板块》GB/T 15036.1~6 的规定。

(3)铺设实木地板面层时,其木搁栅的截面尺寸、间距和稳固方法等均应符合设计要求。木搁栅固定时,不得损坏基层和预埋管线。木搁栅应垫实钉牢,与墙之间应留出 30mm 的缝隙,表面应平直。木搁栅应作防火、防虫、防腐处理,应选用烘干料。

(4)毛地板铺设时,木材髓心应向上,其板间缝隙不应大于 3mm,与墙之间应留 8~12mm 的空隙,表面应刨平。毛地板如选用人造木板应有性能检测报告,而且应对甲醇含量复验。

(5)实木地板面层铺设时,面板与墙之间应留 8~12mm。

(6)采用实木制作的踢脚线,背面应抽槽并做防腐处理。

3.2.2 中国内地木地板工序的质量验收

中国内地强调施工质量的验收。施工单位所采用的施工工艺必须达到《建筑地面工程施工质量验收规范》GB 50209—2002 给出的实木地板面层的质量标准要求。

《建筑地面工程施工质量验收规范》GB 50209—2002 给出的实木地板面层工序的施工质量检验项目、方法和指标要求列于表 3.2.1。

实木地板面层施工工序质量检验项目、要求和方法 　　　　　表 3.2.1

| 项目类别 | 序号 | 检验要求或指标 | 检验方法 |
|---|---|---|---|
| 主控项目 | 1 | 实木地板面层所采用的材质和铺设的木材含水率必须符合设计要求。木搁栅、垫木和毛地板等必须做防腐、防蛀处理 | 观察检查和检查材质合格证明文件及检测报告 |
| | 2 | 木搁栅安装应牢固、平直 | 观察、脚踩检查 |
| | 3 | 面层铺设应牢固;粘结无空鼓 | 观察、脚踩或用小锤轻击检查 |
| 一般项目 | 1 | 实木地板面层应刨平、磨光,无明显刨痕和毛刺等现象;图案清晰,颜色均匀一致 | 观察、手摸和脚踩检查 |
| | 2 | 面层缝隙应严密;接头位置应符合设计要求、表面洁净 | 观察检查 |
| | 3 | 拼花地板接缝应对齐,粘、钉严密;缝隙宽度均匀一致;表面洁净,胶粘无溢胶 | 观察检查 |
| | 4 | 踢脚线表面应光滑,接缝严密,高度一致 | 观察和钢尺检查 |

| 项目类别 | 序号 | 检验要求或指标 | | | | 检验方法 |
|---|---|---|---|---|---|---|
| 一般项目 | 5 | 实木地板面层的允许偏差和检验方法应符合下表的规定 | | | | |

**实木地板面层的允许偏差和检查方法**

| 项次 | 项　目 | 允许偏差（mm） | | | 检验方法 |
|---|---|---|---|---|---|
| | | 松木地板 | 硬木地板 | 拼花地板 | |
| 1 | 板面缝隙宽度 | 1.0 | 0.5 | 0.2 | 用钢尺检查 |
| 2 | 表面平整度 | 3.0 | 2.0 | 2.0 | 用2m靠尺和楔形塞尺检查 |
| 3 | 踢脚线上口平齐 | 3.0 | 3.0 | 3.0 | 拉5m通线，不足5m拉通线和用钢尺检查 |
| 4 | 板面拼缝平直 | 3.0 | 3.0 | 3.0 | |
| 5 | 相邻板材高差 | 0.5 | 0.5 | 0.5 | 用钢尺和楔形塞尺检查 |
| 6 | 踢脚线与面层的接缝 | 1.0 | | | 楔形塞尺检查 |

# 第4集 木 门

## 4.1 香港木门工序施工工艺和质量控制的主要内容

### 4.1.1 施工准备工作

（1）制订木门施工工序建议书

如果想做到优质的效果，除了要注意材料的质量之外，制造及安装的过程也很重要。所以在做之前，我们就要以实际的环境和施工的图纸，来制定一份"木门施工工序建议书"，英文就是 Proposed method statement。

该建议书要列明施工方法、收货标准及验收程序，要经工程师批准后，才可以开工。而木工承包商也一定要根据批准过的图纸和施工章程，做一份详细的施工图则，也就是 Shop Drawing，让工程师审核。

（2）按图纸备料

在做木门和门框前，要依据最新批准的图纸、施工章程和门表，来核查门的大小尺寸和数量。另外承建商还要根据标书，预先将要用的材料样本，让工程师批准。

比如门框、门扇、连接件、膨胀螺栓、框架角钢、小五金以及防蚁油等等。每种外露的木材，都要交三个样本用做以后验收的样本，而门扇就要留空一面夹板，供将来工程师检查门心结构。

（3）材料处理和放置

检查过材料以后，接着还要进行处理。木材不能用被虫蛀的，而且要控制好他们的含水量，所以就一定要做防虫和烘干的处理了。等材料处理完后，要放在工地干燥和空气流通的地方，并要有适当的保护，这样材料才不会受天气的影响。木材被雨淋湿了就不能用了。

### 4.1.2 材料和构件进场验收

（1）木材含水率

运到工地就要用测试表检查一下木材的含水率是否符合施工章程的标准，如果环境的影响不符合施工要求，就要立刻找工程师想办法。

（2）木材外观质量

1）木材还要符合设计的要求，材料不能有天然的弊病，比如虫眼、疤节、裂纹等等，另外，木材的刨光程度又要足够光滑，不能有刨痕和毛刺。

2）清漆制品的木材，木色和树种要一致，木纹也要近似。而混水油漆的木材，树种也要一致，不过木纹和木色有点出入也可以，但是最终要由工程师来定。

（3）木门构件质量检查。运到工地的门和门框，都要抽样检查它们的尺寸和规格，还要抽样打开门扇的夹板，检查门心和门的结构是否有问题。

### 4.1.3 门框制作安装和成品保护

（1）木框放样图

在做门框前，木器管工首先要认真看看门样图，了解门的构造还有每个部分的横切面、长度等等，同时要做一个放样图。

（2）刨光木材

按照木门放样图，挑选合适的木材。木材的品种就要由工程师批准过才能使用，而通常用的，就有山樟和柚木这两种，选好木材后，就可以刨。

为了保险起见，在刨之前应该再复查一下材料的质量和规格。在刨木料时，一定要顺着木纹的方向，千万不能出现叉纹。

（3）槽口、榫等质量要求

1）刨好后就可以按放样图来锯长度，再按类型和规格放好，到用的时候就方便了。槽口要刨得平直，深浅宽窄要一致，不可以起毛，也不可以凹凸不平，内角要成直角，还要把木屑擦干净。

2）不止是槽口，榫和夹角都一样要平直的，要完整无损而且不能有木屑。另外榫和夹角的尺寸一定要配合得很准确，如果框太宽，就要让工程师决定要不要用双榫。

（4）刷防蚁油

在装框之前要先刷好框背的防蚁油，通常都是用黑色、透明或加了颜色的防蚁油。如果将来的框要刷磁漆或者手扫漆的话，那就要在并框之前刷一层银粉漆来做保护。

（5）装门框前的清理

除了刷油漆，在装框前还要把楼房清理好，要保证安装位置的墙身和门框的水平墨线已经弹好，门框的代号要清楚的注明，而且要画好门框的槽口位置。

（6）装门框

1）首先要做的是并框，把门框的各个部分的正面，平放的安装好。注意立框和横框的接口位置，要涂上木胶并用螺钉把它固定住，如果做的时候发现立框和横框的接口不平，则一定要刨平它。

2）门的宽度和直角一定要固定得很好，所以门框下面就一定要加钉横撑，但做的时候注意要紧贴地面，否则出入的时候随时会绊倒。复核好对角线后，就可以在立框和横框的交接处钉上临时八字斜撑。

3）接着要在门上画上门框高度的水平墨线，用来做装框的水平墨线。同时还要再检查一下门框宽度和直角有没有问题。至于在安装时，就要依照水平和地面的墨线，用临时斜撑或者木顶把门框稳定住。门框搞好后，就可以装到墙上了。

4）不同的墙当然有不同的装法，如果是砖墙，就要依照规格装上镀锌扁钢。根据施工章程，通常2.1m高的门框，就要在每边分上中下各装上一个扁钢，扁钢的位置最好能够和砖缝配合上。至于门框脚，要用角钢在水泥地面上钉结实。

5）如果是安装在混凝土柱或者是混凝土墙上，就要用木尖把门框上下固定好，这样就不会移位了，至于木尖，就注意要塞在门框后第二天才能拆走。然后就可以按照规格，根据框上预先留下的螺丝孔，在每边水泥墙的上中下位置钻孔，用来装符合标准的爆炸（胀管）螺丝。

6）在装爆炸（胀管）螺丝时，注意一定要装上垫片，而螺丝要依照生产商的说明正确的安装，螺丝头的入框深度既不能太深又不能太浅。

7）要用木尖塞在螺丝孔的附近，确保上螺丝时候门框不会移位。这些木尖要等门框的水泥砂浆硬化以后才能拆走。最后还要用做木框的材料来做一些木塞子,在上面刷上木胶,用它来封上螺丝孔,等到胶干了后,再把木塞刨平了。

(7) 门框成品保护

做一个木门框要这么多工序,当然要好好的保护它。一般可以从地面到大约 1.5m 高的阳角位,用三合板来做保护,也还有其他的办法,但是要视门框的材料和实际的环境而定了。

总之,要把以上的工序做好,门框的质量就不会差。

### 4.1.4 空心木门制作安装

(1) 空心木门制作安装的基本要求

1) 首先木器管工同样要根据门样图,把各部分做一个放样图。然后就要选一些适合而且又被工程师批核过的木材来施工。一般门的立框、横框以及心材,都是中密度的硬木料。

2) 要在立梆和横梆上面,开一些适当深度的透气孔,这样就可以减少门扇变形的机会。中间的加固木框的交叉位,要根据施工图的距离把它合上。

3) 至于夹板要用工程师批准过的,室内就要用 2 号胶水板,就是 MR 夹板;而室外则要用 1 号胶水夹板,就是 WBP 夹板;至于饰面板皮用的材料,就要由工程师来决定。

4) 对组合门心,要先用角铁把立框和横框组合好,然后再把加固木框相互紧扣,凹位一定要够紧,而表面一定要平整。还要注意在装门锁的位置上面加上块锁口木。

5) 底面要用胶水贴上 5mm 夹板,再用机器把它压紧。

(2) 胶板木门施工工艺

1) 胶板门要将胶板贴在 5mm 夹板上。把它贴好以后,就要照图纸上的尺寸,把四边切好,查一查尺寸对不对,再把它刨平,然后用胶水及家具钉钉上实木封边,钉的时候,四个门角都一定要连接紧密。

2) 封边和夹板,要平直一致才行,至于两扇门的碰口位置,要加上适当厚度的封边线,通常双扇门是分有槽口门和碰口门两种。

3) 如果要在门上面开玻璃窗,开洞的四边就要加上适当厚度的玻璃木线,而夹角一样都要非常紧密才行。

(3) 空心木门运输

装好的门,要包好地送到工地,要是不小心摔坏、划花了后悔就来不及了。

(4) 空心木门安装

1) 木门做好就可以安装了。在安装之前,还要复核一次门框的尺寸、位置以及是不是垂直。而门扇和门框要注意要预留适当的空位,否则装门的时候,这扇门就装不上去了。

2) 合页也是重要的一部分。至于要装多少个合页就要按照图纸的指示,在安装之前,除了要在门框和门扇上面划好合页的位置之外,还要以门的厚度来开合页槽,如果木料太硬的话,就要先钻孔了,再用符合规格的螺丝来装合页。

3) 安装好合页后,就可以试装门扇。首先在上下合页各装两颗螺钉,接着再检查门扇的三边空隙,如果有问题,就要立刻把螺丝拆下来,纠正合页的位置,检查没有问题后，就可以把其余所有的螺钉上紧了，这扇门就已经安装好了。

4）装完了以后还要检查一下门会不会自开自关。

（5）安装门销和闭门器

装好了门，最后就要装小五金了，这个时候应该按照图纸以及附上的说明书来安装门锁和闭门器。总之按照以上的工序做，这扇门的质量就不会差。

### 4.1.5　实心门制作安装

（1）实心门与空心门的区别是门心组合不同。实心门的门心结构，除了有合乎图纸标准的上下横档外，门的中间都要加中横档，而在上下空位，还要垂直摆放门心木方，而且要压紧拼合才行。

（2）防火实心门和门框的做法也有不同，其做法为：

1）防火实心门在结构、门心木材和门框的制造，槽口的深度、防火胶条的位置等等，要符合防火门测试的标准。

2）在装防火门前，还要先检查门底和关门位置的地面标高，另外还要确保门扇同地台的距离符合规格，开门的时候不会刮到地。

3）至于防火门的小五金品种就要根据认可的实验室测试评估报告来安装。如果要在防火门上面开玻璃，玻璃位置的结构，尺寸和位置都要符合防火测试合格证书上面列出的标准才行。

### 4.1.6　门边压条要求

（1）在装好门框和门扇的同时，要根据图纸的预留门边压条，千万不要因为不够位而导致门边压条的宽窄有差别。

（2）在钉门边压条前，就一定要铲干净框上面的泥土和砂浆，而门边压条两边，就要紧贴泥浆和门框。

（3）夹角的地方要有 45°的角接口；门边压条要依照图纸的规格把它刨得光滑，还要钉线条线。注意，直料要用整条的木料，不可以有接口的。

### 4.1.7　套装门和门框安装

（1）套装门的工程除了完成门和框的组合之外，还要做装饰。所以在出厂时包装保护就特别重要，通常门扇就会用真空胶袋密封，在装上门框以后，再用珍珠棉或瓦坑纸包好，检验合格了，才能运到工地去。

（2）由于门的装饰程序已经完成了，如果在工地遇到有损坏的话，就很难补救了，所以套装门就一定要在墙身和地面完成了装修工程后，才可以安装的。不过在砌砖前，要先在安装套装门的位置安装底框。

（3）在底框开料后，就要先刷上防蚁油，同时要钉稳固立框和横框的接口位。另外由于底框比较薄，所以在砖墙位置装的底框，就要加临时角钢架来稳固，至于拉框和装框的程序同一般的木门框没什么区别。

（4）依照批准的施工图，来检查底框的尺寸是不是配合套装门的外围，宽度是否和同门框相同。另外，每一边都要预留适当的空位，这样才可以把套装门框嵌上去。

（5）如果是防火套装门，就要用防火条和防火胶封死门框和底框之间的空隙。

不管是做什么门，其门框和门扇的结构、尺寸还有线条方面，都一定要符合图纸和批准样板的标准，这样才可以保证这扇门出来的质量很好。

4.1.8 木门安装验收

承建商验收要点为：

(1) 门扇要平整；

(2) 门框要垂直稳固的安装好；

(3) 门扇和门框的槽口要顺直；

(4) 门扇和地面之间，必须按照规定留出合适的空隙；

(5) 门的木纹和色泽符合工程师要求；

(6) 所有夹角都要紧密平整；

(7) 封边线不要有离口；

(8) 门的小五金要根据图纸的正确位置安装好；

(9) 所有的螺丝都要扭紧收平；

(10) 门锁的开关要够畅顺，拉手的高低要符合工程师的设计标准；

(11) 关门器的安装一定要稳固，关门的速度要调较适中，先快后慢。

### 4.2 中国内地与香港在木门窗制作与安装工序的差异

中国内地的木门窗制作应对人造木板的甲醛含量进行复验。木门窗工程施工过程施工单位应进行质量控制。在施工每道工序完成后应进行自检。木门窗工程完成后施工单位应进行检查评定。在施工单位进行检查评定合格后由监理单位组织验收，在木门窗的验收中每 100 樘划分为一个检验批，不足 100 樘也应划分为一个检验批。每个检验批检查的数量应至少抽查 5%，并不少于 3 樘，不足 3 樘时应全数检验。《建筑装饰装修工程施工质量验收规范》GB 50210—2001 对木门窗制作与安装工程质量检验项目和方法列于表 4.2.1。

木门窗制作与安装工程质量检验项目、数量和方法 表 4.2.1

| 项目类别 | 序号 | 检验的内容、要求或指标 | | | | | 检验方法 |
|---|---|---|---|---|---|---|---|
| 主控项目 | 1 | 木门窗的木材品种、材质等级、规格、尺寸、框扇的线型及人造木板的甲醛含量应符合设计要求。设计未规定材质等级时，制作高级木门窗所用木材的质量应符合下表的规定 | | | | | 观察；检查材料进场验收记录和复验报告 |
| | | **高级木门窗用木材的质量要求** | | | | | |
| | | 木材缺陷 | | 木门窗的立梃、冒头、中冒头 | 窗棂、压条、门窗及气窗的线脚，通风窗立梃 | 门心板 | 门窗框 | |
| | | 活节 | 不计个数，直径(mm) | <10 | <5 | <10 | <10 | |
| | | | 计算个数，直径 | ≤材宽的1/4 | ≤材宽的1/4 | ≤20mm | ≤材宽的1/3 | |
| | | | 任1延米个数 | ≤2 | 0 | ≤2 | ≤3 | |

续表

<table>
<tr><th>项目类别</th><th>序号</th><th>检验的内容、要求或指标</th><th>检验方法</th></tr>
<tr><td rowspan="7">主控项目</td><td>1</td><td>续表<br>
<table>
<tr><th>木材缺陷</th><th>木门窗的立梃、冒头、中冒头</th><th>窗棂、压条、门窗及气窗的线脚，通风窗立梃</th><th>门心板</th><th>门窗框</th></tr>
<tr><td>死　节</td><td>允许，包括在活节总数中</td><td>不　允　许</td><td>允许，包括在活节总数中</td><td>不允许</td></tr>
<tr><td>髓　心</td><td>不露出表面的，允许</td><td>不　允　许</td><td colspan="2">不露出表面的，允许</td></tr>
<tr><td>裂　缝</td><td>深度及长度≤厚度及材长的1/6</td><td>不　允　许</td><td>允许可见裂缝</td><td>深度及长度≤厚度及材长的1/5</td></tr>
<tr><td>斜纹的斜率(%)</td><td>≤6</td><td>≤4</td><td>≤15</td><td>≤10</td></tr>
<tr><td>油　眼</td><td colspan="4">非正面，允许</td></tr>
<tr><td>其　他</td><td colspan="4">浪形纹理、圆形纹理、偏心及化学变色，允许</td></tr>
</table>
</td><td>观察；检查材料进场验收记录和复验报告</td></tr>
<tr><td>2</td><td>木门窗应采用烘干的木材，含水率应符合《建筑木门、木窗》(JG/T 122)的规定</td><td>检查材料进场验收记录</td></tr>
<tr><td>3</td><td>木门窗的防火、防腐、防虫处理应符合设计要求</td><td>观察；检查材料进场验收记录</td></tr>
<tr><td>4</td><td>木门窗的结合处和安装配件处不得有木节或已填补的木节。木门窗如有允许限值以内的死节及直径较大的虫眼时，应用同一材质的木塞加胶填补。对于清漆制品，木塞的木纹和色泽应与制品一致</td><td>观察</td></tr>
<tr><td>5</td><td>门窗框和厚度大于50mm的门窗扇用双榫连接。榫槽应采用胶料严密嵌合，并应用胶楔加紧</td><td>观察；手扳检查</td></tr>
<tr><td>6</td><td>胶合板门、纤维板门和模压门不得脱胶。胶合板不得刨透表层单板，不得有戗槎。制作胶合板门、纤维板门时，边框和横楞应在同一平面上，面层、边框及横楞应加压胶结。横楞和上、下冒头应各钻两个以上的透气孔，透气孔应通畅</td><td>观察</td></tr>
<tr><td>7</td><td>木门窗的品种、类型、规格、开启方向、安装位置及连接方式应符合设计要求</td><td>观察；尺量检查；检查成品门的产品合格证书</td></tr>
</table>

续表

| 项目类别 | 序号 | 检验的内容、要求或指标 | 检验方法 |
|---|---|---|---|
| 主控项目 | 8 | 木门窗框的安装必须牢固。预埋木砖的防腐处理、木门窗框固定点的数量、位置及固定方法应符合设计要求 | 观察；手扳检查；检查隐蔽工程验收记录和施工记录 |
| | 9 | 木门窗扇必须安装牢固，并应开关灵活，关闭严密，无倒翘 | 观察；开启和关闭检查；手扳检查 |
| | 10 | 木门窗配件的型号、规格、数量应符合设计要求，安装应牢固，位置应正确，功能应满足使用要求 | 观察；开启和关闭检查；手扳检查 |
| 一般项目 | 1 | 木门窗表面应洁净，不得有刨痕、锤印 | 观察 |
| | 2 | 木门窗的割角、拼缝应严密平整。门窗框、扇裁口应顺直，刨面应平整 | 观察 |
| | 3 | 木门窗上的槽、孔应边缘整齐，无毛刺 | 观察 |
| | 4 | 木门窗与墙体间缝隙的填嵌材料应符合设计要求，填嵌应饱满。寒冷地区外门窗（或门窗框）与砌体间的空隙应填充保温材料 | 轻敲门窗框检查；检查隐蔽工程验收记录和施工记录 |
| | 5 | 木门窗批水、盖口条、压缝条、密封条的安装应顺直，与门窗结合应牢固、严密 | 观察；手扳检查 |

**木门窗制作的允许偏差和检验方法应符合下表的规定**

| 项次 | 项　目 | 构件名称 | 允许偏差（mm） | | 检验方法 |
|---|---|---|---|---|---|
| | | | 普通 | 高级 | |
| 1 | 翘曲 | 框 | 3 | 2 | 将框、扇平放在检查平台上，用塞尺检查 |
| | | 扇 | 2 | 2 | |
| 2 | 对角线长度差 | 框、扇 | 3 | 2 | 用钢尺检查，框量裁口里角，扇量外角 |
| 3 | 表面平整度 | 扇 | 2 | 2 | 用1m靠尺和塞尺检查 |
| 4 | 高度、宽度 | 框 | 0；−2 | 0；−1 | 用钢尺检查，框量裁口里角，扇量外角 |
| | | 扇 | +2；0 | +1；0 | |
| 5 | 裁口、线条结合处高低差 | 框、扇 | 1 | 0.5 | 用钢直尺和塞尺检查 |
| 6 | 相邻棂子两端间距 | 扇 | 2 | 1 | 用钢直尺检查 |

（序号6）

| 项目类别 | 序号 | 检验的内容、要求或指标 | 检验方法 |
|---|---|---|---|

一般项目 / 7

**木门窗安装的留缝限值、允许偏差和检验方法应符合下表的规定**

| 项次 | 项 目 | | 留缝限值 (mm) | | 允许偏差 (mm) | | 检验方法 |
|---|---|---|---|---|---|---|---|
| | | | 普 通 | 高 级 | 普 通 | 高 级 | |
| 1 | 门窗槽口对角线长度差 | | — | — | 3 | 2 | 用钢尺检查 |
| 2 | 门窗框的正、侧面垂直度 | | — | — | 2 | 1 | 用 1m 垂直检测尺检查 |
| 3 | 框与扇、扇与扇接缝高低差 | | — | — | 2 | 1 | 用钢直尺和塞尺检查 |
| 4 | 门窗扇对口缝 | | 1～2.5 | 1.5～2 | — | — | |
| 5 | 工业厂房双扇大门对口缝 | | 2～5 | — | — | — | |
| 6 | 门窗扇与上框间留缝 | | 1～2 | 1～1.5 | — | — | 用塞尺检查 |
| 7 | 门窗扇与侧框间留缝 | | 1～2.5 | 1～1.5 | — | — | |
| 8 | 窗扇与下框间留缝 | | 2～3 | 2～2.5 | — | — | |
| 9 | 门扇与下框间留缝 | | 3～5 | 3～4 | — | — | |
| 10 | 双层门窗内外框间距 | | — | — | 4 | 3 | 用钢尺检查 |
| 11 | 无下框时门扇与地面间留缝 | 外 门 | 4～7 | 5～6 | — | — | 用塞尺检查 |
| | | 内 门 | 5～8 | 6～7 | — | — | |
| | | 卫生间门 | 8～12 | 8～10 | — | — | |
| | | 厂房大门 | 10～12 | — | — | — | |

# 第5集 砌 砖

## 5.1 香港砌砖工序施工工艺和质量控制的主要内容

在香港，砖墙主要用来作为楼宇室内的隔墙。要想把它砌好，材料的质量和砌砖的技术都十分重要。

一道砖墙除了要砌得横平垂直对正和稳固外，砖缝不能有缝隙和透光，一定要密实。

### 5.1.1 施工准备工作

（1）材料品种和数量

在砌墙之前先做好准备工作，要预先根据设计图纸施工章程和有关的工程合约把有关的材料，比如砖、水泥砂石和灰缝钢筋网供货商的资料尺寸型号和它们的测试报告等交给工程师审批。

（2）制订砖施工程序建议书

施工单位要根据设计图纸和实施环境来制定一份砌砖施工程序建议书。施工程序建议书中要列明施工方法、收货标准和验收程序，交给工程师修改和审批。要收集和采用最新批准的施工图纸，还要确保有关的屋宇设备施工图和留洞图都已经给工程师和顾问工程师审批过。

（3）施工工具

施工工具分别是线、秤、麻线、砖刀、水平尺、装砂浆用的量斗和电动拌砂机，材料有砖、水泥、砂、混凝土过梁、6mm 直径的钢筋和钢筋网。

（4）搅拌砂浆用水

搅拌砂浆用水一定要符合测试标准。

（5）材料储存和搬运

1）混凝土砖、水泥、钢筋和钢筋网一定要放在有顶棚而且干爽的地方，材料要垫起来摆放，千万不要弄脏或受潮。

2）水泥存放的时间不能太久，先到先用，硬化了或者是结块的水泥要马上运走，不能再使用。

3）对混凝土构件在搬运时要特别的小心，千万别弄断了，或者裂了，然后分类放好，不要互相碰撞。

4）工地除了这些材料之外，还有很多其他的材料。为了方便运送，材料的位置一定要跟别的工序互相配合，搬运的时候，除了要小心之外，还要注意安全。

### 5.1.2 材料验收

（1）砖运到工地后，承建商要进行抽样检查砖的尺寸，还要检查砖的表面是不是平整、是不是粗糙有疙瘩。

（2）另外，砖上的洞太多和不符合规格的砖都不能够使用，要马上运走。不仅如此，要控制好质量，承建商还要按照工程师的要求，把砖送到实验室做抗压测试。

### 5.1.3 砌筑工艺

在砌砖墙前，承建商要检查相关的工程是不是已经完成好了，然后才开始工作。

（1）清理工作面

铺砖前的工作包括：把楼面清理干净，把所有的碎木板、木枋、碎石、垃圾、地上的污渍和混凝土浆等等，全部清理干净。

（2）弹墨线

砖墙的两边要弹好墨线，比如墙身墨线和地墨线，转角留位留洞指示等等，这个墙身墨线一定要到顶棚板或梁底，地面墨线要正角对准。

（3）检查混凝土构件质量

要确保混凝土墙及构件没有蜂窝和螺丝孔，不然以后会出现渗水的情况。

（4）检查墙身预留拉结筋

如果砖墙挨着混凝土墙，相交的位置要有拉接钢筋，一定要检查好墙身预留的拉结筋，是不是按照施工程序做的。

一般的拉结筋方法有三种，第一种是在混凝土墙上钻洞，再按照施工章程，插入镀锌扁钢或者是涂了两层沥青油的拉结钢筋。安装的时候，它的中至中距离要符合标准，扁铁的一边要插进混凝土墙，另一边预留的长度要符合标准。嵌进砖墙当中，拉结筋的位置一定要对准砖缝位。

如果砖墙厚度超过150mm的话，就要用两行拉结筋，如果以后再钻洞插拉结筋，就一定要注意混凝土墙里面的暗管位置，千万不要把它给插穿了。

另一种方法是在混凝土墙上，用气压钉枪钉上符合标准的镀锌扁钢，这些扁钢也要配合砖缝位，而且距离也要符合标准，还要经过工程师审批。如果砖墙厚度超过150mm，必须用两行拉结扁铁。

最后一种方法是在混凝土墙上钉镀锌拉结筋网，必须要经过工程师批核才可以使用。安装时要用有华司圈的钉来钉网，这样网才能安装的结实。

（5）墙上门框和门过梁

1）承建商要确保门框的安装位置要正确稳固，横平竖直，而门框的定位一定不能妨碍砌砖的工程。

2）门框的背面要涂上防腐油，镀锌扁钢的安装要遵守施工细则，门框的明角要用薄的夹板来做保护。

3）检查完门框，就要检查混凝土过梁。要根据门框图和施工章程预先造好混凝土过梁，梁的下方一定要加钢筋。

4）混凝土梁的混凝土强度一定要达到要求才可以使用，如果砖墙要打洞，必须按照门框过梁的规格，在洞顶安装混凝土过梁，混凝土过梁是不能直接压在木门框上。

5）混凝土过梁嵌入砖墙的长度，一定要符合规定的长度，如果混凝土过梁没有砖墙托住，就要按照设计图纸，在混凝土墙上钉个角码承托住。如果预留的门位或砖墙的留孔位太宽，预支的混凝土过梁会因为很重不容易搬运，那么混凝土过梁就要实地浇筑混凝土，或者采用工程师批准的钢门梁来承托。

6）至于曲尺门的曲尺过梁，就要实地浇筑混凝土，或者按照工程师审批的方法。要注意过梁摆放的位置。最后要检查一下管道。水电入墙管按照施工图做好后，承建商就要来复查测试。

（6）墙内暗管

暗管和底箱的位置应根据图纸正确安装好而且要临时固定好，砖墙里的暗管应垂直，尽量避免倾斜，因为倾斜的暗管会割断更多砖块。因此，扩大底箱装好后，一定要用发泡胶塞住保护好，要不然砂浆就会流进去。

（7）堆料要求

1）承建商检查应完成的工程之后，就可以上料准备施工了。但是要注意，材料不能堆得太高，因为这样很容易影响地下混凝土的结构。

2）水泥要垫起来摆放，而且用塑料布盖好。

（8）砌筑程序和要求

一般的砖墙分为红砖、实心混凝土砖、空心混凝土砖和轻质砌块四种。我们先讨论一般的住宅用来间隔内墙的实心混凝土砖。

1）在开工前，首先要弹好阳角墨垂线，以检查门框是否垂直。另外，还要确保其他的暗管完全都安装妥当。

2）要把砌墙的位置清理干净，至于墨线，一定要能清清楚楚的看见。而且砌砖的时候，先在砌砖位置洒上水，但地面不能有积水。

3）下料时，水泥和砂子的比例是1∶3，加上适量的水搅匀。工地上的其他杂质很容易混在里面，所以拌和砂浆时，一定要垫着才能拌和，而且用多少调配多少，因为砂浆和好之后过了一个小时就不能用了。

4）开始砌砖时，地面砖墙位置上要刮上一层砂浆垫底。

5）使用的砖块材，不能有缺口裂纹，千万不要鱼目混珠，混在一起使用。在砌筑时，要不断检查砌筑质量，砖缝是否填满大约10mm厚，而且陷入大约10mm深的水泥浆。另外垂直砖缝一定对正，225mm的砖墙要用推尺先把砂浆推平，砖则一横一竖摆放。

6）要经常检查砖墙是不是垂直，对不超过2m的砖墙，可以用压尺来检查，如果超过2m的墙，就要拉横线来检查了。

7）至于灰缝钢筋网的规格和安放层数的距离，则要按照施工章程来决定。灰缝钢筋网的接口处重合长度不能少于225mm。砖墙角的灰缝钢筋网要完全重合才行。

8）如果砖墙的长度不超过高度的2.5倍，在工程师的同意下，就要使用比较轻的灰缝钢筋网，至于防火墙或是高度超过3m的砖墙，则一定要按照工程师的设计图纸来砌砖。砌砖的时候，门框的斜撑一定要保留下来，千万不要拆掉。斜撑一定要在门框及砖墙稳固之后，才可以拆下来。

9）砖墙上的电线管和水管两边的砖如果要切开，则切的位置一定要相当准确。

10）垂直砖缝不能太宽，遇到垂直的管子割断墙时，在管的位置每隔三层用两根6mm厚的镀锌扁钢或者涂了两层沥青油的钢筋增强拉力。每一边都要搭砖不少于250mm。

11）而砌一般住宅楼宇的砖墙，第一天高度不能超过门框顶部，第二天才可以往上砌，如果新砌砖墙超过1m的话，那么墙顶的接口就再过一天才能砌筑。

12）砖墙的顶部，同样要求两边填满抹平，如果顶缝超过30mm，一定要用不同尺寸的完整的混凝土砖铺砌，千万不要图省事，随便取碎砖来砌塞。

13）如果是后做的砖墙要每隔三层砖预留一个马牙口，方便接槎。

14）工程完成后要把墙身两边多余的砂浆清除干净，收拾好场地，而且要把地面清理干净。

15）注意墙身拉结钢筋，一定要插好塞进砖缝里面，不要随便抽掉拉结钢筋，另外吊在顶棚板的电线管、灯箱要对线镶好。遇上装置移位或者松脱的情况，就一定要通知承建商工长来处理，千万不要自己修改，免得做的不对，以后又要修改了。

（9）其他砖墙

1）空心混凝土墙

其他砖墙的种类，例如"空心混凝土砌块"墙砌法基本相同，只是砌墙底的第一层砖的时候，用的砖不是空心混凝土砌块，而是用实心混凝土砖，因为这样便于以后钉踢脚线，同时还有增加隔水的功能。

由于空心砖比较脆，所以在切断空心砖时一定要小心。

2）红砖墙

至于红砖一定要隔日用水浸泡，等砖表面水晾干后才能砌筑，如果砌筑和浇水同一天进行，效果就没有这么好。

3）轻质砖

"轻质砖"的区别就是它的体积比较大，但是重量比较轻，而且砌筑不用砂浆，要用生产商提供的胶砂才行。

要照制造商的施工细则，来砌"轻质砖"。

**5.1.4 工序验收**

（1）承建商的工长验完后，要交出验收报告，如果合格了，可以要求工程师代表再验收。验收时有很多地方要特别注意，例如砖墙的位置和厚度，一定要按照图纸和墨线完成。

（2）每道墙的横、平、竖、直和砖缝的误差，都要用比例计算，举个例子，比方 3m 的砖墙，误差就不能超过 10mm。

（3）砖墙的灰缝要对正。砖缝之间要填约 10mm 厚以及要陷入约 10mm 的砂浆。砂浆的厚度要均匀，一定不能透光。

（4）墙内埋管位置的两边要填平塞满。砌砖的时候一定要准确，暗管底箱的位置一定要正确，不能是歪的。

（5）墙的顶部，两边都要填满刮平。墙顶缝如果超过 30mm，一定要用符合尺寸并且完整的混凝土砖砌好，千万不要用碎砖来砌。

（6）门顶的混凝土过梁一定要正确的安装，入墙砖的长度要符合规格，过梁如果没有墙来承托的话，就一定要按图纸在混凝土墙上用角码来承托。

## 5.2 中国内地与香港在砌砖工序的比较

中国内地与香港在砌砖工序的准备、砌筑砂浆、砌筑工艺和工序验收方面的主要控制内容是一致的。只是在材料进场验收和工序验收等方面中国内地的规定更为具体和带有强制性。

### 5.2.1 中国内地砌筑砂浆分项工程的施工工序质量检验

砌筑砂浆分项工程的施工工序质量检验项目、数量、方法和要求列于表5.2.1。

砌筑砂浆质量检验项目、数量和方法　　　表 5.2.1

| 项目类别 | 序号 | 检验内容 | 检验数量 | 检验要求或指标 | 检验方法 |
|---|---|---|---|---|---|
| 原材料 | 1 | 水泥性能 | 检验批应以同一生产厂家、同一编号为一批 | 水泥进场使用前，应分批对其强度、安定性进行复验<br>当在使用中对水泥质量有怀疑或水泥出厂超过三个月（快硬硅酸盐水泥超过一个月）时，应复查试验，并按其结果使用<br>不同品种的水泥，不得混合使用 | 检查产品合格证、出厂检验报告和进场复验报告 |
| | 2 | 砂浆用砂的含泥量 | 按进场的批次和产品的抽样检验方案确定 | 砂浆用砂不得含有有害杂物。砂浆用砂的含泥量应满足下列要求：<br>(1) 对水泥砂浆和强度等级不小于 M5 的水泥混合砂浆，不应超过 5%；<br>(2) 对强度等级小于 M5 的水泥混合砂浆，不应超过 10%；<br>(3) 人工砂、山砂及特细砂，应经试配能满足砌筑砂浆技术条件要求 | 检查进厂复验报告 |
| | 3 | 砂浆其他用料 | 按配制批次 | (1) 配制水泥石灰砂浆时，不得采用脱水硬化的石灰膏；<br>(2) 消石灰粉不得直接使用于砌筑砂浆中 | 观察 |
| | 4 | 拌制砂浆用水 | 同水源检查不应少于一次 | 拌制砂浆用水，水质应符合国家现行标准《混凝土拌合用水标准》JGJ 63 的规定 | 检查水质报告 |
| | 5 | 外加剂 | 按进场的批次和产品的抽样检验方案确定 | 凡在砂浆中掺入有机塑化剂、早强剂、缓凝剂、防冻剂等，应经检验和试配符合要求后，方可使用 | 有机塑化剂应有砌体强度的型式检验报告 |
| 砂浆配合比 | 1 | 配合比设计 | 每一工程检查一次 | 砌筑砂浆应通过试配确定配合比。当砌筑砂浆的组成材料有变更时，其配合比应重新确定 | 检查配合比设计资料 |
| | 2 | 砂浆代换 | 有代换时 | 施工中当采用水泥砂浆代替水泥混合砂浆时，应重新确定砂浆强度等级 | 检查代换资料和新的配合比设计 |
| 现场拌制 | 1 | 材料计量 | 每工作班查不少于一次 | 砂浆现场拌制时，各组分材料应采用重量计量 | 观察、检查施工记录 |
| | 2 | 搅拌时间 | 全数 | 砌筑砂浆应采用机械搅拌，自投料完算起，搅拌时间应符合下列规定：<br>(1) 水泥砂浆和水泥混合砂浆不得少于2min；<br>(2) 水泥粉煤灰砂浆和掺用外加剂的砂浆不得少于3min；<br>(3) 掺用有机塑化剂的砂浆，应为3~5min | 观察、检查施工记录 |
| 砂浆使用 | 1 | 使用时间 | 全数 | 砂浆应随拌随用，水泥砂浆和水泥混合砂浆应分别在3h和4h内使用完毕；当施工期间最高气温超过30℃时，应分别在拌成后2h和3h内使用完毕<br>注：对掺用缓凝剂的砂浆，其使用时间可根据具体情况延长 | 观察、检查施工记录 |

续表

| 项目类别 | 序号 | 检验内容 | 检验数量 | 检验要求或指标 | 检验方法 |
|---|---|---|---|---|---|
| 砂浆强度 | 1 | 砂浆强度 | 每一检验批且不超过250m³砌体的各种类型及强度等级的砌筑砂浆，每台搅拌机应至少抽检一次 | 砌筑砂浆试块强度验收时其强度合格标准必须符合以下规定：<br>同一验收批砂浆试块抗压强度平均值必须大于或等于设计强度等级所对应的立方体抗压强度；同一验收批砂浆试块抗压强度的最小一组平均值必须大于或等于设计强度等级所对应的立方体抗压强度的0.75倍。<br>注：① 砌筑砂浆的验收批，同一类型、强度等级的砂浆试块应不少于3组。当同一验收批只有一组试块时，该组试块抗压强度的平均值必须大于或等于设计强度等级所对应的立方体抗压强度；<br>② 砂浆强度应以标准养护，龄期为28d的试块抗压试验结果为准 | 在砂浆搅拌机出料口随机取样制作砂浆试块（同盘砂浆只应制作一组试块），最后检查试块强度试验报告单 |

### 5.2.2　中国内地砖砌体工程施工工序质量检验

砖砌体工程施工工序质量检验项目、数量和方法及要求列于表5.2.2。

**砖砌体工程施工质量检验项目、数量和方法**　　　表 5.2.2

| 项目类别 | 序号 | 检验内容 | 检验数量 | 检验要求或指标 | 检验方法 |
|---|---|---|---|---|---|
| 主控项目 | 1 | 砖和砂浆 | 每一生产厂家的砖到现场后，按烧结砖15万块、多孔砖5万块、灰砂砖及粉煤灰砖10万块各为一验收批，抽检数量为1组。砂浆试块的抽检数量按本节表5.2.1进行 | 砖和砂浆的强度等级必须符合设计要求 | 检查砖和砂浆试块试验报告 |
| | 2 | 砂浆饱满度 | 每检验批抽查不应少于5处 | 砌体水平灰缝的砂浆饱满度不得小于80% | 用百格网检查砖底面与砂浆的粘结痕迹面积。每处检测3块砖，取其平均值 |
| | 3 | 砖砌体转角处和交接处的砌筑 | 每检验批抽20%接槎，且不应少于5处 | 砖砌体的转角处和交接处应同时砌筑，严禁无可靠措施的内外墙分砌施工。对不同时砌筑而又必须留置的临时间断处应砌成斜槎，斜槎水平投影长度不应小于高度的2/3 | 观察 |
| | 4 | 砌筑留槎 | 每检验批抽20%接槎，且不应少于5处 | 非抗震设防及抗震设防烈度为6度、7度地区的临时间断处，当不能留斜槎时，除转角处外，可留直槎，但直槎必须做成凸槎。留直槎处应加设拉结钢筋，拉结钢筋的数量为每120mm墙厚置1$\phi$6拉结钢筋（120mm厚墙放置2$\phi$6拉结钢筋），间距沿墙高不应超过500mm；埋入长度从留槎处算起每边均不应小于500mm，对抗震设防烈度6度、7度的地区，不应小于1000mm、末端应有90°弯钩 | 观察和尺量检查 |

| 项目类别 | 序号 | 检验内容 | 检 验 数 量 | 检验要求或指标 | | | | 检验方法 |
|---|---|---|---|---|---|---|---|---|
| 主控项目 | 5 | 砖砌体允许偏差 | 轴线查全部承重墙柱；外墙垂直度全高查阳角，不应少于 4 处，每层每 20m 查一处；内墙按有代表性的自然间抽 10%，但不应少于 3 间，每间不应少于 2 处，柱不少于 5 根 | 项次 | 项 目 | | 允许偏差（mm） | 检验方法 |
| | | | | 1 | 轴线位置偏移 | | 10 | 用经纬仪和尺检查或用其他测量仪器检查 |
| | | | | 2 | 垂直度 | 每 层 | 5 | 用 2m 托线板检查 |
| | | | | | | 全 高 ≤10m | 10 | 用经纬仪、吊线和尺检查，或用其他测量仪器检查 |
| | | | | | | >10m | 20 | |
| 一般项目 | 1 | 砖砌体组砌方法 | 外墙每 20m 抽查一处，每处 3～5m，且不应少于 3 处；内墙按有代表性的自然间抽 10%，且不应少于 3 间 | 砖砌体组砌方法应正确，上、下错缝，内外搭砌，砖柱不得采用包心砌法 合格标准：除符合本条要求外，清水墙、窗间墙无通缝；混水墙中长度大于或等于 300mm 的通缝每间不超过 3 处，且不得位于同一面墙体上 | | | | 观察 |
| | 2 | 砖砌体灰缝 | 每步脚手架施工的砌体，每 20m 抽查 1 处 | 砖砌体的灰缝应横平竖直，厚薄均匀。水平灰缝厚度宜为 10mm，但不应小于 8mm，也不应大于 12mm | | | | 用尺量 10 皮砖砌体高度折算 |
| | 3 | 砖砌体的尺寸允许偏差 | 抽检数量 | 项次 | 项 目 | | 允许偏差（mm） | 检验方法 |
| | | | 不应少于 5 处 | 1 | 基础顶面和楼面标高 | | ±15 | 用水平仪和尺检查 |
| | | | 有代表性自然间 10%，但不应少于 3 间，每间不应少于 2 处 | 2 | 表面平整度 | 清水墙、柱 | 5 | 用 2m 靠尺和楔形塞尺检查 |
| | | | | | | 混水墙、柱 | 8 | |
| | | | 检验批洞口的 10%，且不应少于 5 处 | 3 | 门窗洞口高、宽（后塞口） | | ±5 | 用尺检查 |
| | | | 检验批的 10%，且不应少于 5 处 | 4 | 外墙上下窗口偏移 | | 20 | 以底层窗口为准，用经纬仪或吊线检查 |
| | | | 有代表性自然间 10%，但不应少于 3 间，每间不应少于 2 处 | 5 | 水平灰缝平直度 | 清水墙 | 7 | 拉 10m 线和尺检查 |
| | | | | | | 混水墙 | 10 | |
| | | | 有代表性自然间 10%，但不应少于 3 间，每间不应少于 2 处 | 6 | 清水墙游丁走缝 | | 20 | 吊线和尺检查，以每层第一皮砖为准 |

### 5.2.3　混凝土小型空心砌块砌体工程的施工质量检验

混凝土小型空心砌块砌体工程施工质量检验项目、数量、方法和要求列于表 5.2.3。

混凝土小型空心砌块砌体工程施工质量检验项目、数量和方法　　表 5.2.3

| 项目类型 | 序号 | 检验内容 | 检验数量 | 检验要求或指标 | 检验方法 |
|---|---|---|---|---|---|
| 主控项目 | 1 | 砌块和砂浆强度 | 每一生产厂家，每 1 万块小砌块至少应抽检一组。用于多层以上建筑基础和底层的小砌块抽检数量不应少于 2 组。砂浆试块的抽检数量按本节表 5.2.1 进行 | 小砌块和砂浆的强度等级必须符合设计要求 | 查小砌块和砂浆试块试验报告 |
| | 2 | 砂浆饱满度 | 每检验批不应少于 3 处 | 砌体水平灰缝的砂浆饱满度，应按净面积计算不得低于 90%；竖向灰缝饱满度不得小于 80%，竖缝凹槽部位应用砌筑砂浆填实；不得出现瞎缝、透明缝 | 用专用百格网检测小砌块与砂浆粘结痕迹，每处检测 3 块小砌块，取其平均值 |
| | 3 | 砌筑方式 | 每检验批抽 20% 接槎，且不应少于 5 处 | 墙体转角处和纵横墙交接处应同时砌筑。临时间断处应砌成斜槎，斜槎水平投影长度不应小于高度的 2/3 | 观察 |
| | 4 | 砌体轴线偏移和垂直度偏差 | 同本节表 5.2.2 主控项目 5 | 同本节表 5.2.2 主控项目 5 | 同表 5.2.2 主控项目 5 |
| 一般项目 | 1 | 水平灰缝厚度和竖向灰缝宽度 | 每层楼的检测点不应少于 3 处 | 墙体的水平灰缝厚度和竖向灰缝宽度宜为 10mm，但不应大于 12mm，也不应小于 8mm | 用尺量 5 皮小砌块的高度和 2m 砌体长度折算 |
| | 2 | 墙体尺寸允许偏差 | 同本节表 5.2.2 一般项目 3 | 同本节表 5.2.2 一般项目 3 | 同表 5.2.2 一般项目 3 |

# 第6集　给　水　管

## 6.1　香港给水管工程施工工艺和质量控制的主要内容

要盖一栋优质的楼宇，一定要从正确的基本工序开始。给水管是楼宇的供水系统，除了要安装正确之外，还要记住千万不能漏水。

### 6.1.1　施工准备

(1) 在工地进行给水管铺设工程之前，水管管工要先搜集有关施工章程和最新批准的施工图纸，例如综合机电装置施工图、工程师批准图、水务署批准图、结构图和留孔图等等。

要和承建商的项目经理，按照施工章程和施工设计图来制定一份"给水管施工程序建议书"，也就是在 Proposed Method Statement 里面要清楚地列明施工方法、材料的种类和型号、收货标准和验收程序，再给工程师批准之后，才可以施工。

(2) 给水管材料

一般的给水管材料就包括铜管、内衬胶镀锌钢管、承压塑料管，也就是 UPVC 管和球墨铸铁管。

不同的管子除了安装方法不同之外，还有不同的用途。例如铜管会分别以明管和暗管的方法来安装，它是专门为住宅单位供应自来水的。而内衬胶镀锌钢管呢就比较坚硬、不容易被损坏，所以多数是以明管来安装，主要用来供应自来水，不过它也可以用来供应清洁用水。

承压塑料管，多数是安装明管，厕所的咸水就是靠它来供应的。至于球墨铸铁管，属于比较粗的一种水管，直径在 80mm 以上，是用来负责泵房大管供水和连接市政供水的检验表位。

除了水管之外，其实还有很多其他的配件，而且这些配件要预先得到工程师的审核之后，才能在工地上使用。例如各种水管的三通配件，弯头配件和阀门配件等。

另外还有铜管配件、铜锡弯头、铜锡三通和铜管支架。

在安装灰色或者白色承压 PVC 管时用的三通和用来供应咸水(海水)的 90°弯头，至于安装内衬胶镀锌钢管用的则有三通和弯头。

安装在室内的热浸镀锌包胶支架，和安装在室外的不锈钢包胶支架，另外再准备好水管的油漆样板，这样就差不多了。

(3) 材料验收及储存

有了材料，还要看质量好不好，所以管工要把来料和机电工程顾问批准的材料进行核对，而且要留意水管的级别、厚度，还有品牌和来源。核对过符合标准了才可以接受，接收了材料之后，要把材料储存在工地适当的地方。记住所有的水管都要垫起来放，而且要把配件分门别类地摆放好，千万别让它受到任何损坏。

(4) 安装工具

　　材料准备好以后，就轮到安装使用的工具了。不同安装工序，要使用适当的工具来完成。比如工具室里的工具有管子套丝机、钻床、切割机和焊接机。

　　至于上楼安装的工具则包括：电钻、锤子、一字螺丝刀、十字螺丝刀、水平尺、管钳、活动板手、鹤嘴钳、鲤鱼钳和铁锯。另外还要准备安全帽、安全带、眼罩等保护工具。

### 6.1.2　施工作业

（1）铜管下料和连接

　　当材料和工具全部准备妥当以后，就可以开始施工了。我们先说说铜管怎么做。施工之前，水管管工首先要按照机电工程顾问批准的施工图纸放大图样，同时要做样板工序。

　　工人要根据批准图纸上列出的尺寸来下料，下出的铜管料要用锉子锉好切口。接着就可以把下好的水管分层摆好，准备运到施工地点了。

　　如果要弯管的话，直径必须是在 28mm 或以下的水管才能弯曲。使用的工具，可以是手动弯管机或者是电动弯管机。不过在弯管的时候，最要紧是使用正确的模子，记住那些起折的水管是不能用的。

　　如果要连接水管呢，就要先将大约 50～75mm 的包胶部分切掉，然后用砂纸把水管的外壁和配件的内壁擦平，再清洗干净，接着就可以涂上被批准使用的胶粘剂。但是要注意胶粘剂一定不能含有铅等对人体和水管有不良影响的成分，接着就可以把配件接到管子上去了。

　　连接管子的技巧那是很讲究的，首先，要将接驳的部分加热到一定的温度，在加热之前，先要用湿布，把外套胶的部位包好，这样就算温度再高一点，也不会把胶熔化。

　　铜锡曲内置的锡溶化后，就可以在外露的接口处，把锡条加热来确保填满了所有的空隙，再用湿布把它的表面抹到平滑就可以了。

　　工人可以根据实际情况，把水管横放，或是垂直向上来进行焊接，但是要注意接口的锡一定要均匀，而且还要把多余的胶粘剂和锡清理干净。

　　如果用银焊来连接水管的话，要把熔接气柜调整到适当的氧和乙炔处，直到形成中性的火焰，然后把水管和配件平均的加热后，再把银焊条和助焊剂放在接口上加热，使它溶解并且渗入，直到溢出来为止。

　　当看到银焊变硬了，就可以用湿布和砂纸把铜水管表面的氧化物清理掉，而水管连接好之后，就一定要由管工进行抽样检查。那怎么才算符合标准呢？现在特地把一根水管切开让大家看看，焊接之后的配件和水管要连成一体，焊口要饱满，而且不漏水，这样才算合格。

　　还有所有的水管连接工序，都应该尽量在水管运到楼面之前完成。这样才能减少在楼面上安装的时间，避免妨碍其他工序的进度。

（2）水管安装样板房

　　下好料之后，承建商要在施工现场做水管安装样板房，列明水平墨线，施工定位和电机设备的位置协调等等，做好完工的效果样板，工程师马上就能看到各种水管的排位是对还是错，确保安装顺利和方便日后维修。

　　水管管工要按照批准的图纸，核对所有水管的位置是否标准，再由工程师批准及确定符合标准了，才可以进行安装。

关于上料，首先建筑商要尽快把下好的材料运到安装地点。

（3）铜管的暗管安装

安装铜管的时候可以明管也可以是暗管，现在先说说暗管是怎么安装的。暗管呢，应该是在楼面底层钢筋扎好之后，尽快进行安装。用铁线把已经接好的水管稳稳的扎在钢筋上，然后要记住不要忘了把水管的末端整理好。

浇筑混凝土之前，一定要定好留管的标准位置，因为不是每一个地方都可以留暗管的。例如沿着客饭厅灯位 300mm 以内，或者是门框每边 100mm 以内，都不能有暗管，要不然日后安装吊灯和门框的时候就很容易钻穿的。

暗管更不能安装在分户墙里，两边都是住房的情况则是更容易钻穿。

如果有横向管子的话，最好离开竣工地台面 200mm，免得日后钉踢脚线的时候给弄穿了。

还有窗户旁边的暗管也要离窗边至少 200mm，这样在安装窗扇铁的时候，才不会弄坏。而且暗管还要避开所有混凝土和砖墙的接合处，不然等到要在混凝土墙钻孔插铁的时候，就很容易弄坏暗管的。

至于所有露出楼板用来进行连接作用的暗管，要额外安装保护，例如用钢筋围着它，这样日后拆模板、清理楼板的时候就不会弄坏了。

为了方便日后连接热水炉和水龙头，暗管要用 100mm×100mm 的发泡胶包好，预留丝扣。而且要记住发泡胶要用胶纸封好，不能把混凝土外墙弄破，不然很容易破坏了外墙的防水层。

（4）暗管测试

安装好之后当然要测试了。在浇筑混凝土之前，所有的暗管都要做测漏试验；接着暗管要让承建商来验收；然后安排机电顾问再一次检验水管。验收合格之后，要用保护胶布把水管的连接处和外露的配件都包好。

包好了之后才可以振捣混凝土。而且在振捣混凝土的过程当中，不能排掉水管里面的水，要继续保持压力，另外为了方便水管管工和机电工程顾问监察水管有没有损坏，在振捣混凝土之后，记住要在每一层楼的水表房保留压力表，还要继续保持压力，直到整个水管工程完成为止。

所有的暗管在砌好砖墙之后都要再做测漏试验。测试合格了得到工程师批准才可以铺瓷砖。

所以说看不到的地方同样要做好，楼宇工程质量才会好。

（5）铜管明管的安装

至于明管呢，包括安装在外墙或者楼内的水管。所有安装在楼内的明管，如果在浇筑混凝土之后才安装的话，那么所有的穿墙，过梁或是楼面，都要预留套管。

要记住套管一定要牢固，千万不要在浇筑混凝土的时候移位，而穿过墙板的套管，从造好的楼板开始算起，露出的部分不能少于 150mm。

在安装水管之前，一定要和各个工序互相配合，清楚的知道他们留下暗管的位置，要不然在钻孔安装支架时，很容易就会钻穿它们了。

至于安装支架，除了要使用符合规格的膨胀螺栓之外，支架的尺寸一定要符合批准图纸的要求，支架的距离要很精确。连接水管之前要先复核水管的水平，连接好水管和放好支架，这样大致上就完成了。

我知道连接水管可以用压接的方法，但是一定要得到工程师的批准才可使用。方法是首先要预备好适当的压接配件，接着切断铜管，再把尺寸合适的揽芯配件装进铜管的两端，上好揽芯，小心调校力度，最后再用工具拧紧两端，这时连接工序就做好了。只要小心做好每一道工序，盖出来的房子自然漂亮了。

（6）明装铜管水压测试

水管管工接着就要做漏水测试了，首先是把水注入水管，它的压力不能小于正常运作压力的两倍或者 1MPa，还要记住留意压力表，一定要有合格的检验证书。测试完成之后，就要安排承建商的管工做初步验收了。

验收合格之后，就可以安排机电工程顾问验收水管。经过水压测试之后，就可以连接水龙头、热水炉和所有阀门配件了。记住所有的阀门要容易开关和易于维修。

在交付使用之前，一定要在楼宇里面做最后的冷热水供水测试。热水炉供应热水，分别测试一下热水水管、热水炉的水管接口位置，和其他的接口有没有漏水那才行。

（7）内衬胶镀锌钢管安装

对于内衬胶镀锌钢管，它的切割方法一定要按照供货商的指示去做。

首先是用合金钢切割片和低速切割机来下料，记住切口要平，不能是斜的，接着要刮好切割的胶边最后用套丝机或者水平锯来开牙，套丝机油一定要是水溶性的，要不然就会污染水管。

接口位置的长度要正好紧贴内衬胶才算合格，因为如果接口位置过长或过短，会直接影响连接的效果。

连接内衬胶镀锌钢管，一定要使用由生产商建议使用的胶，只要接口位置的长短正好吻合，那么这种胶在凝固之后，就会和内衬胶黏合在一起，确保不会漏水了。

（8）承压塑料管（PVC 管）

至于连接承压塑料管，一定要使用有供货商指定而且是配合水管的胶水，来连接水管和配件。

在连接的时候要记住，水管的接口要达到供货商指定的深度，如果太浅或者太深都会影响连接的效果。

另外要正确的把配件连接好，千万不要弯曲塑料管。

大家都知道塑料管的种类有很多，不同的塑料管有不同的施工程序和连接方法，所以在施工的时候一定要参考供货商的指引来做。

（9）PB 和 PE 塑料管

PB 和 PE 塑料管，就可以用热焊接或者是电熔式焊接的方法进行接驳。

热焊接的接驳方式，一般都是在工地上进行的。首先要用切刀把水管切开，一定要把切口切平，然后再进行斜边的切割。在清理好水管的接位之后，就可以把水管和配件分别摆放在焊接机上夹紧，而焊接机的温度大约要控制在 265℃ 左右才算最好。

至于热熔的时间就要看水管的直径大小，以及根据生产商的使用守则来确定。

其实，还有另一种接驳方法，那就是首先要在水管上把要插入的深度划好，再把水管和配件插入机器上进行热熔处理，这样水管和配件就会连成了一体。

这种电熔式的焊接方式，多数是在室内进行的。当然，也要先把水管切好，把水管的接驳部分擦得干干净净。然后，划好准备插入的深度记号，之后就可以把水管插到配有内置发热线的配件上。记得要把夹紧水管的螺丝拧紧，因为在加热的过程中，塑料水管一定会膨胀的。

当电熔机的电插头插到配件的接头时，电熔机就会自动探测到水管的直径和室内温度，以此来计算出焊接所需的时间，这个时候，只需要按一下"Start"（开始）按钮，电熔机就会使配件内的发热线发热，水管和配件就会熔为一体了。

那怎样才算接驳好了呢？只要看到配件上的胶粒"突"出来就可以了。

一般来说，塑料管是比较容易受损的，所以各行业的工人在施工的时候，要格外小心，把它保护好。

(10) 球墨铸铁管

对于安装这个球墨铸铁管。首先工人要按照施工章程的指示，把水管外壁洗干净，然后再把水管和支架涂上几层底油。

对不同的物料，使用不同的底油，而且要等底油干了之后才可以刷面油。水管的丝扣部分要涂上批准使用的防锈油。如果安装之后才刷油的话，那就很难刷了。

连接水管的时候要用胶垫，也就是 gasket，另外还要选用标准的法兰或者是丝扣配件。

在安装水管之前，管工要先根据水管的路线图，在顶棚或是墙壁上吊鱼丝线，用来作为安装水管的中心，而且还要按照施工章程，安装足够的支架。

如果水管要经过楼宇的伸缩缝位置，就要安装伸缩节配件。

另外不同用途的水管，就要根据章程用不同的颜色来分类，再加上指示水流方向的颜色箭头，这样日后维修的时候就方便得多了。

至于所有接近停车场行车线的明装立管，一定要根据工程师的指示，安装防撞铁架加以保护。所有角铁都不能进入车位的范围之内。

而且在安装水管的时候，还要特别注意工程师的净高要求，也就是 clear headroom requirement。

(11) 安装水管要注意的其他事项

在安装水管的时候，还有一些事情要特别注意，比如所有经过屋顶地面的水管，安装的位置一定不能阻碍走火通道。

如果水管是经过走火通道，则要在外面加上一层保护，这样就不容易损坏了。

还要注意地台支架不能直接插入地面，要不然地面很容易漏水。

还有所有的屋顶水管如果要穿过外墙的话，那么水管的位置一定要高出防水沥青收口线，这样才不会破坏屋顶的防水。

另外工人要按照工程师的指示，把符合标准的防火物料塞满水管和所有的穿墙、过梁以及楼面套管之间的空隙，套管的前后都要用防火物质包好管口。

还有在安装阀门的时候，一定要注意所有的水管闸阀和减压阀，都要容易开关和易于修理。

总而言之，不管是要做好各类水管的连接工序，其他的事情，比如安装给水系统，做测试和验收工作，同样也要按工序做好，这样才算是优质的给水管工序。

### 6.1.3 水池规格

有水管自然就有水池。包括自来水、冲厕水、清洁水和中途转运水池等等。

水池的容量，一定要按照水务处和建筑条例批准图的规定。而且在开工之前，水管管工应该和各行业配合，查清楚水池实际的内部净容积是否符合要求。

水池的入口要尽量安排在水池上方的位置，另外还要有足够的空间，这样可以方便日后维修人员维修。

为了方便维修水池里面的浮球阀和浮球式开关(英文叫做 level switch)，它们一定要靠近维修入口。而且浮球开关还要用胶套管或是用不锈钢杆，固定连接浮球开关的电线，这样它才不会因为被水冲激而过分地摆动。

大家都知道通常水池比较大，维修的时候一般都要爬上爬下的，所以水池内外一定要设有维修用的爬梯，也就是 cat ladder。

水池里面一定要使用不锈钢爬梯，如果安装在外墙位置的爬梯超过 2m 高的话，一定要加上防护网，这样工人维修的时候就不容易发生意外了。

水池的进水位和出水位最好相隔得远一些，要不然气很容易进入水泵里，这样就没有办法泵水了。另外溢流管也就是 overflow pipe size 一定要比进水水管大一个尺寸。

水池盖子要避免靠近外墙边，要不然就要在水池入口，接近水池边和外墙边的地方，安装一个至少有 1.1m 高的围栏来保障工友的安全。

另外所有的屋顶水池盖一定要有双封口，也就是 double seal，水池的入口要有混凝土挡水墩，这样雨水就不会流进水池里了。

水池使用时间长了要清理和维修，所以每一座楼宇最好有分两隔的隔水池，这样清洁和维修的时候依然会有水。最后记住要在水池盖的附近和水池边，一定要清楚地标明水池的类别和容量。

(1) 防水短管(带止水环)

要预备好水池进出水位置的防水短管，又叫做炮筒。

炮筒的直径和长短一定要符合批准图，位置也要符合水务署的条例，而且在安装防水短管之前，一定要先试水，防止有沙眼，如果发现炮筒是漏水的话，就不可以使用了。

防水短管一般至少要露出水池墙壁水泥面 100mm，而且防水短管除了要用水池的钢筋承托和安装稳固之外，还要在短管边缘预留足够的 trimming Bar(加强筋)。

封板之后，要再检查一下装好的短管，确保不会移位，接着再由管工和机电工程师检查所有的防水短管没有问题后，才可以浇筑混凝土。

(2) 水池要注意的其他事项

排水阀也就是清洗管，也要尽量的贴近水池底，而且要有足够的坡度，这样才能清干水池的水。总之一定不能积存死水，这才符合标准。

浮球阀要配合水池的大小，千万不能顶着水池顶的。

至于浮球式开关的位置，就不应该被水池里面的爬梯阻碍。而水泵的进水过滤器，一定要在楼宇交收前再清理一次，这样做，才不会影响水泵的功能。要记着，一定要用不锈钢螺丝来安装过滤器。

如果水泵发生故障，使水位超出预定的最高水位或是最低水位，那么在浮球式开关里面连接到大厅守卫和管理处的自动报警系统，必须能够马上运作，发出警报。

另外承建商还要和各行业配合，确定好控制箱的安装位置。总之工序不会乱糟糟，水池质量自然高。

（3）水泵

光有水管、水池和防水短管是没有用的，一定要有水泵才能把水泵到天台水池。水泵有好几种，有自来水泵、冲厕水泵、上水泵、中途泵和加压泵五种。

承建商收到了工程师的第一份批准图之后，要和水管管工一起核查泵房的设计，是否保留足够的地方以便容纳所有的水泵和气压罐。而且所有的安装一定要编排妥当，这样日后维修起来才会方便。

泵房门口的尺寸设计一定要能使水泵和气压罐通过，不然日后要更换时，旧的搬不出来新的搬不进去那就糟糕了。

如果门口真的太小了就要预留运输孔位。另外泵房一定要有混凝土挡水敦挡住水，这样维修的时候排出的水才不会流出泵房。

水泵房要有适当的通风系统，除了可以散热还可以防止水泵以及配件因为通风不足而生锈。

在施工之前水管管工要根据批准图，和承建商安排做水泵基础。这个水泵基础一定要安装了已经批准的避震弹簧。

在安装水泵的时候，要留意马达和泵轴一定要对准，而且要安装在同一根轴线上。

至于所有水泵进出水的接口，一定要安装避振伸缩配件。还有防水锤器，有了它们就可以减少水的回撞力，同时直接减少发生水槌。

当其他的配套管件、阀门等差不多完成的时候，就可以同时安装水泵控制箱了，并且把线连到水泵马达上。

至于泵房里面安装的地台支架，所用的支架螺丝，是不能直接插入地面的，因为这样会使地面漏水。承建商应该在地面安装支架的位置，做好尺寸合适的混凝土支墩，而支架呢，就直接拧在这些混凝土支墩上。

另外所有的水管一定要按照工程师的指示，刷上不同颜色以作识别，同时要加上箭头指示水流的方向。当整个供水系统都安装好以后，就可以做最后测试了。

（4）气压罐

除了水泵之外，一般情况下还要加气压罐。气压罐是用来给高层住宅供水时保持稳定供水压力的。

水管管工一定要检查清楚运到工地的气压罐是不是已经批准使用的，而且气压罐的内胆一定要有合格的出厂试压证明书。

为了避免压力过高，气压罐首先要装好排气阀，然后再把水管连接到供水系统，接着安装好压力调节阀。安装好以后，就可以做最后测试了。

（5）水泵房的电力供应

水泵的电力供应，一定要和水泵的用电量相配合，而且控制箱的位置要靠近门口，这样操作起来才会方便。

所有的水管和排水渠都不能靠近或者经过电箱上面，万一漏水的话就会损坏电箱。

最后，应该预先和电器管工配合，这样在试泵之前保证有足够的电力供应。

（6）水泵测试

当水泵、气压罐和电线都安装好以后，就可以做水泵测试了。

1）测试前的检查

在水泵测试之前，所有安装好的水管都要先通过水压测试。而且在开泵之前，还有很多地方都要重新检查一下。

水泵和马达机轴一定要成一轴线，这样机轴才不会受损。

而水泵和水泵控制箱等，必须是根据批准的图纸安装；所有电线的连接安装，包括保险丝的级别、超载度数等等都要符合规格。

另外马达和电线，必须全部通过绝缘测试；还要确保防水槌器已被安装妥当，并且避震弹簧一定不能被其他杂物碰着呢。

泵房里的地面排水一定要畅通。

另外门口的混凝土支墩要做好，水池的过滤器要清洗干净。

还有所有的阀门保持在全开的状态；水泵泵轴转动的情况和气压罐的预加压力一定要正常。

最后所有水池的浮球式开关都已经正确的安装好了，全部都检查过没有问题了，就可以开泵试水。如果水泵的数据不符合生产商提供的水泵测试记录，那么承建商就要要求水泵供货商进行调整直到符合标准为止。

2）水泵系统操作测试

在开泵之后，同样有很多东西要进行测试和检查。

比如要测试手动和自动开关水泵是不是正常，要检查一下马达启动的时候，星角转换的时间，还要检查水泵马达转动的方向，如果把电力的相位接错，水泵摩打就会反方向转动，这样泵就不出水了。

另外还要测试放气阀，确保水管系统里面没有"存气"。

接着就要测量水泵马达的转速，声音分贝是否符合设计标准，如果有问题的话，就要找供货商想办法来解决了。

最后是量度水泵起动和在稳定状态时的电流量；而且伸缩器的拉杆长度一定要和伸缩波幅相配合。

要仔细检查一下各种水压和操作系统，例如水泵交替转换的操作；负载保护操作等等。而且还要测量水压，另外就是水位浮球式开关的操作以及水泵水压控制系统看看有没有问题。

还要检查止回阀、防水锤器和紧急停泵开关的操作是不是运作正常，如果所有的测试都合格的话，那么水泵系统就可以随时运作了。

（7）水表房及水表安装

水表房和水表的安装也很重要。在安装水表的时候，表前阀门一定要用止回式截止阀，而接表位要用螺扣连接配件。

为了方便日后抄表和更换水表，所有水表安装的位置一定要符合自来水公司规定。

每个水表都应该有单位指示牌。不然的话怎么知道是谁家的水表。另外所有水表房的门口，一定要有一个 150mm 的混凝土挡水墩，这样日后维修排水就不会影响到住户了。另外要记住水表房一定要有地漏排水。也就是说每道工序都做得好，这样楼宇质量得确保。

### 6.1.4 验楼

当整个供水系统安装妥当后，持有牌照的水管工友就可以向自来水公司提出申请检验水管的要求，合格了，要记得开启政府的水源和取回供水纸，接着就可以让质检部来验楼，而在验楼之前，管工就要先准备好检验的程序，并且从头到尾跟进一次，确保整个供水排水系统的运作正常。

### 6.1.5 交楼前的测试

在把楼宇交给物业管理公司之前，大业主代表要和承建商以及机电工程师，事先商量好验收和交楼的先后程序。

承建商要准备详细的交楼验收表格让机电工程师审批。而且在交楼之前，还要确定整个供水排水系统运作正常，才可以把楼宇交给机电工程师和大业主代表。如果有什么问题一定要替换和修补好直到满意为止。

另外承建商还要把整个供水排水系统的完竣工图。还有线路示意图 Schematic Diagram，把它们清楚的讲解一次，然后再把操作维修手册和各项的供水排水紧急维修人员的日夜联络电话，交给机电工程师批核，没有问题就可以交给物业管理，作为日后维修的指引。

还有承建商和水管管工要安排一个时间，实地向各物业管理人员讲解系统的操作和保养程序。然后要按照合约，将后备配件交给物业管理，这样日后维修的时候就方便得多了。

最后要把抄水表度数和机房钥匙交给物业管理。而且物业管理公司把楼宇交给小业主的时候，承建商要积极协助，派遣足够的人员跟进所有工程。

### 6.1.6 保养期

至于交楼之后，承建商要根据合约负责维修保养，还要把已经做好的维修和保养项目，写在维修和保养纪录册里面，这样日后跟进的时候就方便多了。直到保养期结束为止。

## 6.2 中国内地与香港作法的主要差异

香港地区给水铜管暗装允许在混凝土板内敷设（类似电线管安装），大陆则没有这样的作法。

# 第7集 排 水

## 7.1 香港排水工程施工工艺和质量控制的主要内容

要盖一栋优质的房屋，一定要从正确的基本工序开始。排水工程是楼宇的排水系统。安装当然不能马虎，一定要安装正确，排水顺畅以及不能发生堵塞的现象。

### 7.1.1 施工准备

（1）施工图纸

所以在进行排水工程之前，排水管工要把最新的屋宇署和工程师批准图纸、综合机电装置施工图、结构图以及留孔图准备好。

还要和承建商的项目经理，按照施工章程和施工图纸，制定一份施工方案，上面要列明施工方法、材料种类和型号、收货标准和验收程序，再给工程师批准以后，那才可以施工。

（2）材料验收以及储存

排水管的材料例如水泥管、排水铸铁管、衬玻璃钢铸铁管、球墨铸铁管、镀锌钢管和塑料管一定要货真价实。

不过除了排水管之外，其他的配件也都不应该被忽视。一定要事先得到工程师的批准才可以安装，例如地漏带立式闸、地漏带平面格栅以及平面闸、花坛的多孔排水管，排水塑料管的三通和带清扫孔的弯头，防虹吸塑料存水弯、防虹吸铜存水弯等等。

还有铜管支架、安装在室内的热浸镀锌包胶边支架、安装在室外的不锈钢包塑料皮支架和管子油漆样板等。

所有的材料运到工地的时候，排水管工就要核对一下是不是符合机电工程顾问所批准的材料，同时还要看看排水管的牌子和来源，完全符合标准才可以接受。

收到材料之后要放好，一定要放在工地里合适的地方，配件要分门别类地放好，所有的排水管要垫高，这样就不会弄坏了。

（3）工具

有了材料，自然要有开工的工具，而且不同的安装工程要用不同的工具来做，例如工具室里的工具就有套丝机、钻床、切割机和焊机。

至于上楼安装用的工具就有电钻、捶子、一字螺丝刀、十字螺丝刀、水平尺、管钳、活动板手、固定板手、鹤嘴钳、鲤鱼钳和铁锯。

（4）外墙排水管样板房

管工还要在工地先做好外墙排水管的样板房，展示咸水给排水管、地漏、浴缸、淋浴盘、洗脸盆、厕所等各项排水、通气管的位置及整体的坡度不受窗户位置的阻挡，再经工程师批准后才可以开工。

### 7.1.2　施工作业

（1）地下排水

排水分为地下和地面。地下排水包括水泥管、铸铁管、球墨铸铁管、排水井和潜水泵，排水管承建商要根据最新的市政批准图纸和物料来施工。

排水井的位置最好要安排在空旷的地方，这样以后清理的时候就很方便。

安装排水管的程序，首先是由排水井、管坑位置的现场开线，工人要用木桩打好水平，然后根据所需要的深度进行挖掘。挖掘时不要弄坏了地下的公共设施。

如果排水管要穿过地梁的话，一定要得到工程师预先批准才可以留孔。如果管坑的深度达到1.5m或者以上的时候，记住要用挡泥板和桩顶来保持管坑的安全，如果工地得到工程师批准允许放坡。

另外，要把管坑或者排水井底部的泥土填平压实，放上防水材料之后就可以做垫层。不过在安装排水管和排水井之前，施工管工一定要检查清楚管坑没有问题才行。

安装排水管之前，首先要用固定的鱼线来做排水管的中直线和坡度线。然后再用预先做好的三角形水泥条，稳固和矫正排水管的水平，接着就可以塞麻丝了，管工要记住检查麻丝的深度，然后就可以捣黑铅，最后再打花压实。

当排水管的水平和位置都准确了，就可以捣混凝土固定排水管的位置。不过在还没有通过试漏测试之前，不要用混凝土盖着接口。

如果小于450mm可以用水来测试。用水测试的时候，要把管口临时封好，另一边管口用试管伸展到1.5m高同时注满水，注意一定要让管筒吸满了水才可以进行测试。

测试30min之后，就可以观察水位的情况了。水位的跌幅一定要符合规范认可的标准，这样地下排水管的测试才算是合格。除了要通过自我测试还要通过别人的测试。所以初步试漏满意之后，管工要把检验排水管测试表交给驻施工工地的机电工程师，要求测试排水管。

当机电工程师测试和检查排水管合格之后，承建商要把排水管测试表、报告和有关纪录的照片交给屋宇署。屋宇署没有意见才可以用混凝土管基，同时回填泥土，分层压实填平。

假如排水管的直径是450mm或超过，那就可以用"试烟"或"试气"的方法来测试。首先要检查一下排水管的坡度，接着再根据要测试的排水管直径大小和长度来确定烟弹的数量，这些烟弹的数量一定要根据烟弹生产商说明书和政府的标准，再经由工程师批准以后确定。

在试烟之前，就要用木板把排水管的两边封死，而其中一边要先留出一个口，以便放烟弹之用。所有这些准备工作做好了之后，那就可以进行排水管试烟测试。

点燃了用纸包住的烟弹以后，就要立即把它丢进排水管内，这时烟弹就会产生大量的浓烟，紧接着就要立刻把留口封住，这时候就可以检测排水管的每一个接口和管身是否有烟漏出来，如果不漏就算合格了。最后要拆走这些木板，让烟雾跑出来，并且把杂物清理好，那整个试烟的工序就完成了。而关于试气方法：在试气之前，也要先检查排水管的坡度，将被测试的排水管两边用木板封死，而其中一边的木板需加上两个活气塞，把气泵接在其中一个活气塞而另一个活气塞就接在U形气压计上，一切准备就绪之后，就可进行测试了。首先要检查两个活气塞是否处于全开状态，U形气压计的水位是否平行，如没问题的话就可以开动气泵，把空气打入排水管里面了。当 U 形气压计一边的水位相差到 100mm 之后，就要把气泵和连接气泵的活气塞关闭，5 分钟之后就可以观察水位的情况了，当气压计里面水位的升降幅度，证实符合政府的标准再将两边的木板拆开，清理干净，就完成了整个的试气工序。

至于排水井一定要在捣混凝土之前预留爬梯，如果地面的装修物料是大理石或是砖瓦，设计的时候，排水井盖面要预留一定的深度给地面的装修物料。

如果排水井的位置是在紧急车辆信道，也就是 EVA，那就要用重型坚固的铸铁盖或者是水泥盖。另外清水和污水的排水井盖是不同的。清水井盖的花纹是圆的，而污水井盖的花纹是方的。

排水井盖一般分为轻级、中级和重量级三种。而且通常是双密封的，这样可以防止进水和避免泄漏臭气。

连接排水井的排水管，必须是顺水流的方向，排水井里的流槽要抹得平滑和顺坡。至于排水井和排水井之间的排水管，可以用"通球测试方法"来证明排水管是畅通的。

（2）其他地下排水管工程

像稀盖存水弯，也就是 OTG，一般都会安装在和地面空气流通的地方，所以都可以作为地漏排水，它的作用就是把废水经由此再流入污水沙井，由于它有隔气作用，所以也可以防止污水沙井的臭气跑出来。至于稀盖的盖面大小，就要根据驳去存水弯的地下排水管的直径来定。

密盖存水弯，即是 STG 或 BITG，它的作用就和稀盖存水弯一样。只不过它本身就不能作为地漏排水之用。而密盖存水弯就一定要用气管引伸到空旷地方那才好。

马路隔沙井，一般就安装在马路两旁，是用来隔去马路上面的泥沙和垃圾，以免淤集堵塞排水管，而稀栏一定要厚身 Heavy Duty 才行。

至于尾井的狗头存水弯，如果接驳排水管的直径是在 375mm 或以下，要用生铁铸成的隔气板，而直径是在 450mm 或以上，那就要在工地上用混凝土来造这个隔气板了。而且它们都一定要有疏通管和盖子，而这些盖子都要用不锈钢链，挂在尾井的井口边，方便将来开盖进行疏通管道之用。

为了避免集聚沼气，所以尾井的净气进口，也就是"Fresh Air Inlet"，要引到空旷的地方，同时要有 2.5m 高。

（3）地面排水

地面排水管包括铸铁管、衬玻璃钢铸铁管、球墨铁管、镀锌钢管和塑料管等等。

在设计地面排水管的时候，要尽量避免安装位置经过管理处、会所或大厅的顶棚，以避免因排水管漏水而破坏这些地方。如果说一定要经此处，而下一层又许可的话，那么这些排水管就可以安装直到下一层。

在安装排水管之前，一定要先做个样板，等到机电工程师批准之后才可以大批量的制作。这就像玩具厂在大量生产玩具之前，都会先做个样板看看有没有问题一样。在安装外墙排水管的时候，工人要按照水平墨线来确定支架的位置，钻孔的时候孔的直径一定要和支架的直径和深度相吻合。

安装管子之前，还要事先固定一组垂直，或只是平行的鱼丝线，作为管道的中线参考。而且所有的排水管都要用不锈钢支架来承托。至于连接横管，一定要有足够的坡度，如果外墙用的是塑料管，千万不要离热水炉或者是冷气机太近，要不然的话塑料管会因为长时间受热而变形。另外，要用不锈钢包塑料皮支架。

至于通气管和污水管，要有足够的连接管来确保排水管里的气压均衡，保持排水畅通。通气管要高于屋顶的墙壁，这样住户才不会受到臭气的影响。还有通气管顶部一定要保护好，千万不要让异物掉进通气管里。

在安装管道的时候，一定要安装适量的伸缩节。如果在停车场天板安装管道的话，要留意法例要求的停车场净高度，不要等到装好了以后才发现车辆无法通过。而且要注意停车场明渠的深度和宽度。至于抹好的明渠一定要非常平滑，同时为了安全起见，太深的明渠还要加上盖子。

安装吊井，也要注意楼宇的高度限制。如果做混凝土吊井的话，所有连接吊井的管道都要预留在混凝土里面，这样可以防止日后漏水。至于做浅沟，也就是 Flat channel 的话，是不需要渠盖的。

在转弯的位置一定要留有维修孔，方便日后清理。要注意管道维修孔位置的下边千万不能安装电器或者其他贵重装置。

当整个排水系统都安装好之后，就可以用"通球测试方法"看看排水管是否畅通。

至于屋顶平台的雨水斗，安装的时候要特别小心。屋顶和平台花园的雨水斗，一定要在绑钢筋的时候依照水平墨线装好，为了可以确保雨水斗四周的防水功能，它们的排水位置，一定要和墙壁，地面一起捣混凝土，不然的话屋顶很容易漏水，影响下面的住户。

屋顶和平台花园做好的地面，一定要有足够的坡度到雨水斗，这样在下雨的时候，雨水才会顺利的排走不会有积水。

至于有盖人行通道的排水，就要用顶槽来接雨水，然后再利用排水管引导到最近的地漏排水，同时地漏一定要有足够的坡度。

而花坛的排水方法，就要在做花坛防水工程之前，根据图纸预留出花檀排水位。在防水工程做好之后，才安装吸水管，吸水石和隔滤膜，以确保花坛的泥土不会淤集堵塞花坛的排水。

如果花檀的排水位预设在花坛墙壁底部，那就要安装配合四周的明管道，来把花坛的水排走，以防止积水。

（4）隔油池及隔气油井

隔油池是在酒楼食肆里使用的，隔汽油井是在停车场里使用的，它们的容量都要按照批准图纸来做。

所有的隔油池或者是隔气油井的出入排水管，都要预先按照水平墨线做好，而且这些排水管还要和隔油池或者隔气油井一起捣混凝土，这样才能确保有足够的防水功能。

还要注意的是隔油池要定期清理里面的油垢，这样就能保证排水畅通。

（5）潜水泵

安装潜水泵，一定要先查清楚井口大小，所有的电箱都要安装在井外面附近的墙壁或是柱子上，不然的话日后操作和维修是很麻烦的。

潜水泵运到工地之后，管工要检查一下水泵的型号跟批准的材料是不是一样，同时要检查一下泵井里面的供水和排水位置是不是已经按照图纸做好了。

在安装期间，泵井里面一定要保持清洁，然后再根据批准图纸，做好泵座混凝土支墩。

安装水泵滑轨，一定要和井口垂直，然后就可以安装其他的配套管，接着再将潜水泵扣在水泵滑轨上面，慢慢的放进泵井里面，放的时候水泵要紧扣排水管，不能有缝隙。放好潜水泵后就可以做控制箱和联机工作了。

当整套排水系统都安装好之后，就可以做最后的测试。另外承建商还要定期清理井里面的垃圾，直到交付使用为止。

（6）冷气机排水管

说到冷气机排水管，如果设计上允许的话，应该尽量用明管。如果要装暗管，一定要装在厚的墙壁里，如果暗管装在太窄和有太多铁的墙壁里面，这样振捣混凝土会很困难，很容易起蜂窝。

暗管的位置不能太靠近窗户，也不能安装在水泥墙和砖墙的接口位上，不然以后安装窗户扁铁的时候，和砌砖墙钻孔插铁的时候很容易弄穿的。

暴露在外面的连接冷气机管嘴一定要小心封好，千万不要让杂物堵住了管嘴。安装暗管的时候，首先要用铁丝把管子牢牢的扎在钢筋上，然后就可以注水进行测漏测试了。

测试合格之后就可以浇筑混凝土，不过在浇筑之前，要封好露出混凝土外面的管嘴。总之排水一定要安装正确，排水畅顺才没有阻塞。样样都符合标准，这就叫做树立最佳标准，楼房素质高。

## 7.2 中国内地与中国香港作法的主要差异

### 7.2.1 材料
香港用海水冲刷马桶，材料、配件必须满足海水的特性和要求。

### 7.2.2 作法
因气候原因，香港的排水管道允许在外墙外侧安装（且无须考虑管道防冻保温），而内地（特别是北方地区）基本在室内。

### 7.2.3 渗漏检测
管径大于 450mm 的排水管道，香港采用烟雾试验来检测管道渗漏情况。

### 7.2.4 内地做法：
（1）在潮湿土壤中检查地下水渗入管中的水量。根据地下水水平线而定，地下水位超过管顶 2～4m 和地下水位超过管顶 4m 以上，则分别对 24h 内渗入水量有明确的要求。

（2）在干燥土壤中检查管道的渗出水量，其充水高度应高出上游检查井管顶 4m。

# 第8集 洁 具 安 装

## 8.1 香港洁具安装工程施工工艺和质量控制的主要内容

洁具一般包括浴缸、淋浴盆、坐便器、洗面盆、小便器、蹲厕及洗涤盆。这些除了是我们日常生活的必须品，也是楼宇排污系统的主要部分。

洁具对楼宇和我们来说是十分重要的，不用说都知道洁具一定要安装正确，排水要顺畅、还有卫生可靠、美观舒适。

### 8.1.1 施工准备

（1）施工图纸

在施工工地进行洁具安装工程之前，洁具管工首先要把有关的施工规范和最新批准的施工图纸收集好，例如综合机电装置施工图、工程师批准图、水务署批准图、结构图和留孔图等。

还要和承建商的项目经理，按照施工章程和施工图纸，写出一份施工方案。上面要列明施工方法、材料的种类和型号、收货标准和验收程序，交给工程师核对过没有问题了，才可以做。

（2）工具

做事情当然要有工具了，安装洁具的工具，分别是电钻、锤子、一字螺丝刀、十字螺丝刀、水平尺、管钳、活动板手、固定板手、鹤嘴钳、鲤鱼钳和铁锯。

（3）洁具安装样板房

施工工地的管工要预先做好一个"浴室、厕所和厨房安装样板房"，一定要确保全部洁具的安装都是正确的，同时达到优质的水平才行。

样板房里面一定要有不同洁具的安装位置，例如淋浴盆、浴缸、坐厕、洗面盆、热水炉等等。而且承建商还要提供清晰标准的水平墨线和各种洁具的安装位置，另外在安装这些洁具时候，最要紧的是留出足够的活动空间。

样板房做好了之后，管工要按照批准图纸，核对好洁具和配件的安装位置是不是正确，看一下洁具的牌子和来源有没有问题，同时要检查所有物料保证没有损坏，这时候才可以开工。

（4）水平墨线

说到安装，首先承建商要根据不同的施工阶段提供准确的清晰的水平墨线，例如标明地漏、坐厕、阀门、浴缸等等的施工位置，这样工友就可以根据这些水平墨线来安装不同的洁具了。

### 8.1.2 施工作业

（1）浴缸

浴缸分为有裙和没有裙两种。用料方面，有纤维、生铁和铁皮缸三种。

浴缸一定要清清楚楚的知道浴缸的尺寸，有裙还是没有裙，左裙还是右裙才行，要不然，就会影响安装和维修了。

至于沉坑，也就是 drop slab 的位置要预先协商好，另外还要留出足够的安装位置，用来安装缸底排水管和存水弯，同时也是为了方便以后修理浴缸及其他配件的。

当浴缸运到施工工地之后必须要做抽样验收。至于浴缸运到各层楼使用之前，更要一个一个的仔细检查浴缸看看有没有刮花和损坏，浴缸的底部一定不能有锈渍。

浴缸缸面的搪瓷很容易刮花和损坏，所以承建商一定要给与适当的保护。

浴缸预备好之后，就要查看浴室。首先是要检查浴缸能不能通过浴室门口。接下来承建商要提供足够的水平墨线。

要想浴缸和抹灰配合得好，浴室内的抹灰就一定要对好弯头，特别是尺寸紧凑的浴缸，如果抹灰弯头不配合，会影响浴缸的摆放。另外在安装浴缸的时候，除非有特别的因素，不然的话一般水龙头的排水阀和浴缸的排水，都会放在同一个方向。

浴室是用来洗澡的，所以地面及浴室外围的墙壁，都要做好防水工程，同时要有足够的排水坡度，至于水泥砂浆就更不能阻碍排水坡度了。而且在安装浴缸的时候要特别小心，千万不要破坏浴室墙壁和地面的防水层。

在摆放浴缸的时候要当心，千万不能把它刮花，缸身一定要是水平的，这样才可以安排连接排水管和存水弯。浴缸的脚，要用水泥砂浆固定好，还要做好接地线连接，这样浴缸才能安全使用。至于浴缸的边，要紧贴着墙壁，因为墙壁的磁砖一定要坐在浴缸面上面，不然的话，水会漏到缸底，影响楼下的住户。

浴缸安装好之后，承建商要做好保护工作，除了用厚厚耐用的胶纸包着浴缸之外，还要在浴缸上面盖上夹板。而承建商管工和分包商在巡视施工工地的时候，应该留意浴缸的保护有没有问题，如果发现浴缸保护层或是浴缸夹板损坏要马上维修，避免浴缸被刮花。其实在建筑期间，所有的洁具从开始到完工，都要有足够的保护。

至于淋浴盆的安装方法和浴缸是一样的，不过要注意维修的方法，比如这个排水存水弯淋浴盆吧，它可以在上面维修，方便日后清理。

（2）坐便器

浴室里面除了有浴缸之外当然还有坐便器，坐便器的处理方式一般有虹吸式、下冲式。为了节省用水，达到环保的目的，它们还分别有小冲水式和大冲水式的设计，可按不同的需要来选用，但是要政府有关部门的批准。

在决定选用哪个牌子的坐便器和水箱之前，最好是要求供货商提供实际样板，包括坐便器和盖板，来水和排水的连接配件、水箱配件和水箱。有了所有的实际样板之后，还要检验配件是不是符合规格，同时在工地上试验装配并且进行冲水测试，要一下子都能冲完才算合格。

要注意不同的坐便器排水孔位置，因为它有不同的留孔要求。例如直径是 150mm 的孔，就要配合直径是 100mm 的排水管。总之一定要符合尺寸完全搭配。还要留意坐便器排水位和地台做好之后的水平，留孔或者套筒一定不能倒斜。

在安装坐便器之前，首先要砌好地砖，然后清理场地，才可以安装。至于给水配件的八字门，除了适合咸水使用之外，还要耐用。在安装的时候，不能用铜油灰，要用生料带。

在收紧八字门的时候，不要太使劲儿，要不然很容易裂的。另外，为了方便维修，每一个单位的浴室外墙都要安装一个污水给水分支阀，而安装位置必须方便人们使用，这样在紧急的时候才能轻易关阀门。

至于用来连接坐便器排水和排水管的配件，一定要使用工程师批准的厕所接口配件，也就是 WC Connector。还有一定要记住不能垫高或者降低地台来安装坐便器。

位置确定好以后，就可以标上螺丝的位置，然后按照这些螺丝位置钻孔，接着就可以用不锈钢螺丝安装坐便器。安装好以后，一定要检查一下坐便器是不是稳固。

安装好坐便器之后就该安装水箱了，坐便器水箱配件一定要符合节水型要求。

在安装水箱配件和给水连接的时候，不能擅自改装任何配件，安装时如果遇到什么问题，一定要告诉供货商和工程师，由他们来解决，千万不要自作主张。

在紧固给水管和水箱接口的时候不要太使劲，不然的话会爆裂的。

装好以后，工人一定要确保水箱里的配件完全安装妥当，同时要调整好适当的水位，至于拉手位，也要有操作的空间，另外还要试一下水箱，必须能一次冲完才行。

（3）小便器及尿池

小便器的安装要注意到它的高度，大人与小孩所用的小便器高度是不同的，所以一定要按照工程师的批准图纸来安装。

小便器都可以采用自动感应的冲水装置，来保持厕所的卫生和加强环保意识，不过要采用这些自动感应装置的时候，就要事先得到水务署的批准，以及确保适合咸水使用。

工人首先要按照墨线于墙壁预留位置，安装感应装置的藏墙部分，墙壁的厚度不可以少于 100mm。

根据生产商的产品安装说明书，把感应器的藏墙部分预先安装好，再用水泥固定好，这些位置一定要和将来做好的尺寸大小相互配合。

整套自动感应装置一般都是由干电池供电的电子功能来操作的，所以不能受到太大的外来撞击，用手大力拍都不行的。另外亦不能用水或带有酸性的洗剂来清洗，不然很容易受损，在安装之后，就一定要进行测试，来确保整个装置正常运作那才行。

尿池一定要用不锈钢片来做才耐用的，而尿池本身的底部就一定要有足够的坡度和排水位，这样才能够保持流水畅通，不会囤积水。

（4）蹲厕和残疾人士厕所

蹲厕和残疾人士使用的厕所，就一定要依照批准图纸来安装。蹲厕呢要预留适当的空间来安装蹲厕的存水弯，而每一格厕所的地台面也一定要有足够的坡度，这样才不会有积水的现象，同时清洗也更方便。

供残疾人使用的厕所，所用的洁具都有特别的规格，因为要照顾到他们的需要，所以在订料之前，一定要得到工程师批。

另外所有坐便器，洗面盆和水龙头的安装都一定要根据生产商的产品安装说明书和工程师批准的图纸来安装。厕所内部都要安装足够而且稳固的扶手给残疾人使用，这些扶手对于残疾人，是相当的重要，还有厕所内要有地漏，以方便日后的清洁。

（5）洗面盆和洗涤盆

上完了厕所当然要洗手了，在安装洗面盆和洗涤盆之前同样要先做样板。

洗面盆和水龙头的排水阀，一定要有足够的空间方便操作。如果洗面盆的台面使用的是大理石或者是花岗石，那么在开口安装水龙头的时候，开口和石边至少要有 50mm 的距离，不然台面很容易破裂的。

还有在连结给水软管的时候，八字门的位置一定要准确，不然的话会被排水管和存水弯阻碍开关的。

水龙头的操作都可以分为人工操作和半自动操作，即装有弹簧的水龙头和自动感应操作。

弹簧水龙头和自动感应操作的水龙头，一般都安装在公厕里面，因为它们有自动停水的功能，不会为忘了关水而造成浪费。

至于安装洗涤盆，要和橱柜相配合。洗涤盆要接好地线，这样才能确保安全使用。而洗涤盆的排水存水弯一定要便于清理。

（6）成品保护

当浴室里其余的工程都完成了以后，就要彻底的清洗一次，然后把玻璃胶封挤在洁具和磁砖之间，直到完全交付使用才行。

在交付使用之前，还要检查一下所有的洁具有没有刮花或者是损坏，如果有的话，要马上更换。

8.1.3　气体热水炉

浴室除了有刚才所说的基本洁具之外，一般来说都会安装一个气体热水炉。热水炉分为煤气和石油气两种，安装的方法大致上是一样的。在浇筑混凝土之前，一定要预留孔口来安装热水炉的排烟道，预留的孔口呢，必须符合屋宇署条例和热水炉供货商的要求那才行。

如果使用的是煤气热水炉，会由注册气体承建商负责安装和连结冷热水管。为了方便日后维修和防止热水倒流，每个煤气热水炉都会于冷水管安装一个止回阀英文是 Non retune valve。

而且一定要有生料带安装，还要记住不要弄裂了水管的丝扣连接。

连接软管的时候，注意要放胶垫圈，当热水炉的冷热水水管都安装妥当之后，气体承建商就要来做表面检视。

等供水系统都完工之后，气体承建商还要负责通气测试热水炉的运作，检查一下接好的水管有没有漏水，同时要检查一下，热水暗管会不会因为热胀冷缩而出现漏水的现象。完全没有问题了才算是合格。

8.1.4　电热水炉

既然说了气体热水炉，当然得说说电热水炉了。工程师在选用电热水炉的时候，一定要确定电力供应与电热水炉的用电量是互相配合的才行。

电力开关阀要安装在浴室外面，同时电热水炉一定要由合格的技师按照生产商的安装说明书来安装，温度感应器和压力感应排放阀必须安装正确，千万不要自行改装，这样才能保障工人和住户的安全。

8.1.5　预留洗衣机的给水及排水位置

一般来说洗衣机的排水位置，一定要适合各种类型的洗衣机。洗衣机的给水水龙头位置距离地面的高度，要依照水务局条例那才算符合标准。

### 8.1.6 验收

一切就绪后在交付使用前，承建商要检验所有的洁具和配件有没有损坏，如果哪个部分有问题的话，一定要更换和修补，直到满意为止。

如果工地上的每个工人，都能够尽力做好每一个工序，这样就已经达到优质工序的目的了。

## 8.2 中国内地与中国香港做法的主要差异

### 8.2.1 材料

香港利用海水冲刷厕所，材料配件必须满足海水的特性，内地沿海及岛屿地区可以借鉴。

### 8.2.2 做法

(1) 香港做法强调工程师批准及满足样板房即可。

(2) 内地做法不但满足施工图纸的要求，而且对洁具的安装高度，距墙尺寸、管道坡度等都有严格的尺寸要求。

# 第9集 支木模板

## 9.1 香港木模板工序施工工艺和质量控制主要内容

### 9.1.1 模板的作用和基本要求

木模板，除了要坚固、安全、能够承受混凝土结构材料的重量之外，也要承受浇筑混凝土时候的撞击力和压力。模板相当于倒模用的模具一样，目的就是要使倒模出来的产品，也就是混凝土构件符合规格，达到业主的要求。

若要混凝土构件符合规格，那模板一定要符合尺寸，阳角、阴角要垂直，不能有踏步接口，也不能有爆缝，当然不可以漏浆。

这样拆板以后的混凝土构件才会符合尺寸，才能平、垂直、角度准确，也不会因为漏浆而导致混凝土出现蜂窝，这样才算符合标准。

### 9.1.2 支模板的准备工作

(1) 选用正确的工具

这些工具包括有：锤子、手锯、锯床、电锯、铁钉、混凝土钉、手钻、电钻、用来收紧螺丝的梗头、垂线、水平尺和用来清洁的铁铲等等。

(2) 熟悉施工图纸

模板工长首先要备齐有关的施工章程，清楚说明对材料和质量的要求。同时也要有最新批准的施工图纸，包括建筑平面图、立面图、剖面图、结构图、留孔图和门窗的大样图等等。

(3) 制订支模板施工程序建议书

承建商和模板工长要商议施工方法，并根据承建商工程师的设计计算模板，制定钉木模板施工程序建议书，也就是 Proposed Method Statement 交顾问工程师审批，列明以木结构架和托架承托的方法，还有整套模板的建造方法。另外还要列明悬臂式楼面，特高墙身，外墙混凝土装饰线和屋面的特殊设计，也就是 roof features 等等的大样和施工方法才行。

(4) 板材计算

由于墙身、楼面、梁、窗台和空调机的位置有不同的拆模板时间要求，所以承建商要按施工章程的拆模板的时间预算材料的数量。而窗台和空调机位等悬臂式楼面用的模板就要多预备几套。

(5) 模板配套

除此之外模板的配套工作也是很重要的，不同的混凝土表面的效果要求，在选择材料和装嵌的时候，也会有不同的要求以及不同的方法来配合，比如停车场和商场的模板通常会选用散板来钉的。

至于钉大楼的墙身模板，特别是层数高的大楼，模板工长一定要预先设计和配备标准件，来提高钉模板的效率以及配合工地的预算进度。那些损耗的夹板要马上换掉。

（6）材料验收

送到工地的板材，模板工长一定要核对材料的数目、尺寸和材质，确保符合标准才能够接收。

在使用模板之前，模板工长还要再一次核对材料的材质。所有尺寸不对、不垂直、弯曲，或者表面粗糙的木板和木枋，都不能使用。

（7）材料存放

然后要把材料存放在工地的适当位置，千万不能随便乱放。那些还没用的夹板，承建商要用帆布把它们盖好作保护。不然夹板会因为日晒雨淋导致弯曲，就不能再用了。

### 9.1.3 施工工序

（1）材料选择及运用

为配合现在一般的使用率，承建商通常会选择符合标准的一级胶水夹板来用，经常会用 60mm 厚的木板，尺寸会有 1m×6m 和 1.33m×2.67m 两种。

常用的模板材料有松木，也就是环保枋，还有野生木，也就是天然木。环保枋的厚度一般是 101.6mm，而且分 105mm 和 95mm 两种。不过通常会用 105mm 厚的那种。至于其他的木枋，还有 67mm×100mm、67mm×133mm 和 100mm×100mm。

在做模板的时候，工人记住一定要选择用相同尺寸的木枋，千万不要加入其他尺寸的木枋。不然的话，完工之后的楼面就会变得高低不平。那些 133mm 的散板，一般会用作踢脚板或者是木板。另外，铁的"横枋"也是经常使用的。

（2）刷模板油

模板要做得好，除了有好材料之外，施工素质也是很有讲究的，工长只能够使用经工程师批准的水溶性模板油。

不能选用那些会导致混凝土表面有痕迹的模板油，而且在涂模板油的时候一定要涂得均匀才行。

那些已经涂好模板油的模板一定要尽快使用和完成浇筑混凝土的工程。不能在已经绑扎钢筋和封板之后，涂模板油。因为如果油污沾到钢筋上面，会降低钢筋和混凝土之间的黏合力，这样会直接影响楼宇的结构安全。

在浇筑混凝土前，要先把模板浇湿，让木材吸收足够水分，不然在浇筑完混凝土之后，夹板会因为水分不足而吸走混凝土里的水分，就会影响混凝土的质量。

如果模板水分不足，模板油涂得不够或不均匀，或是表面藏有污垢，在拆板的时候就会出现板皮脱落的情况了。

（3）钉柱、墙模板

钉模板不单要注意柱、墙在施工和浇筑混凝土时受到的压力，还有很多事项是要特别注意的。比如说脚踏，它是用来承托外墙和升降机位置的墙身模板，在浇筑外墙混凝土前，一定要按工程师批准的方法，在墙身预留钢筋或者是螺丝来承托脚踏板。为了方便装板，脚踏和脚踏间的距离，一定不能超过 800mm。如果脚踏板安装得不平，还会直接影响外墙的水平、垂直和承托力。

（4）隔墙模板

　　隔墙模板、隔墙木板通常要对准"槽"位来装嵌，因为这样可以使模板更加紧密，防止漏浆。

　　隔墙模板钉好后，工长除了要用垂线来检查隔墙板的垂直外，还要在楼面拉水平线，看看隔墙模板是不是平直，有没有接口不平、弯曲和移位，若有就要马上改正。

　　柱墙钢筋一定要垂直，并稳固的绑扎好，不可移位或者侧向一边。因为这样会影响模板的平直度。在浇筑混凝土当天，模板工长还要派足够的员工再一次巡查并跟进浇筑混凝土那部分的模板，确保模板的稳固，这样才能够保证质量。如果工地采用泵送混凝土，则要特别注意，因为泵送混凝土的坍落度通常是比较大，板缝比较容易漏浆，所以模板一定要紧密装嵌。

　　如果在浇筑混凝土时，墙身模板和地面连接的地方出现漏浆的情况，其中一个原因是因为混凝土地面不平。为了避免上述问题，则在浇筑楼面混凝土时，一定要按地面水平来平整楼面的混凝土。总之，优质的隔墙模板，浇筑完成的混凝土隔墙，一定是符合尺寸、垂直不弯曲的。还有，因为没有漏浆，所以混凝土是不会见到接缝，没有毛孔和没有蜂窝，而且接口也不会不平、不会起波浪，墙脚也不会移位。如果其中有不符合要求的地方，隔墙模板不算是优质的。

　　（5）竖枋木、横枋木

　　至于大楼墙身板的竖枋木，通常会选用 67mm×100mm 的枋木，而横枋木会用两条 33mm×133mm 的枋木，它们中间到中间的距离是要根据模板所受的混凝土压力来计算的。竖枋木的中间到中间的距离，通常不会超过 300mm，而横枋木的中间到中间的距离，通常不超过 600mm。

　　（6）PVC 塑料管

　　另外，在钉墙身模板时，一定要使用合适的塑料管和螺栓。由于塑料管的作用是用来控制墙身的厚度，如果过长或是过短，都会影响混凝土墙身的尺寸。

　　还有外墙塑料管的位置一定要稍微向外倾斜，防止进水。一般的塑料管子是要平直对孔，螺栓的长度要合适，不能以垫木枋头或垫圈的方式来收紧墙身板。

　　墙身模板千万别收得太紧，因为要是塑料管变形或是弯曲，那就很难取出来。而且当塑料管变形，会使到混凝土墙身的厚度变薄，尺寸就不符合标准了。如果墙身的厚度超过 300mm，塑料管会比较难取出来，那要考虑用穿墙螺丝代替普通的螺栓。把模板拆了以后还要拆掉塑料杯，而杯位的位置要用防水水泥封口。

　　（7）阴阳角的处理

　　至于阴阳角，一般都是柱、墙、梁或者楼面转角的位置，也就是通常称作碰口位的位置。阳角一定要用木板夹紧，或是用锁角螺丝把木板夹紧才行。

　　而阴角就很难夹紧，所以一般都会用软角、硬角相碰来装嵌的。如果墙壁的阴阳角混凝土浇筑完成之后是垂直和不弯曲的，阳角看起来就会像刀锋一样的锋利，而软角硬角两旁的混凝土墙是平滑而没有接口，这样的模板才算是优质的。

　　梁边和梁底的混凝土的弯曲度要对，另外梁边还要足够垂直，梁底则要很平整。

　　（8）竹踏板

　　竹踏板是用来修补地面混凝土不平整的最直接方法，这样钉隔墙模板的时候就不会一高一低，这样拆隔墙模板时也就方便多了。

（9）踢脚板

踢脚板的作用主要是要柱墙的模板脚不移位。如果要固定柱墙的位置，一定要加上足够的踢脚板，以确保柱墙不会在浇筑混凝土的时候移位。

隔墙模板的木枋，一般会加长 40mm，用来夹紧竹踏板，固定隔墙模板的位置，这样在隔墙收紧螺丝之后，隔墙模板和竹踏板才不会有缝隙。

（10）清洁口

还有在钉柱和墙模板的时候，一定要在柱和墙脚的地方留有清洁口。因为清洁口是惟一能够用水把墙壁里面的杂物、比如木屑等等清洗出来的地方，所以千万不能让踢脚板堵住清洁口。

隔墙里面较大的杂物一定要先把它们拿走。而铁钉和铁丝就可以用磁铁把它们吸走。在浇筑混凝土前，一定要把清洁口位堵住，这样混凝土浆才不会漏出来。

（11）拆模后的模板清洁

混凝土浇筑完成达到一定混凝土强度后可拆模。拆下来的模板，要马上用铲子把表面和边缘的混凝土污垢清理干净，而且还要把铁钉和铁皮除掉，因为如果不彻底的清理干净，模板就不会紧贴一起，那漏浆的情况就会更加严重了。

模板清理干净之后，接着要马上涂上模板油，然后好好的储存，准备可以再用。

（12）模板支撑排柱

模板支撑一般是用来承托梁和楼面模板的，通常包括横枋、主木枋和支撑枋，而支撑枋可以是木或者是通架。排柱通常会用在商场、停车场、非标准楼层以及梁。

所有支撑排柱的中间到中间距离一定要编排紧密，不然就不能承受混凝土和钢筋的重量而导致下陷，这样楼面的混凝土就会不平。另外，在浇筑混凝土之前，所有的支撑枋一定要加有横枋连接以确保稳固。

如果梁太长，每相隔差不多 1.33m 还要加一条横梁，长度要足够把多条梁连接，这样才能够加强整体的稳固性，以免梁在浇筑混凝土的时候导致移位。

如果承托主木枋的支撑枋是木枋，要用木楔垫住底部，以便调整楼面的水平。

另外，我们会遇到一些箱格式结构。这样的结构不单可以用传统的钉木箱方式，现在通常都会采用玻璃纤维模件，在拆模的时候可用高气压把它们拆出来。

（13）托架

现在大部分标准楼层的承托部分，已经用托架来代替木支撑枋了。因为托架的承托力较木枋强，而且尺寸准确，配件充足，而且最主要是安装简单。托架一般是由承建商的工程师设计后，再交由顾问工程师审批。

托架还分为轻架和重架，不同的承托力要选用不同的托架来配合。托架要有足够的加固支撑。同时还要用铁管锁紧托架，确保托架稳固，另外托架上要有可以调节高度的调节螺丝，以便调整楼面的水平。

（14）人字架

至于用不上托架的地方，一般会用人字架来承托。比如梯级的底部，空调机或者是窗台位置的底板等等。为了方便调节楼面的水平，人字架也是要用木垫来加以承托的，而且在浇筑混凝土以前，人字架一定要加有横枋来稳定。

（15）梁模板支撑

1) 如果梁的高度超过 600mm，通常梁底板要用散板来承托，为了避免在浇筑混凝土时出现板裂的情况，梁侧边一定要加有足够的斜板和踢脚板。

2) 防止梁角在浇筑混凝土时的板裂，就要在梁的阴、阳角，加上压角板来稳定夹角的位置。

3) 梁除了有斜板外，还要加横枋木和螺丝来加强稳固性。

4) 外墙的梁边板，一定不能向楼内或是楼外倾斜。而外墙梁一般都是用斜板来稳固楼边梁模板的。

5) 边梁拉铁皮。至于要不要加拉铁皮，或是用螺丝加横枋木来固定边梁模板，那就要按梁的高度来决定了。如果外墙梁真的要用铁皮来拉梁模板，那千万不能用双层铁皮。这是因为用双层铁皮的话，中间会有空隙，这样水就会渗出来。

在浇筑混凝土工程完成后，模板分包商要马上安排清除露出来的混凝土铁皮，避免铁皮日后生锈。

（16）楼面模板

楼面模板，一般会使用三层板和排柱来承托，在安装的时候，楼面模板要紧贴一起，另外翘起的夹板千万不要用。而承托模板的地面一定要平整和结实，能够承托混凝土、钢筋、模板和施工时的其他重量。

（17）悬臂结构模板

所有悬臂结构要预留足够的坡度，还要留意拆支撑枋的时间，因为拆支撑枋的时间较长，所以要多预备几套板模。

9.1.4　木模板其他情况工序质量控制要点

除了上述要注意的木模板工序之外，还有一些其他的情况如储水缸、特高的墙身、转换楼层和斜面等等的木模板工序也要注意。

（1）储水缸

为了加强储水缸的防水功能，所以储水缸木模板一定要用"穿墙螺丝"来收紧。与此同时也不能随便留有临时的混凝土施工缝，因为储水缸的混凝土施工缝，一般要高于最高的水位高度。

（2）留孔

另外，所有水位以下的任何装置，都不能留后做位或者留孔，而且所有防水短管要埋入混凝土里。总之好的储水缸在浇筑混凝土之后，有没有做防水都不应该漏水。

至于所有留孔位置，无论是柱、墙、楼面或梁都要得到工程师的批准，如果要在墙身留大孔，可以考虑钉三面模板，但不钉孔底板，让混凝土可以流到孔底，另外，也可以把大孔分作两个小孔，让振捣棒放在箱与箱之间，把混凝土振到箱底部，在浇筑混凝土完成后，就要拆除箱同箱之间的混凝土。

在浇筑混凝土之前，应该与各专业配合，在楼面预留各种留孔的水平墨线和钉好留孔箱。

（3）施工缝模板

若是施工缝做得不好，不单会影响结构安全之外，也是导致漏水的主要原因。现在承建商通常都会用施工缝网，或散板加斜枋来作暂时性的施工缝模板。

（4）特高的柱、墙

如果超过 5m 高的特高柱和墙身，而且没有楼面来作支撑的话，那就要特别注意模板的独立稳固性。

特高的柱和墙身一般是用斜枋加钢线互相拉紧，斜枋的末端要用木板或木枋头来固定。如果超过 3m 高的柱和墙身，承建商应该考虑用串筒把混凝土顺利地引到底层，避免石子和水泥浆因为钢筋的阻碍而分开。

通常是分层多次浇筑混凝土的，这样可以减轻混凝土对模板的压力。如果特高的柱子和墙身模板设计做得好的话，浇筑出来的混凝土又平滑又垂直，而且不会因为混凝土的压力而引起板裂或鼓出来。

(5) 特厚混凝土承台

至于特厚混凝土承台也就是转换楼层，承建商要把它的模板承托设计交给工程师审核，批准之后才可以开工。

转换楼层一定要有足够的支撑枋和斜枋来承托，那工作的工作台要有足够的宽度，可以用作工作和通道之用。如果独立基础太高应该用螺丝，用焊接的方法对拉，来稳固独立基础的墙身模板。

如果转换楼层的重量是靠下面楼层的楼面来承托，那么工程师要检查清楚楼面的承受力够不够，不然转换楼层的重量会影响结构的安全，也会使楼面混凝土产生裂缝而导致以后漏水。

(6) 斜面(车道和阶梯)

车道和阶梯的斜面，比平面难做。主要因为要使斜面的承托模板的承托架稳固是很困难的，所以钉斜面模板时，要特别注意整个模板的稳固性。

而斜面的底部，一般是用托架来承托，托架除了用铁管锁紧和有足够的加固支撑来稳固之外，也可以用木楔垫住底部，防止移位。阶梯的台阶，也要用连杆固定，连杆的中间到中间的距离不能大于 400mm。阶梯的墙身模板脚枋和锯齿形模板要有 80mm 的相连，这样不单可以让墙身模板和锯齿形模板水平一致，还可以稳固墙身模板。

还有阶梯的底部要用斜支撑枋来承托，斜支撑枋要固定在阶梯下一层的台阶凹位，还要跟承托阶梯"底板"的斜面成 90°。

另外，如果是大于 30° 的斜台，比如斜的屋顶，因为斜度的问题，浇筑混凝土后，还没凝固的混凝土会因为它的重量而下滑。所以一定要先加上面板帮助固定混凝土的位置，才可以浇筑混凝土。而且面板之间还要留有 300mm 距离的虚位，来放振捣棒和"跑气"。

如果斜面的角度更大，那要在浇筑混凝土和调整水平之后，用板与封盖面板之间的虚位，防止混凝土在还没凝固之前因为它的重量而移位。

如果楼面的厚度超过 150mm，那要用穿墙螺丝来固定屋顶的模板。而在拆掉穿墙螺丝以后，要拆掉胶杯，再用防水水泥浆把它小心的堵住，避免屋顶的螺丝位漏水。总之优质的斜面模板，一定要先计划好并把它做好，这样浇筑完成的混凝土倾斜度才会正确。

(7) 圆柱子和椭圆形柱子

如果工地上的圆柱子或是椭圆形柱子比较少的话，就可以选择用塑料圆柱形模板加筛或是用模板来钉。如果圆柱子较多，那应该考虑用钢模板。

（8）混凝土墩

混凝土墩通常会用短木枋来承托吊脚。短木枋一般会在混凝土刚开始凝固之后才拆掉，如果这个工序处理得不好，那么短木枋的位置将会是日后最容易漏水的地方，所以这种方法尽量不能用在屋顶或者是要作防水的楼面。

如果混凝土墩可以分两次浇筑混凝土的话，就不需要使用短木枋。另外要是同类型的混凝土墩数量很多，那就可以选用钢模板。而钢模的承托可以用焊接钢筋的方法来做，这样就可以避免用短木枋来作承托了。

用来固定吊脚的位置，一般都会用单层铁皮，但用的时候要特别注意，因为铁皮生锈了会影响混凝土的防水程度。

（9）挂墙

根据挂墙设计和施工方法，是可以跟原来的楼面一起浇筑混凝土，也可以稍后才浇筑混凝土，像转换楼面的挂墙就可以这样做。

如果挂墙稍后才做，一定要预先计划，因为一些已经完成的工程，可能会影响之后的运输和挂墙浇筑混凝土的工作。

而且稍后才做的挂墙一般会在模板的上方钉斜口，将混凝土浇进模板里面，在拆掉模板后，去掉斜口里多余的混凝土。

（10）其他注意事项

1）浴室和浴缸沉位。可以用短木枋来承托吊模板，然后放在沉位里面，再用铁皮固定吊模板，防止浇筑混凝土时，吊模板移位或者升起。至于沉位的短木枋处理的方法，可以跟做混凝土墩一样。除此之外，也可以用钢模来代替木模板。

2）不规则形状的模板。不规则形状的模板的施工方法和钉隔墙模板的方法差不多，不过不规则形状的模板，会选用薄的夹板和密柱的方法来做。

### 9.2　中国内地与香港在木模板工序的比较

中国内地与香港在木模板工序的准备、模板配套、模板工艺和工序验收方面的主要控制内容是一致的。从上面的介绍可以看出，香港在模板配套、模板工艺以及各类构件的要求和注意事项都非常具体。中国内地在《混凝土结构工程施工质量验收规范》GB 50204—2002 中明确规定了模板分项工程的施工工序质量检验的标准。

9.2.1　中国内地模板分项工程的施工工序质量检验

（1）模板安装工序完成后应对该工序的施工质量进行检验，其主要检验项目、检验数量、检验方法及其允许偏差指标等列于表 9.2.1。

模板安装工序施工质量检验项目、数量和方法　　　　　　　表 9.2.1

| 项目类型 | 序号 | 检验内容 | 检验数量 | 检验要求或指标 | 检验方法 |
|---|---|---|---|---|---|
| 主控项目 | 1 | 模板承载力和不影响下层混凝土质量 | 全数 | 安装现浇结构的上层模板及其支架时，下层楼板应具有承受上层荷载的承载能力，或加设支架；上、下层支架的立柱应对准，并铺设垫板 | 对照模板设计文件和施工方案进行观察 |
| | 2 | 模板隔离剂 | 全数 | 模板隔离剂应涂刷均匀，不得沾污钢筋和混凝土接槎处 | 观察 |

| 项目类型 | 序号 | 检验内容 | 检验数量 | 检验要求或指标 | 检验方法 |
|---|---|---|---|---|---|
| 一般项目 | 1 | 模板安装 | 全数 | （1）模板的接缝不应漏浆；在浇筑混凝土前，木模板应浇水湿润，但模板内不应有积水；<br>（2）模板与混凝土的接触面应清理干净并涂刷隔离剂，但不得采用影响结构性能或妨碍装饰工程施工的隔离剂；<br>（3）浇筑混凝土前，模板内的杂物应清理干净；<br>（4）对清水混凝土工程及装饰混凝土工程，应使用能达到设计效果的模板 | 观察 |
| | 2 | 固定在模板上的预埋件 | 梁、柱和独立基础应抽查构件数量的10%，且不少于3件，对墙、板应抽10%有代表性的自然间，且不少于3间，对大空间结构，墙可按相邻轴线间高度5m左右划分检查面，板可按纵横轴线划分检查面，抽查10%，且均不少于3面 | 固定在模板上的预埋件、预留孔和预留洞均不得遗漏，且应安装牢固，其偏差应符合下表要求<br><br>**预埋件和预留孔洞的允许偏差**<br><br>见下表 | |
| | 3 | 现浇结构模板安装偏差 | 梁、柱和独立基础应抽查构件数量的10%，且不少于3件，对墙、板应抽10%有代表性的自然间，且不少于3间，对大空间结构，墙可按相邻轴线间高度5m左右划分检查面，板可按纵横轴线划分检查面，抽查10%，且均不少于3面 | **现浇结构模板安装的允许偏差及检验方法**<br><br>见下表 | |

**预埋件和预留孔洞的允许偏差**

| 项　目 | | 允许偏差（mm） |
|---|---|---|
| 预埋钢板中心线位置 | | 3 |
| 预埋管、预留孔中心线位置 | | 3 |
| 插　筋 | 中心线位置 | 5 |
| | 外露长度 | +10，0 |
| 预埋螺栓 | 中心线位置 | 2 |
| | 外露长度 | +10，0 |
| 预留洞 | 中心线位置 | 10 |
| | 尺　寸 | +0，0 |

注：检查中心线位置时，应沿纵、横两个方向量测，并取其中的较大值。

**现浇结构模板安装的允许偏差及检验方法**

| 项　目 | | 允许偏差（mm） | 检验方法 |
|---|---|---|---|
| 轴线位置 | | 5 | 钢尺检查 |
| 底模上表面标高 | | ±5 | 水准仪或拉线、钢尺检查 |
| 截面内部尺寸 | 基础 | ±10 | 钢尺检查 |
| | 柱、墙、梁 | +4，−5 | 钢尺检查 |
| 层高垂直度 | 不大于5m | 6 | 经纬仪或吊线、钢尺检查 |
| | 大于5m | 8 | 经纬仪或吊线、钢尺检查 |
| 相邻两板表面高低差 | | 2 | 钢尺检查 |
| 表面平整度 | | 5 | 2m靠尺和塞尺检查 |

注：检查轴线位置时，应沿纵、横两个方向量测，并取其中的较大值。

续表

| 项目类型 | 序号 | 检验内容 | 检验数量 | 检验要求或指标 | | | 检验方法 |
|---|---|---|---|---|---|---|---|
| 一般项目 | 4 | 预制构件模板安装偏差 | 首次使用及大修后的模板应全数检查，使用中的模板应定期检查，并根据使用情况不定期抽查 | 允许偏差范围 | | | |

| | | | | 项　　目 | | 允许偏差(mm) | |
|---|---|---|---|---|---|---|---|
| | | | | 长度 | 板、梁 | ±5 | 钢尺量两角边，取其中较大值 |
| | | | | | 薄腹梁、桁架 | ±10 | |
| | | | | | 柱 | 0，−10 | |
| | | | | | 墙板 | 0，−5 | |
| | | | | 宽度 | 板、墙板 | 0，−5 | 钢尺量一端及中部，取其中较大值 |
| | | | | | 梁、薄腹梁、桁架、柱 | +2，−5 | |
| | | | | 高(厚)度 | 板 | +2，−3 | 钢尺量一端及中部，取其中较大值 |
| | | | | | 墙板 | 0，−5 | |
| | | | | | 梁、薄腹梁、桁架、柱 | +2，−5 | |
| | | | | 侧向弯曲 | 梁、板、柱 | $l/1000$且≤15 | 拉线、钢尺量最大弯曲处 |
| | | | | | 墙板、薄腹梁、桁架 | $l/1500$且≤15 | |
| | | | | 板的表面平整度 | | 3 | 2m 靠尺和塞尺检查 |
| | | | | 相邻两板表面高低差 | | 1 | 钢尺检查 |
| | | | | 对角线差 | 板 | 7 | 钢尺量两个对角线 |
| | | | | | 墙板 | 5 | |
| | | | | 翘曲 | 板、墙板 | $l/1500$ | 调平尺在两端量测 |
| | | | | 设计起拱 | 薄腹梁、桁架、梁 | ±3 | 拉线、钢尺量跨中 |
| | | | | 注：$l$ 为构件长度(mm) | | | |

（2）模板拆除工序检验，主要包括底模及其支架拆除时的混凝土强度应满足设计要求、后浇带模板和后张法预应力混凝土结构构件模板应满足施工技术方案要求等。

# 第10集 浇筑混凝土

**10.1 香港浇筑混凝土工序施工工艺和质量控制主要内容**

### 10.1.1 施工准备

(1) 确定混凝土供应方式

承建商在接收工程之后，首先要向工程师申请混凝土的供应方式，来决定是由混凝土商或是在工地上设厂来供应。

(2) 浇筑混凝土施工工序建议书

承建商要根据最新的施工图纸和施工章程，制定一份"浇筑混凝土施工程序建议书"。内容要包括申报浇筑混凝土的区域、次序、数量以及方法等，经工程师批准后才可以开工。

(3) 浇筑混凝土前检查表

承建商一定要工地的工程师、工程监督和机电工程监督制定一份"浇筑混凝土前的检核表"，按要求和意见，安排好每一个位置的墨线、模板、钢筋绑扎还有机电工程等等。

(4) 浇筑工具

浇筑混凝土的工具主要有垂直升降机、混凝土翻斗、塔吊、吊斗、混凝土振捣棒、混凝土振捣机、混凝土泵、泵管、串筒以及漏斗等等。要多准备几套振捣棒和振捣机以做备用。

(5) 垂直升降机操作程序

倒卸混凝土的位置一定要跟垂直升降机里的混凝土斗和翻斗配合，而且翻斗一定要确保稳固才可以。翻斗周围和桥板两旁还要预先用胶纸盖好，防止混凝土在卸斗时，或者是手推车经过的时候把楼面弄脏。

为了确保工作通道的安全，一定要在坚固的混凝土保护层架上面放上厚厚的以及有足够承力的桥板，这样工人们在推车的时候，就不会像驾驶碰碰车一样，撞来撞去。另外，为了避免损坏已经做妥的水管和电箱，值班工长一定要确保有足够的活动空间给工人们推手推车时使用。

(6) 泵车操作程序

一定要确保泵车平稳和运送混凝土的管道已经连接好，并且稳固的安装妥当。

因为泵车在运送混凝土的时候会使泵管产生强大的压力，所以泵管一定要用支架和爆炸(账管)螺丝固定在混凝土墙上或是柱头上面；为了避免泵管架损坏楼面的铁面或者模板，要用保护层架来托起泵管。

总之，不管是准备工作或是进行浇筑工程时，值班工长一定要协调泵车机械工人和混凝土工人，让他们互相配合，这样才能够确保工作安全和运作畅通。

(7) 塔吊操作工序

操作和指导人员是要经过专业训练的合格人员，绝不是随便一个人就行的。

工长还要挑选合适的混凝土斗和吊斗，在运送的同时，一定要把翻斗的安全闸关上，不然水泥浆或是石块就会漏出来，会危害他人的安全，也会影响混凝土的质量。它的载重量也要配合运送的距离远近。

**10.1.2 施工工艺**

（1）运到工地的混凝土测试

为了确保混凝土的质量能符合工程师的要求，每次当混凝土运到工地时，承建商也都要进行以下的测试。测试混凝土的温度，还要在混凝土车里取样做坍落度测试，测试混凝土的和易性，还要做混凝土试件来检查混凝土的强度，并做妥有关的记录，要把它们送到政府认可的试验室里进行压力测试。

（2）浇筑混凝土注意事项

1）一般比较小的构件在浇筑混凝土时，通常可以一次性的浇筑，但是如果比较大的构件的话，比如：基础、转换楼层或承重墙等等，那一定要分层的浇筑混凝土。同时还要用振捣棒把前一层的混凝土和刚浇的一层均匀的振妥，要一气呵成，避免出现冷接缝。

2）每次浇筑的时候同样要用振捣棒把混凝土均匀的振妥。振的时间和位置都一定要掌握好，振的时间千万不要过度，不然就会把石和水泥浆都分开了，那就真的像千层糕一样的一层一层了。要注意不同坍落度的混凝土振捣的时间也是不同的。如果发现混凝土浆浮到了表面，就要把振管抽出来，千万不能用振管带动混凝土，当然也不可以加水。

3）构件的厚度也很重要，在浇筑混凝土前，承建商要用不同的方法来控制厚度，可以用墨线和铁钉在模板上面做记号，也可以在垂直的钢筋上做记号，这样就可以防止在浇筑混凝土时导致高低不平，影响结构的质量。

（3）垫层施工

除了以上浇筑混凝土要注意的事项之外，在不同的位置浇筑混凝土也有其他的事项要特别注意的。对于垫层，当地基被压实到工程师满意的程度之后，所有的水平要依靠大约2m 中间至中间的钢筋或水平泥饼，来控制混凝土的厚度，一般是 75～100mm 厚，它是属于非承重性混凝土，主要作用是保护承重性混凝土和决定水平工作面。

（4）基础施工

1）独立基础或者是桩承台的厚度通常会超过 2m。它的浇筑方法多数会采用泵车，因为泵管可以达到基础远近的位置，如果浇筑量较大的话，期间会另外加上吊机来配合混凝土斗。

2）基础一般应采用分层方式来进行浇筑，每一层的高度大约是 500mm，以避免基础混凝土产生冷接缝。另外，因为基础是低于地面的，所以在浇筑的时候可要注意地下水的情况，因为可能会有地下水不断的涌出来。

3）承建商要用各种安全的抽水方法，把水引离开混凝土现场，并且要妥善的处理好，以免地下水冲走或稀释混凝土中的水泥成分，而减弱应有的强度，至于抽水的方法，要先得到工程师的批准。

（5）转换楼层或非标准楼层

1）转换层是用来承托整座楼宇的主要结构，厚度一般会超过 2m。承建商在转换楼层浇筑混凝土之前，所有的数据、承托支架和其他受影响的楼宇结构等等，一定要先得到工程师的批准。转换楼层通常会分两次进行浇筑,当第一层浇筑完成之后,一定要同时把工作缝和粘在钢筋上面的混凝土处理好。还有要留意第一次和第二次浇筑的混凝土之间的特别关键(Key)部位的处理。

2)可以用插钢筋的方法,或者模板预留施工缝,以及把已完成的混凝土表面凿出施工缝等等,不过所有的处理方法,都一定要先得到工程师的批准。

3)在工程师批准第二次浇筑前,一定要把所有的垃圾先清理妥当。

(6)蓄水池

1)承建商在建造蓄水池结构的时候,通常会一次性的把蓄水池的底部和墙身浇筑混凝土,而混凝土的接口就一定要预留在蓄水池的满水位之上,这就可以避免发生渗漏了。

2)所有法兰套筒一定要测试合格和确保已经稳固的安装,然后才可以浇筑防水混凝土。而且法兰套筒周围的位置和钢筋之间是紧密连接的,所以一定要确保法兰套筒周围浇满混凝土而且振妥。

3)承建商要安排进行蓄水池的蓄水测试确保没有渗漏。

(7)标准楼层混凝土浇筑施工

标准楼层包括楼面、梁、墙身、柱头以及阶梯。在墙身和柱头浇筑混凝土的时候,应先浇筑大约300mm高的混凝土封脚,然后才可以用振捣棒把混凝土均匀的振妥。这样可以避免模板脚和模板之间的接口出现漏浆的情况。

(8)楼面和梁

因为墙身和柱经常会用强度高的混凝土,所以要先浇筑墙身、柱头到柱的位置,之后才可以在楼面浇筑强度较低的混凝土,要注意梁的混凝土不能浇到柱头的位置,还有千万别让它产生冷缝。

另外承建商还要用不同长度的棍测量器,来检定楼面混凝土的厚度,合格之后,要用铁锹平整混凝土,还要用拖板来弄平混凝土表面。至于墙身柱头的混凝土位置,可以用尺和抹子来调整水平,还要把钢筋上面的混凝土清理好。同时水平测量员也要一起检定混凝土表面的高低程度。

(9)楼梯

1)楼梯的混凝土浇筑程序,一般跟墙身相连接的。对楼梯的厚度,要在浇筑混凝土之前,先要检定楼梯模板和斜面之间的距离是否正确。一般楼梯顶部和楼梯底部都有梁承托,为了避免在梁旁边形成工作缝而影响结构安全,楼梯较楼面多浇2~3个台阶混凝土。

2)墙身和阶梯之间的交接位会形成垃圾陷阱,所以下一次在阶梯浇筑混凝土时,承建商一定要小心的把垃圾或污水彻底的清掉,避免施工缝在将来形成缺点。

(10)屋面及小屋面

屋面和小屋面的厚度要配合坡度要求,一般采用防水混凝土。在浇筑完成之后,记着要在屋面浇水来作质量检查。还要到顶层所有部位去检验测试的情况,来确保不会有渗漏。

(11)悬臂结构

1)主要有窗台、空调机窗台、窗檐、建筑特色线条、悬臂吊梁和留孔位置等等,它们浇筑的混凝土等级,要跟各自相连的墙身、楼面或柱的混凝土等级一样。另外大部分悬臂结构会用手推车和铁锹,或是用吊斗的方法来浇筑,所以一定要用临时的斜板作引导以及遮挡的工具，避免混凝土被倒到楼的外面去。

2）因为这种类型混凝土的浇筑位置是有限制的，所以工人们要特别注意安全。当混凝土浇筑到窗台底部要确保注满并且均匀的振妥。

3）当混凝土刚开始凝固时，就可以在墙身和楼面浇筑混凝土，也要把窗台顶模板浇满混凝土和振妥。整个程序一定要在差不多 30～45 分钟之内完成，这样才能确保不会形成冷接缝。

4）至于空调机的窗台，除了浇筑混凝土的面积较小外，在下板和墙身相连的地方，会安装暗管以及横、竖铁管的，所以在振捣混凝土的时候要特别小心，千万不能把暗管振裂，另外要注意操作的安全。

（12）后浇带

承建商一般会采用模板或者是后浇带缝收口网来预留位置。后浇带的位置和面积，特别是面积较大的后浇带，全部要严格的按工程师的审核意见做好。

（13）混凝土连接口处理

施工缝一般都是在设计时已经决定了它的位置，但是承建商为了配合工作上的需要，是可以建议多加施工缝的，但是一定要得到工程师的批准。施工缝的处理方法可以分为四种。

第一种是钉施工缝模板，这是一般性的做法。当混凝土凝固拆板之后，再把混凝土的表面凿花来作以后的工作缝。

第二种是在钉施工模板后，在混凝土刚刚凝固的时候，马上拆掉模板，再用高压水枪把水泥砂浆冲走，让石块外露来做为以后的连接位。

第三种是用工程师批准使用的缓凝剂，浇在构件之间的连接位上，然后等混凝土凝固之后，再用高压水枪把模板旁边的缓凝剂清洗干净，那么露出来的石块就成为比较好的连接位了。

第四种是钉施工缝钢丝网来做混凝土的临时施工缝边缘或界限，而施工缝钢丝网的凹凸面可以来作日后的连接位。不过要注意施工缝的钢丝网一定要稳固安装，因为在振混凝土的时候会很容易使它倾斜或是不稳固。

有些位置是不能有施工缝。主要是要做防水工程的构件，比如厨房、浴室、垃圾房、水表房、泵房等等的楼面，一定不能有施工缝的。

平台的施工缝要尽量把它做在有盖的楼面下还要高于地面坡度的位置，来减低漏水的机会。另外，为了加强防水的功能，在平台的工作缝一定要留有止水带。当平台通过了像屋面的浸水试验后，就可以开始做其他的防水和水泥工程。

（14）混凝土养护

浇筑完的混凝土，要做好养护工作。如果混凝土欠缺水分，会影响混凝土的成分，那就不能够达到理想的强度。

混凝土楼面的养护，要在混凝土开始凝固的时候，浇适量的水，使混凝土表面可以长时间的保持湿润状态。楼面的混凝土要有足够的养护，只有这样才可以达到和确保混凝土的质量。

混凝土墙身要在拆板之后，马上用水管在墙身浇水，这样可以减低混凝土的热度，并且保持墙身长时间的湿润。如果承建商要同时完成撒水泥砂浆的工序，那在水泥砂浆具有应有的强度后，在墙身继续浇水来保持湿润和足够的养护。

（15）天气影响

除此之外，下雨对浇筑混凝土也有很大的影响。因为雨水会把混凝土里面的水泥成份冲走，那会影响混凝土的强度，所以下大雨的话，就要马上用帆布或是胶塑料布把刚完成浇筑的混凝土的位置盖好。

如果雨下得很大，承建商要提出建议，马上为混凝土做施工缝，并且要停止浇筑混凝土。等到雨停后，再和工程师或他们的代表一起检验已经浇筑完成的混凝土质量，确保达到设计和施工章程的指定质量。

### 10.1.3　浇筑混凝土的验收

（1）当完成浇筑混凝土，拆板后要检验一下混凝土表面质量，一定要没有蜂窝、没有爆板、没有毛孔和没有踏步接口。

（2）达到28天龄期后，通常会在现场做混凝土回弹仪测试来检查一下混凝土的强度，或者现场抽取混凝土试件送到政府承认的测试室作压力测试。

## 10.2　中国内地与香港在浇筑混凝土工序的比较

中国内地与香港在浇筑混凝土工序的准备、浇筑工艺、施工缝的处理和工序验收方面的主要控制内容是一致的。而在材料进场验收和工序验收等方面中国内地的规定更为具体和带有强制性。

### 10.2.1　混凝土分项工程的施工工序质量检验

在《混凝土结构工程施工质量验收规范》GB 50204—2002中明确规定了混凝土分项工程的施工工序质量检验应包括水泥、混凝土中掺用外加剂、粉煤灰，普通混凝土所用的粗细骨料和拌合用水等原材料，配合比设计，混凝土施工等工序的质量检验。

（1）混凝土所用原材料的检验是保证浇筑混凝土强度、性能等满足设计和验收要求的重要环节，其主要检验项目、数量、方法和要求列于表10.2.1。

混凝土原材料质量检验项目、数量和方法　　　　　　　表10.2.1

| 项目类别 | 序号 | 检验内容 | 检验数量 | 检验要求或指标 | 检验方法 |
|---|---|---|---|---|---|
| 主控项目 | 1 | 水泥进场复验 | 按同一生产厂家、同一等级、同一品种、同一批号且连续进场的水泥，袋装不超过200t为一批，散装不超过500t为一批，每批抽样不少于一次 | 水泥进场时应对其品种、级别、包装或散装仓号、出厂日期等进行检查，并应对其强度、安定性及其他必要的性能指标进行复验，其质量必须符合现行国家标准《硅酸盐水泥、普通硅酸盐水泥》GB 175等的规定<br><br>当在使用中对水泥质量有怀疑或水泥出厂超过三个月（快硬硅酸盐水泥超过一个月）时，应进行复验，并按复验结果使用<br><br>钢筋混凝土结构、预应力混凝土结构中，严禁使用含氯化物的水泥 | 检查产品合格证、出厂检验报告和进场复验报告 |
| | 2 | 混凝土中掺用外加剂质量 | 按进场的批次和产品的抽样检验方案确定 | 混凝土中掺用外加剂的质量及应用技术应符合现行国家标准《混凝土外加剂》GB 8076、《混凝土外加剂应用技术规范》GB 50119等和有关环境保护的规定<br><br>预应力混凝土结构中，严禁使用含氯化物的外加剂。钢筋混凝土结构中，当使用含氯化物的外加剂时，混凝土中氯化物的总含量应符合现行国家标准《混凝土质量控制标准》GB 50164的规定 | 检查产品合格证、出厂检验报告和进场复验报告 |

续表

| 项目类别 | 序号 | 检验内容 | 检验数量 | 检验要求或指标 | 检验方法 |
|---|---|---|---|---|---|
| 主控项目 | 3 | 混凝土中氯化物和碱的总含量 | 同一工程中的同一种原材料检查一次 | 混凝土中氯化物和碱的总含量应符合现行国家标准《混凝土结构设计规范》GB 50010 和设计的要求 | 检查原材料试验报告和氯化物、碱的总含量计算书 |
| 一般项目 | 1 | 混凝土中掺用矿物掺合料质量 | 按进场的批次和产品的抽样检验方案确定 | 混凝土中掺用矿物掺合料的质量应符合现行国家标准《用于水泥和混凝土中的粉煤灰》GB 1596 等的规定。矿物掺合料的掺量应通过试验确定 | 检查出厂合格证和进场复验报告 |
| | 2 | 普通混凝土所用的粗、细骨料 | 按进场的批次和产品的抽样检验方案确定 | 普通混凝土所用的粗、细骨料的质量应符合国家现行标准《普通混凝土用碎石或卵石质量标准及检验方法》JGJ 53、《普通混凝土用砂质量标准及检验方法》JGJ 52 的规定<br>注：1. 混凝土用的粗骨料，其最大颗粒径不得超过构件截面最小尺寸的1/4，且不得超过钢筋最小净间距的3/4；<br>2. 对混凝土实心板，骨料的最大粒径不宜超过板厚的1/3，且不得超过40mm | 检查进场复验报告 |
| | 3 | 拌制混凝土用水 | 同一水源检查不应少于一次 | 拌制混凝土宜采用饮用水；当采用其他水源时，水质应符合国家现行标准《混凝土拌合用水标准》JGJ 63 的规定 | 检查水质试验报告 |

（2）混凝土配合比设计质量检验项目、数量、方法和要求列于表10.2.2。

**混凝土配合比设计质量检验项目、数量和方法** 　　表 10.2.2

| 项目类别 | 序号 | 检验内容 | 检验数量 | 检验要求或指标 | 检验方法 |
|---|---|---|---|---|---|
| 主控项目 | 1 | 配合比设计 | 每一工程检查一次 | 混凝土应按国家现行标准《普通混凝土配合比设计规程》JGJ 55 的有关规定，根据混凝土强度等级、耐久性和工作性等要求进行配合比设计<br>对有特殊要求的混凝土，其配合比设计尚应符合国家现行有关标准的专门规定 | 检查配合比设计资料 |
| 一般项目 | 1 | 开盘鉴定 | 至少留置一组标准养护试件 | 首次使用的混凝土配合比应进行开盘鉴定，其工作性应满足设计配合比的要求。开始生产时应至少留置一组标准养护试件，作为验证配合比的依据 | 检查开盘鉴定资料和试件强度试验报告 |
| | 2 | 测定砂、石含水率 | 每工作班检查一次 | 混凝土拌制前，应测定砂、石含水率并根据测试结果调整材料用量，提出施工配合比 | 检查含水率测试结果和施工配合比通知单 |

（3）混凝土施工工序质量检验项目、数量、方法和要求列于表10.2.3。

混凝土施工质量检验项目、数量和方法　　　　表 10.2.3

| 项目类别 | 序号 | 检验内容 | 检验数量 | 检验要求或指标 | 检验方法 |
|---|---|---|---|---|---|
| 主控项目 | 1 | 混凝土强度等级 | 取样与试件留置应符合下列规定：①每拌制 100 盘且不超过 100m³ 的同配合比的混凝土，取样不得少于一次；②每工作班拌制的同一配合比的混凝土不足 100 盘时，取样不得少于一次；③当一次连续浇筑超过 1000m³ 时，同一配合比的混凝土每 200m³ 取样不得少于一次；④每一楼层、同一配合比的混凝土，取样不得少于一次；⑤每次取样应至少留置一组标准养护试件，同条件养护试件的留置组数应根据实际需要确定 | 结构混凝土的强度等级必须符合设计要求。用于检查结构构件混凝土强度的试件，应在混凝土的浇筑地点随机抽取 | 检查施工记录及试件强度试验报告 |
| | 2 | 抗渗混凝土试件 | 同一工程、同一配合比的混凝土，取样不应少于一次，留置组数可根据实际需要确定 | 对有抗渗要求的混凝土结构，其混凝土试件应在浇筑地点随机取样 | 检查试件抗渗试验报告 |
| | 3 | 原材料每盘称重偏差 | 每工作班抽查不应少于一次 | 原材料每盘称量的允许偏差<br><br>材料名称／允许偏差<br>水泥、掺合料 ±2%<br>粗、细骨料 ±3%<br>水、外加剂 ±2%<br><br>注：1. 各种衡器应定期校验，每次使用前应进行零点校核，保持计量准确；<br>2. 当遇雨天或含水率有显著变化时，应增加含水率检测次数，并及时调整水和骨料的用量 | 复称 |
| | 4 | 混凝土运输、浇筑及间歇 | 全　数 | 混凝土运输、浇筑及间歇的全部时间不应超过混凝土的初凝时间。同一施工段的混凝土应连续浇筑，并应在底层混凝土初凝之前将上一层混凝土浇筑完毕<br>　当底层混凝土初凝后浇筑上一层混凝土时，应按施工技术方案中对施工缝的要求进行处理 | 观察、检查施工记录 |

续表

| 项目类别 | 序号 | 检验内容 | 检 验 数 量 | 检验要求或指标 | 检验方法 |
|---|---|---|---|---|---|
| 一般项目 | 1 | 施工缝 | 全 数 | 施工缝的位置应在混凝土浇筑前按设计要求和施工技术方案确定。施工缝的处理应按施工技术方案执行 | 观察、检查施工记录 |
| | 2 | 后浇带 | 全 数 | 后浇带的留置位置应按设计要求和施工技术方案确定。后浇带混凝土浇筑应按施工技术方案进行 | 观察、检查施工记录 |
| | 3 | 养护措施 | 全 数 | 混凝土浇筑完毕后，应按施工技术方案及时采取有效的养护措施，并应符合下列规定：<br>（1）应在浇筑完毕后的 12h 以内对混凝土加以覆盖并保湿养护；<br>（2）混凝土浇水养护的时间：对采用硅酸盐水泥，普通硅酸盐水泥或矿渣硅酸盐水泥拌制的混凝土，不得少于 7d；对掺用缓凝型外加剂或有抗渗要求的混凝土，不得少于 14d；<br>（3）浇水次数应能保持混凝土处于湿润状态；混凝土养护用水应与拌制用水相同；<br>（4）采用塑料布覆盖养护的混凝土，其敞露的全部表面应覆盖严密，并应保持塑料布内有凝结水；<br>（5）混凝土强度达到 1.2N/mm² 前，不得在其上踩踏或安装模板及支架<br>注：1. 当日平均气温低于 5℃时，不得浇水；<br>2. 当采用其他品种水泥时，混凝土的养护时间应根据所采用水泥的技术性能确定；<br>3. 混凝土表面不便浇水或使用塑料布时，宜涂刷养护剂；<br>4. 对大体积混凝土的养护，应根据气候条件按施工技术方案采取控温措施 | 观察、检查施工记录 |

10.2.2 现浇结构分项工程的质量检查应包括外观质量和构件尺寸偏差

（1）现浇结构外观质量检验项目、数量、方法和要求列于表 10.2.4。

现浇结构质量检验项目、数量和方法　　　　　　　表 10.2.4

| 项目类别 | 序号 | 检验内容 | 检验数量 | 检验要求或指标 | | | | 检验方法 |
|---|---|---|---|---|---|---|---|---|
| 主控项目 | 1 | 外观质量 | 全数 | 现浇结构的外观质量不应有严重缺陷。对已经出现的严重缺陷，应由施工单位提出技术处理方案，并经监理（建设）单位认可后进行处理。对经处理的部位，应重新检查验收。现浇结构外观质量缺陷分类列于下表 | | | | 观察、检查技术处理方案 |
| | | | | 名称 | 现象 | 严重缺陷 | 一般缺陷 | |
| | | | | 露筋 | 构件内钢筋未被混凝土包裹而外露 | 纵向受力钢筋有露筋 | 其他钢筋有少量露筋 | |
| | | | | 蜂窝 | 混凝土表面缺少水泥砂浆而形成石子外露 | 构件主要受力部位有蜂窝 | 其他部位有少量蜂窝 | |
| | | | | 孔洞 | 混凝土中孔穴深度和长度均超过保护层厚度 | 构件主要受力部位有孔洞 | 其他部位有少量孔洞 | |
| | | | | 夹渣 | 混凝土中夹有杂物且深度超过保护层厚度 | 构件主要受力部位有夹渣 | 其他部位有少量夹渣 | |
| | | | | 疏松 | 混凝土中局部不密实 | 构件主要受力部位有疏松 | 其他部位有少量疏松 | |
| | | | | 裂缝 | 缝隙从混凝土表面延伸至混凝土内部 | 构件主要受力部位有影响结构性能或使用功能的裂缝 | 其他部位有少量不影响结构性能或使用功能的裂缝 | |
| | | | | 连接部位缺陷 | 构件连接处混凝土缺陷及连接钢筋、连接件松动 | 连接部位有影响结构传力性能的缺陷 | 连接部位有基本不影响结构传力性能的缺陷 | |
| | | | | 外形缺陷 | 缺棱掉角、棱角不直、翘曲不平、飞边凸肋等 | 清水混凝土构件有影响使用功能或装饰效果的外形缺陷 | 其他混凝土构件有不影响使用功能的外形缺陷 | |
| | | | | 外表缺陷 | 构件表面麻面、掉皮、起砂、沾污等 | 具有重要装饰效果的清水混凝土构件有外表缺陷 | 其他混凝土构件有不影响使用功能的外表缺陷 | |
| 一般项目 | 1 | 外观质量 | 全数 | 现浇结构的外观质量不宜有一般缺陷，对已经出现的一般缺陷，应由施工单位按技术处理方案进行处理，并重新检查验收 | | | | 观察、检查技术处理方案 |

（2）现浇结构分项工程结构构件尺寸偏差检验项目、数量、方法和要求列于表 10.2.5。

结构构件尺寸偏差质量检验项目、数量和方法　　　　表 10.2.5

| 项目类别 | 序号 | 检验内容 | 检验数量 | 检验要求或指标 | 检验方法 |
|---|---|---|---|---|---|
| 主控项目 | 1 | 尺寸偏差 | 全数 | 现浇结构不应有影响结构性能和使用功能的尺寸偏差。混凝土设备基础不应有影响结构性能和设备安装的尺寸偏差<br>对超过尺寸允许偏差且影响结构性能和安装、使用功能的部位，应由施工单位提出技术处理方案，并经监理(建设)单位认可后进行处理。对经处理的部位，应重新检查验收 | 量测、检查技术处理方案 |
| 一般项目 | 1 | 尺寸偏差 | 按楼层、结构缝或施工段划分检验批。在同一检验批内，对梁、柱和独立基础，应抽查构件数量的10%，且不少于 3 件；对墙和板，应按有代表性的自然间抽查10%，且不少于 3 间；对大空间结构，墙可按相邻轴线间高度5m左右划分检查面，板可按纵、横轴线划分检查面，抽查10%，且均不少于 3 面；对电梯井，应全数检查。对设备基础，应全数检查 | 现浇结构和混凝土设备基础拆模后的尺寸偏差应符合表1、表2的要求： | |

**现浇结构尺寸允许偏差　　表 1**

| 项　　目 | | 允许偏差(mm) | 检验方法 |
|---|---|---|---|
| 轴线位置 | 基　　础 | 15 | 钢尺检查 |
| | 独立基础 | 10 | |
| | 墙、柱、梁 | 8 | |
| | 剪力墙 | 5 | |
| 垂直度 | 层高 ≤5m | 8 | 经纬仪或吊线、钢尺检查 |
| | 层高 >5m | 10 | 经纬仪或吊线、钢尺检查 |
| | 全高($H$) | $H/1000$ 且≤30 | 经纬仪、钢尺检查 |
| 标　高 | 层　高 | ±10 | 水准仪或拉线、钢尺检查 |
| | 全　高 | ±30 | |
| 截面尺寸 | | +8，−5 | 钢尺检查 |
| 电梯井 | 井筒长、宽对定位中心线 | +25，0 | 钢尺检查 |
| | 井筒全高($H$)垂直度 | $H/1000$ 且≤30 | 经纬仪、钢尺检查 |
| 表面平整度 | | 8 | 2m靠尺和塞尺检查 |
| 预埋设施中心线位置 | 预埋件 | 10 | 钢尺检查 |
| | 预埋螺栓 | 5 | |
| | 预埋管 | 5 | |
| 预留洞中心线位置 | | 15 | 钢尺检查 |

注：检查轴线、中心线位置时，应沿纵、横两个方向量测，并取其中的较大值。

**混凝土设备基础尺寸允许偏差　　表 2**

| 项　　目 | | 允许偏差(mm) | 检验方法 |
|---|---|---|---|
| 坐标位置 | | 20 | 钢尺检查 |
| 不同平面的标高 | | 0，−20 | 水准仪或拉线、钢尺检查 |
| 平面外形尺寸 | | ±20 | 钢尺检查 |
| 凸台上平面外形尺寸 | | 0，−20 | 钢尺检查 |
| 凹穴尺寸 | | ±20，0 | 钢尺检查 |
| 平面水平度 | 每米 | 5 | 水平尺、塞尺检查 |
| | 全长 | 10 | 水准仪或拉线、钢尺检查 |

| 项目类别 | 序号 | 检验内容 | 检验数量 | 检验要求或指标 | | | 检验方法 |
|---|---|---|---|---|---|---|---|
| 一般项目 | 1 | 尺寸偏差 | 按楼层、结构缝或施工段划分检验批。在同一检验批内，对梁、柱和独立基础，应抽查构件数量的10%，且不少于3件；对墙和板，应按有代表性的自然间抽查10%，且不少于3间；对大空间结构，墙可按相邻轴线间高度5m左右划分检查面，板可按纵、横轴线划分检查面，抽查10%，且均不少于3面；对电梯井，应全数检查。对设备基础，应全数检查 | 垂直度 | 每 米 | 5 | 经纬仪或吊线、钢尺检查 |
| | | | | | 全 高 | 10 | |
| | | | | 预埋地脚螺栓 | 标高(顶部) | +20, 0 | 水准仪或拉线、钢尺检查 |
| | | | | | 中 心 距 | ±2 | 钢 尺 检 查 |
| | | | | 预埋地脚螺栓孔 | 中心线位置 | 10 | 钢 尺 检 查 |
| | | | | | 深 度 | +20, 0 | 钢 尺 检 查 |
| | | | | | 孔垂直度 | 10 | 吊线、钢尺检查 |
| | | | | 预埋活动地脚螺栓锚板 | 标 高 | +20, 0 | 水准仪或拉线、钢尺检查 |
| | | | | | 中心线位置 | 5 | 钢 尺 检 查 |
| | | | | | 带槽锚板平整度 | 5 | 钢尺、塞尺检查 |
| | | | | | 带螺纹孔锚板平整度 | 2 | 钢尺、塞尺检查 |
| | | | | 注：检查坐标、中心线位置时，应沿纵、横两个方向量测，并取其中的较大值 | | | |

# 第11集 抹 灰 工 程

墙面抹灰的功能：一是粉刷外表；二是可以修补混凝土表面凹凸不平的缺陷，使墙面平整、阴阳角垂直方正。

墙面抹灰按所用的材料不同可分为：水泥砂浆、水泥白灰砂浆、纸筋灰、石膏灰抹灰等。

按施工方法不同分为：传统的用抹子抹灰和喷浆抹灰（基层采用喷浆抹灰，一般可不需再做面层抹灰）。

按施工部位不同可分为：内墙抹灰和外墙抹灰。

## 11.1 香港抹灰工程的施工工艺和质量控制的主要内容

### 11.1.1 施工准备

（1）图纸和施工程序建议书

1）承建商要审装修图、检查平面图和大样图是否相符，有不妥之处，要报工程师处理。

2）承建商要根据最新批准的施工图和施工章程（规程、规范）确定施工部位并编制一份"施工程序建议书"，建议书中要明确施工方法、材料进场标准和验收程序，并在工地上做好样板房，交工程师审批。

（2）材料和主要机具

材料：水泥、石灰、石膏、砂子、铁丝网、护角网、白胶浆。面层用的灰膏和石膏。另外还可选用在生产厂预先调制好的即用材料（半成品）。

1）拌和砂浆用水通常用政府提供的自来水，如用其他水源，要经过检测。水泥要有生产商提供的试验报告和出厂合格证明书。

2）选用在生产厂预先调制好的即用材料（半成品），这种材料不但省时，而且配比也准确，但使用前，要提出报告并附相关的测试报告、成分比例、凝结时间、生产程序、有效时间等使用说明交工程师审核批准后才能使用。

3）材料的验收和存放

① 每一批进场材料，都要进行验收。要有"出厂合格证"，有些材料如石膏，还要注意包装袋上一定要注明有效期，如过期的要马上退回去。

② 搬动过程中要注意不要弄破包装袋子。材料存放要垫高，放在干燥、平坦有盖的地方，还要加以适当保护，避免潮湿。

4）机具：铲子、桶、各种抹子、水管、1.5m的直尺、木斗量器、鱼丝线、垂线、直角尺、拉尺、水平尺、扫帚、木磨板、海绵磨板、钉扒、搅拌器等。

外墙抹灰时，还需按要求搭好竹棚（脚手架），并要符合安全要求。

### 11.1.2 底层灰作业条件

(1) 检查上一道工序撒水泥砂浆是否验收合格、所有墨线是否弹好、墙面水泥浆块和模板油的污垢是否清理干净、墙身与顶板接口处是否处理好、灯箱位置是否保护好。

(2) 要凿掉混凝土墙面螺丝孔内留下的塑胶筒,从外墙把软木塞塞入螺丝孔内40mm,然后孔内填满膨胀胶。干透后,铲掉多余的胶,并留20mm的孔深,接着向内外墙孔位处浇水养护,最后再用不收缩水泥把孔位填满,这样就可以防止在螺丝孔处渗漏。

(3) 抹灰的前一天对墙身浇水,抹灰前还要再浇一次水,使墙身保持湿润。

(4) 还要垫好保护垫板,这样,掉下来的砂浆还能再利用。

### 11.1.3 内墙抹灰作业程序

(1) 底层抹灰

1) 材料,用水泥砂浆。有二种,一种是现场拌制,另一种是即有水泥砂浆。现场按工程师的要求选择。

2) 现场搅拌砂浆。水泥:砂子=1:3,先将水泥砂子混合,至少搅拌2次,然后加水,湿拌至少2次。拌好的灰浆要在一小时内用完。

3) 要在砖墙和混凝土墙的接口处以及埋入砖墙的水管和电线管的位置钉上铁丝网,两侧覆盖不少于150mm,钉子的间距小于100mm,钉完后浇水湿润墙身,然后在铁丝网上抹一层水泥砂浆;用抹子压紧。同时按照已弹好的墨线包阳角的护角网条,再按灰饼包隐角灰条。做好后再检查一下墙身的墨线以及护角网条是否平直。

4) 按阴阳角为基准拉线到墙身中间的灰饼、再按灰饼做灰条,每条灰饼之间的距离大约1.5m左右,而且要从地面做到顶棚顶上面。所有的窗角,梁柱角都要包水泥砂浆。

5) 如果工程要求使用白胶浆来加强抹灰的粘结力,则应将白胶浆先涂在墙面上,然后按产品说明在规定的时间内抹完水泥砂浆。

6) 每一层的水泥砂浆打底厚度不要超过10mm。之后按灰条用直尺把底层抹灰刮平。还要及时把预留的灯箱位置做到位,把墙脚、阴阳角、门框及窗框边都清理好。

7) 如果面层贴磁砖,那么底层砂浆要磨成毛面。

(2) 面层抹灰

1) 灰膏抹灰:基层要养护7天以上。先要"化灰",即将石灰用水浸泡7天以上,使其完全化透。化灰时要用板盖住灰槽,避免杂物进入。如用石膏做面层,就要养护20天。

2) 如果室内抹灰当天可以完成,则先抹顶棚,再抹墙身。

3) 顶棚面层抹灰:有喷浆抹灰,即用石灰膏抹灰和纸筋灰抹灰,即用石灰膏和纸筋灰只是材料不同,抹灰的做法是一样的。

纸筋灰的配比,水泥:石灰=1:10,加总重量的3%～5%的干纸筋。纸筋可以用干纸筋、湿纸筋或玉扣纸,如果用玉扣纸,要先将它打散开。搅拌的方法是先将干纸筋加水,用搅拌器搅匀后倒入石灰中搅拌,最后将水泥倒入再搅拌便成。搅拌好的灰浆放置时间不能超过2小时。

(3) 室内顶棚抹灰

1) 抹灰前一天浇水,当天再浇一次水,使其充分湿润。

2) 弹好顶棚的墨线,并按墨线在阴角处每隔1.5m做灰饼,然后做好灰条,并用直尺刮平。最后全面抹灰,抹灰厚度3～5mm,用直尺刮平并用抹子将顶棚隐角处抹妥。待第一层适当收缩后，薄薄的抹一层面层灰，再用直尺刮平，用抹子刮补妥当，面层适当收缩后进行第一遍压光，先压阴角再全面压光(2～3遍)。如果顶棚与墙面同时抹灰，那么，在顶棚面层第一遍压光后就可插入墙身抹灰。

(4) 室内墙身抹灰

1) 浇水并把基层清理干净。

2) 用1份水泥和10份石膏搅拌均匀后，便可直接使用。混和好的料放置时间不能超过2小时。

3) 抹灰的厚度约2～3mm，先抹墙角再抹墙身，然后用抹子将阴角、灯箱、窗边和窗顶的位置修补好，并用直尺刮平墙身，注意，抹子要横向刮，防止起波浪。最后压光(1～3遍)，阴角处用阴角抹子拉直。

注意：如做石膏面层，将水加入石膏内，用搅拌器搅拌直至糊状。因石膏粉较细，密度较高，所以要分层当天完成，第一层填塞小孔修补墙面，第二层才是抹光墙面。并根据抹灰的干湿情况，可压2～3次光面，直到符合标准为止。石膏浆的有效时间为1小时。

(5) 喷浆抹灰

1) 适用顶棚或墙身抹灰，如果顶棚墙身都采用喷浆抹灰，则先喷顶棚后喷墙身。

2) 如采用喷浆抹灰，要将建议书和测试报告交工程师审批后才可施工。喷浆抹灰时，还要按照生产商的指示做。

3) 作业条件

① 工具：空气压缩机、缩压空气管、喷浆机、喷浆管、搅拌器、桶、600～800mm长的不锈钢刮刀、1.5m长直尺、H形铝直尺、各种抹子等。

② 顶棚喷浆要在模板拆除28天之后进行，喷浆前一天浇水湿润，墙身喷浆抹灰也要前一天浇水，如天气太干，可多浇一次水。

③ 要检查水压、电压是否能满足喷浆机和搅拌机使用要求，按照厂家说明，把空气压缩机、压力表调整好。预先把门框、灯箱等保护好，以防渗浆。

4) 作业要点

① 按生产商的混合比例，将喷浆料加水搅拌，然后倒进喷浆机开始喷浆。

② 喷顶棚时，要用保护木板把墙身遮挡住。一般顶棚喷浆抹灰的总厚度5mm左右，先喷3mm，喷后马上用600～800mm的不锈钢刮刀把喷的灰打平，等八九成干后，再喷第二遍，喷后马上用刮刀把面层刮平，差不多干了，再用刮刀刮光，直到平整为止。注意：完成喷浆抹灰的顶棚不必浇水养护，喷浆完后，要将工具清洗干净，喷浆管可用"通波"的方法清洗，避免喷浆料堵塞管子。

墙身喷浆的准备工作与顶棚做法一样，每层的喷浆厚度不超过15mm，喷完后马上用1.2～1.8m长的H形铝直尺来平整墙身，同时用抹子填补墙面，再用1.5m长的直尺按灰条从墙脚至墙顶刮平通直。

窗边等面积较小的地方，可用抹子直接抹。

面层灰八九成干后，用海绵水磨板吸水磨面，最后用光面抹子压光面(2～3次)，直到符合标准。

③ 喷浆的厚度，如做光面当天的喷浆总厚度不超过15mm，如果是毛面底层抹灰，当天的总厚度不能超过20mm。

④墙面面层抹灰的验收程序和室内打底抹灰基本一样，顶棚要用直尺检查顶棚阴角，用验收棒检查是否有裂缝和空鼓。验收合格的光面可做油漆，毛面可贴瓷砖。

**11.1.4　外墙抹灰**

外墙抹灰分外墙混凝土打底抹灰和外墙油漆面层抹灰。

（1）外墙混凝土打底抹灰

作业要点：

1）外墙脚手架搭设符合安全标准，撒水泥砂浆已验收合格，弹齐全所有墨线，墙上螺丝孔已处理完。

2）按照墨线，拉线做好阳角的灰柱，并用抹子和直尺将灰柱压平。接着在阴角按墨线做好灰饼和灰条，然后按阴阳角灰柱拉线做好中间灰饼、灰柱、灰柱之间的距离在1.2～1.5m之间，定好窗台和空调机台。

3）按照已经拉好鱼丝线，抹好窗台线后用直尺刮平。在窗台抹灰时，要有足够的坡度和窗鸡嘴（滴水线）。

3）抹灰前一天要浇水，抹灰当天再浇一次水。

4）灰浆比例水泥：砂子＝1：3，和好的料存放不能超过1小时。

5）抹灰前，在墙面基层上先涂一层白胶浆，并要在产品生产商规定的时间内完成底层抹灰。

如抹灰总厚度不超过20mm，则可分两层当天抹完，每层厚度不超过10mm。通常上午做底层，下午做面层。面层抹完后，用直尺按照灰条将墙面刮平，并用抹子填补空隙，直到墙面平直为止。如果第二层抹灰间隔时间较长，那么，第一层抹灰完后要划痕。

6）窗台面和窗台底部抹灰都要分二层一天内完成，即将基层清洗后先刷一层白胶浆，抹第一层底灰，待八九成干后抹第二层面层灰，并用直尺按坡度泥柱刮平。空调机台面也要做成坡度抹灰，窗的顶部要做鸡嘴或滴水线。

7）抹灰完成后，按灰条预留伸缩缝，用直尺决定位置，用抹子切去水泥砂浆，然后用弧形铁片将砂浆刮掉。同时在拉脚手架的钢筋位置切掉约50mm×50mm大小的砂浆，等将来拆竹棚时补上。

8）抹灰完成后，要浇水养护七天。

（2）外墙油漆面抹灰

1）准备工作与混凝土打底基本相同，但是要根据灰条来安好软灰条，作为底层抹灰的基准，然后再做底层抹灰，用直尺刮平，用抹子把窗线的阴角部位修整好，再用钉扒横向波浪式把底层抹灰划痕。等砂浆干后刮掉多余的灰浆，并按墙身的墨线去掉伸缩缝处的砂浆。

2）抹面层灰之前，要浇水湿润墙身，再根据灰条安装好软灰条，作为面层抹灰的基准，再抹面层灰，然后用直尺刮平，等面层适当收缩后，就可按要求做成毛面、半毛面或光面。

①毛面抹灰：往墙上浇水，用海绵磨板磨到起浆，然后用海绵磨板上下拉顺把纹路刮平，直到符合工程师批准的样板，切齐顶部的灰浆，便于上边抹灰。沿窗边把砂浆挖成槽，方便将来打胶，还要在窗顶部挖槽做滴水线。

②半毛面抹灰：当用海绵磨板磨到起浆后，用木磨板上下拉顺把纹路刮平，直到符

合工程师批准的样板。

③ 光面抹灰：跟半毛面抹灰差不多，用木磨板磨到起浆后，就用抹子压光 2～3 遍，直到符合工程师批准的样板。

### 11.1.5 质量验收

1) 无论内墙还是外墙，抹底灰之前，要由承建商和工程监督人员对护角网条、阴角的平直度、灰饼之间的距离、门框是否移位、窗台的包角是否水平、顶棚的高度以及灯箱的位置进行验收。外墙在抹底灰前，要检查灰柱的垂直度、墙中间的灰柱与阴阳角灰柱是否平直、窗台线的尺寸窗台面坡度。

2) 抹完打底灰，经过 7 天的养护后，由承建商和工程监督人员进行联合验收。室内打底抹灰的验收，用 1.5m 长的直尺和水平尺检查墙身、墙脚、墙顶、阴阳角以及窗边的墙角是否符合要求，门窗顶的梁是否水平。还要用验收棒检查墙身和窗户顶部是否空鼓、有裂缝。用直角尺板查墙身由墙脚到墙顶的阳角以及窗边墙角和窗顶的阴角是否垂直。

顶棚要检查墨线是否齐全、顶棚的混凝土表面是否符合规格、表面是否清理干净。对于外墙还要检查窗台的坡度，是否做鹰嘴，墙身是否平整、是否有空鼓的现象，伸缩缝是否水平。

3) 面层灰抹完后，同样要由承建商和工程监督人员进行联合检查。

## 11.2 中国内地与香港的差异

内地：混凝土墙分清水模板和混水模板，如使用的是清水模板，而且平整度和垂直度符合规范要求，一般不抹灰，如是混水模板才抹灰。而抹灰又分为一般抹灰和装饰抹灰。前面说的香港的抹灰类似与内地的一般抹灰。对于一般抹灰的还分为普通抹灰和高级抹灰。

### 11.2.1 选用的砂浆料

1) 香港所用的抹灰材料都要经过工程师批准才行。而在内地则由承建商根据施工图中的材料做法表组织施工。进场的材料附合格证、材料的检测报告、水泥凝结时间和稳定性的复试报告，向监理工程师做进场材料报验。

2) 内地很少用生石灰淋灰，而用半成品的石灰粉或石灰膏。

### 11.2.2 抹灰方法

1) 香港除采用传统用抹子抹灰外，还有喷浆抹灰。而内地没有喷浆抹灰。

2) 对外墙上螺丝孔的处理，香港用软木塞塞入孔内 40mm，再用膨胀胶把孔填满。而大陆则用干硬性水泥砂浆(渗入一定比例的微膨胀剂)塞密实。

3) 外墙抹灰时用软灰条作为基础，抹灰后按弹的墨线切去水泥砂浆作为伸缩缝，而内地则按弹的线，在抹灰前，安好木制的米厘条，以此作为抹灰面基准，抹完灰后去掉米厘条，作为分格缝或伸缩缝。

### 11.2.3 作业条件

由于地理条件的影响，内地要求抹灰的环境温度不得低于 5℃。

### 11.2.4 质量验收

(1) 香港要求对抹灰前的基层、灰条、墙角等局部的处理进行检查验收；底层抹完后，面层抹完后都要进行联合检查验收；而内地要求在抹灰前对基层做隐检、抹灰完成后下一道工序粉刷之前进行抹灰工序验收。

（2）验收标准：

内地的抹灰验收标准执行《装饰装修工程质量验收规范》GB 50210—2001 中抹灰工程的相关内容。

# 第12集 铺地面瓷砖

瓷砖地面的功能：一是美观干净，二是保护地面，三是有一定的防水功能，它适用于室内外地面。

## 12.1 香港铺地面瓷砖工序施工工艺和质量控制的主要内容

### 12.1.1 施工准备

(1) 熟悉工程合约(合同)内规定的相关文件如施工章程、建筑图纸、大样图以及合约细则，以便选择瓷砖和策划施工工序。承建商还要把各种有关的资料，包括瓷砖、胶和各种打底材料的资料、测试报告及相互配合认同书交工程师批准，然后编制铺地面瓷砖施工程序建议书，再报工程师批准。

(2) 购买瓷砖，要留出一定数量的富余量，作为损耗及日后备用。

(3) 材料进场一定要严格验收。瓷砖验收的方法：在每种瓷砖内抽出一些砖平放在一张 1.333m×2.667m 的桌子上，然后按照样品检查其颜色、厚薄、大小尺寸及弯曲度，还要检查背面。选砖时要考虑防水、隔热。

(4) 正式铺砖四周之前，在工地选择十多平方米的地方，现场铺砖作为样板，让工程师查看铺砖的技术和整个配色效果如何。

(5) 材料、主要机具：

1) 材料：瓷砖、水泥、砂子、白胶浆或半成品。

室内用的地面砖有瓷砖、缸砖、水磨石砖、高温砖等。

铺储水缸一般选白色的滑面砖，便于清理；铺垃圾房地面，通常选缸砖；踢脚线用单边圆角砖；楼梯的台阶边用阶梯明角砖。

室外用的地面瓷砖、车道处用较厚的瓷砖、人行道和休闲处用较薄的瓷砖、屋面上用人行道砖或较漂亮的瓷砖，还要根据工程师的设计选择防水或隔热的砖。

2) 工具和主要机具：砂浆桶、海绵、抹子、胶片、直尺拍板、搅拌机、切割机、拉割机等。

### 12.1.2 施工工序

地面瓷砖铺砌工艺有两种：半干湿沙地面砖铺砌；铺水泥砂浆地面砖。

(1) 半干湿沙地面砖铺砌

1) 混凝土基层要经过不少于 6 周的收缩稳定，并且表面要清理干净，需要时用水冲洗并验收合格，才可以进行铺砖打底(做找平层)。弹线：弹出四周的水平墨线和贯通砖缝的横竖墨线，有坡度要求的地面，坡度的显示要清楚，下水管口及地漏按要求安装好，并与地面坡度相吻合。

2) 做灰饼：按黑线标高在地面中间做好灰饼，灰饼间距 2m 左右。

3) 贴砖前一天，根据生产商和工程师的指示，将瓷砖分类放入水中浸泡充分，然后拿出来晾干。

4）将1∶1的清水和水泥合成水泥浆，均匀的抹在事先浇水湿润的混凝土地面上。

5）再将水泥和砂按1∶4的比例混合均匀，加入适当的水，再搅拌均匀，倒在地面上，按灰饼和坡度要求拍实拍平。铺砌300mm×300mm以下的瓷砖可以用半干性水泥砂浆撒适量的水泥和浇适量的水。

6）然后按照墙身的砖缝弹十字墨线，再按所铺瓷砖的尺寸将墨线等分，确定砖缝大小。如铺的面积较大，要按铺砖线先砌好整行砖，作为横竖砖缝的标准。如铺贴的面积较小，如：厨房、浴室，则可以按照墙上的砖缝来铺。

铺砖顺序要由外向里，避免把已经压平的半干湿砂地面踩坏。浇水（浇浆）要按铺砌的快慢速度进行，每铺完2～3行砖时浇一次浆，每铺完一行砖就要用拍板把瓷砖拍压平实，确保瓷砖紧贴于半干湿地面。砖缝宽一般为3mm，可以利用胶条或是十字架来控制。铺完整块瓷砖后再铺边角处的瓷砖。

非整块瓷砖可以用拉割机、切割机、开孔机来加工处理。

7）一般情况是先铺墙砖再铺地面砖。工程师的设计，墙砖和地砖的缝一般是贯通的。

8）门口处用不锈钢分隔条或者是黄铜条将内外分开，先安好分隔条再铺贴需要切割瓷砖，瓷砖铺完后，立即修整横竖砖缝及不平整处，然后把瓷砖的表面擦干净，洒上适量的水。

9）扫缝：用1∶3比例的水泥砂来扫填砖缝，砂子要用细砂，缝要填得饱满，然后用海绵把瓷砖的表面和墙边清理干净，并且做好保护不能过早上人踩踏。

（2）水泥砂浆地面砖铺设

水泥砂浆地面瓷砖铺砌前的准备工作以及对底层的要求与铺半干湿砂地面砖相同。但在铺砖前要检查准备工作是否做好、各种墨线是否弹全、水泥砂浆打底是否完整，有坡度要求的是否符合要求。

水泥砂浆打底要养护2周以上，铺砖前一天要浇水湿润，当天再一次浇水。其余作业程序：

1）拌和好水泥胶浆，水泥胶浆用1∶1水泥和砂加入适量的水均匀搅拌而成（也可以用成品材料，但要注意有效期）。也可根据工程的需要适量加些白胶浆。

2）先在地面上横竖方向弹上墨线，如有拼花瓷砖则应图案要求弹好墨线。

3）根据地砖的尺寸，把水泥胶浆均匀地铺在地上，注意不要把墨线盖住，同时在砖的背面也要涂满底浆，然后铺贴到铺满水泥胶浆的地面上，贴瓷砖要稳固，而且浆要饱满，并随时检查铺砌效果，并要用直尺来修正砖缝，整砖贴完后，再贴边角非整砖的位置，贴完后要用围栏挡住，并附告示。第二天终凝后（粘结稳固期以后），用扫口材料扫填砖缝，并清洗砖面。

对于较小的房间，要由房间里面向门口方向铺。

4）预留伸缩缝：铺地砖要根据设计要求对水泥打底和瓷砖面层预留伸缩缝。伸缩缝的位置：瓷砖的收口位与其他材料相接处收口位都要留出伸缩缝。面积较大的地方，面积每约10m² 也就是间距约3～4.5m要预留伸缩缝，缝宽度一般不小于6mm，深度到混凝土表面，缝内填塞缝材料和打胶。结构性伸缩缝要按工程师的设计来定。伸缩缝的处理：用猪肠塞缝，塞缝材料要按照打胶收口材料来选择，猪肠的直径大于伸缩缝的宽度，合格的猪肠是有弹性的。打胶前，在伸缩缝两边贴上胶纸，再打收口胶。收口胶要符合伸缩缝设计的要求，不易脱落、要有抗水性、抗清洁剂的作用，而且要让其有足够的养护期。塞缝材料和收口胶要经工程师的批准。

12.1.3　验收

(1) 验收要在安装洁具之前先检查一次，安装后再检查一次。

(2) 检查内容：瓷砖平整度，砖缝是否整齐，现场是否清理干净，对于有坡度要求的地面，检查坡度是否符合要求，往地面泼水检查有无积水。

### 12.2　中国内地与香港的差异

12.2.1　材料方面

(1) 香港在选室外地砖时要考虑防水和隔热，而内地一般只考虑颜色、尺寸大小及耐用和质地好坏。有防水要求的另做防水层，有隔热要求的做隔热保温。除非是一些有特殊功能的室内用砖。

(2) 在结合层用材料方面，香港用水泥砂浆或水泥胶浆。内地的做法是应房间的用途不同结合料的选择也有所不同。内地通常采用水泥砂浆、沥青胶结材，也有采用胶粘剂。

(3) 内地要求对水泥凝结时间和安定性进行复试。

(4) 材料验收方面：

香港的做法将瓷砖平放在一张 1.333m×2.667m 的桌子上，然后根据样品来对照。内地的做法：一般用木条按砖的规格钉成方框模子，将砖放入，长宽厚不允许超过 1mm，平整度用直尺检查，不得超过 0.5mm，去除掉角的和表面有缺陷的砖。

(5) 样板间：内地不是所有贴砖工程都要做样板间，而只是对标准较高或量较大的贴砖工程做样板。

12.2.2　工序方面

(1) 香港铺砖有两种方法：一种是半干湿砂地面铺砖工序，另一种是水泥砂浆铺砌瓷砖的方法。

内地的做法：在具体操作时，各地有差异，各地有自己的地方标准和施工工艺规程。但基本上是香港的两种方法的结合，其工序的流程：

找平层——弹地砖控制线——铺砖——勾缝或者擦缝——养护。

(2) 铺砖的主要区别：

香港的做法：半干湿砂铺砖方法是在干硬性砂浆上弹墨线浇浆后直接铺。水泥砂浆铺瓷砖方法是除了在地面上铺水泥砂浆之外，砖背面也要涂满水泥砂浆，然后再铺砖。

内地的基本做法：在找平层强度达到 1.2MPa 后弹好控制线，撒上素水泥浆，再铺上1∶2.5 干硬性水泥砂浆，试铺砖，拍实后将砖提起背面向上抹上粘结砂浆后铺在浇好水泥浆的地上，找整、找直、找方、找平整，垫上木板用橡皮锤拍实。结合层的厚度一般为 10～15mm。一般铺完 2～3 行时随时检查砖缝的平直度，如超出标准的立即修整并拍实，但拨缝修整的工作要在结合层凝固前完成。

(3) 对伸缩缝的处理：结构要求的伸缩缝内地与香港一样都要根据设计的要求进行施工。其他伸缩缝香港采用塞猪肠后打胶的方法。内地则砖与砖之间的缝(内地称为分格缝)这种缝一般采用灌沥青砂的方法，与其他材料相接的缝一般打密封胶或灌沥青砂。

### 12.2.3 作业条件

由于地理条件的影响，内地要求铺砖的环境温度不得低于5℃。

### 12.2.4 验收

（1）香港的做法在安装卫生洁具前后都要验收。

内地的做法一般在铺砖后养护一周，有防水要求的房间要进行蓄水试验，确认不渗漏后进行正式验收，但在铺砖前要做隐蔽检查。

（2）对有坡度要求的地面。

香港用倒水测试的方法。

内地用2m的水平尺检查地面坡度，内地的蓄水试验主要是检查贴砖时是否损坏了下面的防水层。

（3）香港检查验收时没有具体的标准，内地验收时有具体标准，执行《建筑地面工程施工质量验收规范》GB 50209—2002 中的相关章节的要求。

# 第13集 石 材 工 程

适用于建筑物的内外墙面、室内窗台面以及室外地面、花坛等部位的装修,它的主要功能是装饰建筑物的外表。

## 13.1 香港石材工程施工工艺和质量控制的主要内容

石材安装一般分为墙身干挂、墙身湿挂、半干湿地面安装以及室内台面和窗台板安装。干挂一般用在外墙和室内面积较大的墙身,湿挂用于花坛和室内面积较小的墙身。

### 13.1.1 施工准备

(1) 施工图纸和技术准备

审图:承建商先要检查图纸,看施工图和大样图是否相符,如有问题则通知工程师处理。

根据施工图和施工章程(规程)编制"石材安装施工程序建议书",建议书中要注明施工方法、验收标准和验收程序,交工程师审批。

(2) 材料和主要机具

1) 材料:大理石、花岗石、水泥、色粉、防水色粉、淡水砂、不锈钢挂件、钢片、钢针、膨胀螺栓、通过了污染检测的勾缝胶、搅拌水泥用的白胶浆、连接石材和不锈钢挂件用的混合胶、防水剂等。所有材料要有制造商的合格证明书,还要注明有效时间。大理石分光面和亚光面。花岗石分光面、亚光面、天然面、火烧面和手打面等。

承建商确定石材用量后,便可联系生产厂家去矿山选料。为使石材面颜色一致,要按照图纸的要求把所有材料编上号,便于安排板材颜色,并检查石材材质是否符合要求,最后再运到加工厂。

加工好的石材,要垫好保护材料装入木箱,再运到工地,木箱外面也要写明有关的图纸号、位置和石材名称。

勾缝胶要事先做好污染测试。

膨胀螺丝要按工程师的要求做好拉力测试。

2) 主要机具:铲子、各种抹子、扭曲挂件的机器、鱼丝线、搅拌器、水平尺、直尺、量尺、量杯、混凝土钻、撞针、锤子、三角形木块、真空吸盘、滑轮、木枋、割石机、支撑头等。

(3) 材料验收和存放

进场的石材要放在指定地方,同时按照工程师审批的样板,由承包商和工程监督进行联合检查。检查其颜色、抛光度、角度和尺寸大小以及挖的槽、钻的孔是否符合要求。其石材的长度、宽度和厚度的正负偏差不能超过 1mm。所有的石材要符合所核准的石材样板和施工图的要求,同时要保证其安装尺寸正确无误。

13.1.2　施工程序

(1) 墙身干挂石材

1) 要先提出力学设计数据以及石材的测试报告，包括拉力和剪力测试，交工程师审批。

2) 脚手架搭设完并通过安全检查，检查混凝土面的平整是否符合要求，螺丝孔是否按工程师批准的方法处理妥当，并通过验收。

3) 墨线，至少每 3m 有一条水平控制墨线，每道墙的阴阳角要有垂线墨线，如果墙面面积较大，则每 8m 至少要有一条通长的垂直墨线。

4) 室外的墙身要先涂上防水剂。

5) 用鱼丝线定好最下一行的石材面，较长的墙身可用钢线来代替鱼丝线，避免下坠。具体做法：先在墙上钻孔，插入不锈钢码承托定位，把石材托起来，粘上胶纸加以保护。接着用三角形木块将石材定位，再用水平尺检查石材的平直，然后定好码片的位置。量好槽与墙身之间的距离，再将码片按要求扭成 90°角，放在之前定好的位置处，在墙上做上记录。用混凝土钻钻孔，孔深要符合要求，清洁孔内，涂上防水剂，然后将膨胀螺栓放入孔内，用撞针把膨胀螺丝顶紧。

将石材槽内的灰尘清干净，填满混合胶，插入钢片，拧紧膨胀螺丝。

如用钢针，则在下面一块石材的孔内，临时插入钢针，用来确定扭曲码片的位置和墙上的钻孔位。墙孔钻好后将钢针拔出，在钢针底部抹上混合胶后插入石材孔内，安装钢挂件，并将胶片放在已经安装好的石材面上，校正码片的水平，当石材和钢挂件或钢针稳固好后，拧紧膨胀螺丝。

石材顶部安装好后，再把底部安装好，最后检查一下石材的位置，检查无误后，接着就可安装第二块。安装时可用夹子夹住钢片来定位，石材之间的缝用胶片控制。

石材安装的顺序：先安装最下面一行，从墨线最旁边的位置拉好垂直定位线，再往上一行一行的安装。安装第二行时，石材之间要放上胶片来控制缝宽度。安装上层石材时，石材上要先挖槽，再用支撑头把石材吊上去，这样才安全。

6) 阳角的做法通常有包角、云石角、斜云石角、圆角和特别圆角。

7) 整道墙石材安装好后，用工程师指定的清洁剂来清理石材。然后由工程监督和承包商进行联合验收。检查石材的抛光度、石材接口平整度。

8) 打胶：先用刮铲把胶条塞入石材缝隙中，塞入深度要看勾缝胶生产商的说明定。打胶前，在空隙两边的石材上贴上胶纸，注入工程师审批的勾缝胶，用刮铲刮平顺后立即撕去胶纸，放入垃圾筒内，以免污染石材面。完后再进行联合验收，合格后用夹板保护阳角。

9) 圆柱的安装。每根圆柱要按照图纸的要求独立下料、编号。安装前弹好十字墨线，在柱子上定好 4 个点做为控制安装石材的控制点，从底层一行一行的安装上去。

(2) 湿挂

1) 开工前的准备工作和干挂工序一样。

2) 安装水平架，拉好定位线。

3) 按照施工图纸在阳角安装第一块石材，按水平墨线调整好石材底部的水平度，用钳子把铜线扭成 S 形，一头插入石材底孔内后，把石材放上去，用三角形木块把它定位，然后按照墙身的垂直墨线量好石材旁边的位置，用水平尺调整直到平直为止。然后固定石材顶部，在墙身上钻好孔，把铜线的一头扭成 90°，插入墙身孔内，再将另一头也扭成 90°，形成 S 形的勾子，另一头插入石材孔内，用锤子打紧，固定石材，最后用大理石胶把墙身和石材孔都封妥。

安装第二块石材的工序与安装第一块基本相同，但二块板之间要用夹子来定位。

4）灌浆：当一行石材安装好后，便可进行灌浆。先用干砂将底部封住，墙身浇水湿润。将配比 1：2 的水泥砂浆加水搅拌均匀后，把石材与墙身空隙灌满，最后用水平尺检查石材有没有移位。

5）拆除木块和水平架，擦干净石材表面。第二天砂浆干了，再安装第二行石材。注意：每一行都要先安装水平架、拉好定位线，而且要一行一行的灌浆。

6）擦缝、清洁：墙面石材湿挂完后，把墙脚部的干砂清理掉，阳角处做好保护木板。待砂浆干透后，用色粉把缝隙抹平，用干布将石材擦干净。阳角部位、要用大理石胶加色粉搅拌后把明角抹平，干后用电动手磨机修平、抛光。

（3）半干湿地面

1）准备工作

① 提交石材的防滑数据交工程师审批。

② 安装前承包商和工程监督进行联合检查，确保地面已经清理干净。十字墨线的间距要求 5m，同时要求混凝土地面上要做足够的灰饼，墙身从上到下要有水平墨线。

2）施工程序

① 根据地面的十字墨线和水平线，在墙边第二行，每 5m 做一个临时水平石墩，在石墩上定好石材位置，拉好定位线，之后，每二行要重复此项工作。

② 拌制半干湿砂浆：把配合比为 1：3 的水泥砂子混合搅拌均匀，按生产商指定的混合比例加入适量的白胶浆进行搅拌，搅拌好的砂浆可以搓成球状不会散开为宜。

③ 在第一行处地面浇水湿润，将水泥和胶混在一起（胶的掺量根据生产商的规定）涂在混凝土地面上，每铺一块涂一块，用扫帚扫匀，接着将已搅拌好的砂浆铺在上面，厚度大约 15～35mm，拍平拍实，用水平尺检查，再用厚抹子拍实，铺上一层砂浆，要高于指定水平 5mm，放上石材，用锤子和木枋把石材压实到规定的地面标高，再用水平尺检查水平。

用吸盘把石材提起来，再加上一层水泥胶浆，把石材放上去，用锤子和木枋把石材压实，直到平整度符合要求。

每安装完一块，要把石材周边多余的半干湿砂浆清理掉。石材安装的次序：要先铺一排直行，再铺一排横行，然后再一行一行的由里面向门口方向铺。最后铺靠近墙身边的石材。

如要求安铜条，则应预留出一定的空隙为以后安装分隔铜条。

安铜条的方法：先用适量的半干湿砂浆填满空隙，然后安装铜条，接着用漆铲子、用色粉填在铜条和石材之间的空隙中，等色粉泛白后，用干布擦干净铜条和石材表面。

如果要求圆弧状，就先在模板上把圆形作好，再按照模板的弧度来切割石材。花纹图案地面在铺装时一定要按照图纸所定的石材编号，选择相应的石材进行铺砌。

安装火烧面石材之前，先要用干布清洁石材表面，然后涂上一层可以透气的保护层，避免火烧石粘上水泥浆。

④ 灌缝

贴石材后 24 小时，用调好的扫口粉将石材与石材之间的空隙填满。石材空隙有宽空隙和窄空隙两种。如果是窄空隙用干布擦干净，宽空隙要用铲子将多余的色粉铲掉，然后用干布将石材一块一块的擦干净。

⑤ 验收合格后，用塑料胶纸或 3mm 厚的薄木板把墙身、阳角和地面保护好。

（4）室内台面和窗台板安装

1）弹线：墨线要准备齐全，墙身要备有通长的水平墨线来标清楚石材面标高。

2）内笼和铁架要符合设计要求。

3）铁架上安装好铁丝网。

4）在铁架的铁丝网上用 1：3 水泥砂浆打底，这样可避免铁丝网脱落。

5）切割石材：一般洗面盆的石材在工厂加工，先按图纸做好石材模板，再在模板和石材上定好十字中线，再把模板套在石材上定出面盆位置，然后用电动手提切割机切割面盆位，清理干净后装箱运到工地。也可以在工地现场加工切割。

用同样的方法将踢脚线（侧板）切割好。

6）安装石材

① 踢脚板的安装，要按照码片的位置在石材上开槽，安好码片后，用混合胶填满石材的挖槽位，装上石材。

② 台面安装同半干湿砂浆地面的铺砌。

先涂上一层水泥浆结合层，再铺上半干湿砂浆，放上石材拍实，提起石材，再涂一层水泥浆，再把石材放上去，拍实到要求的水平。

③ 挡水墩（靠墙的挡板）的安装，先准备好水泥浆，将石材放上去后，检查是否平直，并与台面成 90°角，最后将空隙填满水泥砂浆。安装完后由工程监督和承包商进行联合验收，将之前的模板套回石材面上，检查是否吻合，然后作好保护，等洁具安装后再打胶。

④ 窗台板安装与半干湿地面安装一样。先把半干湿砂浆铺在涂有粘合层的混凝土表面，再放上石材并且压实，然后把石材提起来，涂一层水泥浆，再放下石材压实。窗台板通常是用整块石材而且面积很大，所以安装时要两个人同时操作。注意安装好的石材面不能高于玻璃线，其缝隙要用工程师批准的色粉填满。

### 13.1.3　石材护理

（1）工具和物料：电动洗刷机、平刷把（红色的刷把用来清洗软石如大理石，咖啡色刷把用来清洗硬石如花岗石，白色的刷把用来清洗火烧面石材）、地拖、吸水机、高压水枪、水刮、清洁剂等。不同石材要选用不同的清洁剂，还有油扫、桶子、护理剂。

（2）护理程序：

1）护理方法要按生产商的指示并经工程师批准。

2）在所有石材验收合格后，先用电动洗刷机配合软垫刷把、吸水机，加上按生产商说明经过稀释的清洁剂，边清洗边吸水，然后用地拖抹干净。接着涂上护理剂用抛光机抛光，再用干布把石材擦干净。面积较小的地方如厨房和浴室台面，在安装好后擦干净并且做好护理就可以。

毛面石材的护理，要用毛刷把和高压水枪来清洁，干后涂上护理剂。

13.1.4　验收

（1）在石材安装完后，进行联合检查。检查墙内砂浆是否饱满、接缝是否平整、石材面的水平是否符合标准。

（2）地面完成 28 天后，要把 1.5 倍的设计承重量放在石材上，做 24 小时的承重测试，检查测试位置和其他石材的边是否下陷，同时检查是否裂开。

## 13.2　中国内地与香港的比较

13.2.1　工序归类

香港的方法：不论是墙面还是地面，均归入石材安装。

内地的方法：石材墙面与石材地面不管在验收规范还是工艺规程，都是分开的。墙面归建筑装饰装修工程，执行 GB 50210—2001 验收规范。地面归建筑地面工程，执行 GB 50209—2001验收规范。

13.2.2　对材料的要求

（1）在选择石材方面

1）香港做得比内地仔细。香港要到矿山去选取。

内地一般情况不去矿山选，而从样品、产地去选。而且在对石材的编号、包装等方面都做得没有香港细。

2）在开工之前，香港要求承建商提供设计数据，包括石材的测试报告。

内地的做法：除石材幕墙要求设计院提供计算书之外，其他石材安装不需要提供计算书。但对于进场的石材，室内用花岗石要求承建商提供石材放射性元素含量的复试报告；室外用的石材要提供石材冻融循环的复试报告，室外石材幕墙还要提供弯曲强度和石材用胶的耐污染性复试报告，而且是带有强制性的。

3）对膨胀螺栓的要求：

香港要求对膨胀螺栓做拉力试验。

内地只要求生产厂提供产品合格证明书，但如果埋件不是预埋而是后置的，就要求对膨胀螺栓做拉拔试验。

4）内地要求承建商对进场水泥要复试。

13.2.3　在工序方面

（1）干挂石材的做法

香港的做法：石材是通过钢片、扭曲码片和膨胀螺栓与墙连接的。内地的做法：先将角钢用膨胀螺栓固定在墙上，石材再通过不锈钢挂件与角钢固定。

（2）湿挂

香港的做法：将铜线一头插入墙内，另一头拉住石材，最后灌浆。

内地的做法：在墙面外将 φ6 钢筋网与墙上预埋钢筋，再将石材通过铜丝与钢筋网连接，最后灌浆。

（3）在验收方面

香港要做载荷试验，内地不做。其他检查内容基本相同。

13.2.4　作业条件　内地要求作业的环境温度不得低于 5℃。

# 第14集 贴墙身瓷砖

瓷砖本身就是一种耐用、容易保养而又不会燃烧、不会退色的一种材料。贴了瓷砖的楼房，不单是可以保护墙身，还具有一定程度的防水功能。

它的美观与否，一是取决于工程师的设计，二是取决于瓦工师傅的手艺。

## 14.1 香港贴墙身瓷砖的施工工艺和质量控制主要内容

### 14.1.1 施工准备

（1）材料和主要机具

那贴瓷砖所用的材料，包括各种款式的瓷砖、白胶浆、水泥砂浆和包装材料。

1）瓷砖种类

不同种类的瓷砖有不同的用途。如用在大厦外墙的瓷砖，一般都是用马赛克。马赛克的大小要根据工程师的设计而定，一般较常见的有 67mm×67mm、67mm×133mm 或者更小，也有比较大的外墙瓷砖。

室内用的瓷砖，地方不同选用的瓷砖也不同。电梯大堂、厨房和浴室的墙身瓷砖，工程师会根据瓷砖的美观性、耐用性来选择。贴墙身的瓷砖一般都较为薄，重量也比较轻，这样瓷砖就不易剥落。用在垃圾房墙上和水箱内壁的瓷砖，就用白色抛光瓷砖，清洁的时候看得清楚。

2）配件或装饰材料

除了瓷砖之外，有曲线凸型转角砖、曲线凹型转角砖、斜角砖、内转角瓷砖、外转角瓷砖、单圆和双圆等等，这些配件主要是用来收口的。

3）工具和主要机具

贴瓷砖的工具，包括海绵、坭斗、抹子、推槽抹子、胶抹子、灰牌、油尺、压尺、水平尺、胶片、长铝直尺、搅拌器、拉割机、切割机、开孔机以及直尺。

（2）开工前准备

1）开工之前承建商要熟悉工程合约的内容和所有相关的文件。比如施工章程、建筑图纸、放大样图和合约细则等等，以便挑选材料和策划工序。同时，承建商还要将生产商提供的瓷砖、白胶浆产品数据以及样板交给工程师审批核准。

还要有白胶浆、瓷砖和各种打底材料的"互相配合认同书"和所有材料的有关测试报告。

2）承建商接到工程师对各种材料的批准以后，要制定一份"贴墙身瓷砖施工程序建议书"，交给工程师审批，批准后就可按建筑图纸和放大样图来订材料。

承建商在订料的时候，除了要计算好基本的用量之外，还要根据合约，考虑一定数量的备用瓷砖。

（3）材料验收

瓷砖进场的时候，承建商要和工程师一起随意挑选进行检查验收。

瓷砖的验收方法：首先把将各种瓷砖抽样平放在一张 1.33m×2.67m 的桌子上，按照工程师批准的样板，检查颜色、厚薄、大小差别和瓷砖的弯曲度。然后反过来将背面再检查一次。

陶瓷锦砖的验收方法：跟瓷砖一样随意抽查，依照样板的要求看看有没有色差，是否翘曲，陶瓷锦砖底部空隙宽度是否均匀，有没有受潮而脱落。也可以放在木板上面随意抽查，除去上面的纸后，检查是否有破裂。

（4）样板

承建商还一定要按工程师的要求，在正式施工前最少 4 个星期，要在工地上找一个至少有 10m$^2$ 的地方实地贴样板，以便工程师察看瓦工师傅的手艺和瓷砖面的整体配色效果。

### 14.1.2 贴砖的施工工艺

（1）贴瓷砖的施工工艺

1) 在贴瓷砖的前一天，要按照生产商和工程师的要求，将瓷砖分类放在水里面充分浸泡，然后拿上来晾干，当瓷砖润而不湿的状态可以开始粘贴。在晾水的时候还要用胶纸把它盖好，以免瓷砖风干。同时，把墙身浇够水，到贴砖的那一天，要再次浇水。

2) 贴砖前要检查打底是否符合标准。角度是否平直，还最少要有 2 周的水泥收缩稳定期，轻轻敲击抹灰面听其声音，检查有无空洞。

还要检查：所有入墙的水管要安装正确；接地线铁片定位上下左右完全要准；肥皂盒位凿留恰当。

3) 墙身要弹出十字墨线、对角墨线、留孔位、顶棚收口墨线以及第一排砖的位置线。

4) 调制水泥砂浆、其配合比由 1 份水泥加 1 份细砂，再加适量的水搅拌均匀而成。如果不用细砂而是用即用材料的话，要依照生产商的产品说明。由于水泥砂浆有时效，所以用的量应该根据贴砖面积的大小来备料。另外，和好的砂浆不能随便加水。

5) 贴砖：首先用准备好的直尺排砖，计划好瓷砖的数量、砖缝大小和需要切割砖的尺寸。贴砖的具体做法是，根据十字垂直墨线或是贴砖墨线，把直尺固定在地脚线的位置，然后用推槽抹子抹底层灰，再在砖底上涂一层薄浆，然后把瓷砖粘到墙上。贴的时候，要从直尺面第一排的平直位置开始，一行一行的往上贴，所以第一行贴砖的位置选择很重要。

每贴完一行瓷砖，还要用直尺来修压平直。而在贴第二行之前，要利用适当厚度的胶片放入横竖瓷砖缝来控制瓷砖的距离，胶片的厚度一般是 3mm。或者用十字形砖缝架。另外每贴一块瓷砖，一定要把它敲实，让瓷砖紧贴在墙上面，还可以凭敲击声，检查砂浆的饱满程度。如果瓷砖有空虚声，就要立刻拿起来重新贴。注意：敲的时候，不能用抹子上面的铁去敲打瓷砖表面，以免弄花瓷砖。

当贴好大面的瓷砖以后，接着就可以贴空隙处、交接处、非整砖位。如果需要切割的位置太小，瓷砖切割很困难，这时就要跟工程师商量，重新排瓷。

遇到接地线、接合水龙头时，可以用电钻，配合大小不同的钻头，在瓷砖上钻出直径大小不同的圆孔，要注意划孔的位置要十分准确。在贴阴阳角位置的时候，比如贴窗边、盆柜或者门边的时候，最好把瓷砖条的切口暗藏在不显眼的阴角位置。

如果切割的瓷砖要按拼花式样来做阳角，这时拼接口要比原来的瓷砖边锋利并凹凸不平，这时就要用手提切割机，再配合手提打磨机把瓷砖的切口打磨光滑。

另外在贴那些转角位置的时候，瓷砖底部的灰浆更要抹得饱满。

6）砖贴完后，去掉直尺填补瓷砖的脚边。要留足够的时间让底层灰凝固，直到所有的瓷砖都粘实。

7）清洗瓷砖面和瓷砖缝边，去掉胶片或者十字架，最后擦砖缝。

擦砖缝的目的是填塞瓷砖和瓷砖之间的空隙。砖缝的宽度一般不少于3mm。调擦缝材料时要注意生产商指示的时效，还有擦缝材料的状态，要调得不浓也不稀，不能出现流浆的情况。

把擦缝材料用胶抹子塞满砖缝。再用胶条刮砖缝，塞满砖缝之后，最后用海绵来清洗。

8）瓷砖的验收

墙身瓷砖粘贴完同时浴室用具等也安装好以后，便可以进行验收工作。

检查打底有没有出现空鼓、用长铝直尺和水平尺检查墙身的竖直度和水平度。合格的标准：每1.8m的水平相差不超过3mm。

砖缝要贯通一致、墙身角度要正确、同时还要检查瓷砖的拼花样式，有没有刮花、裂痕、破损以及空鼓的现象。

墙身顶棚、地脚线和暗角切割位置的瓷砖，除了要没有崩裂角之外，尺寸还必需一致。浴室内五金用具的安装位置，也要正确。

最后，还必需检查瓷砖缝和瓷砖表面是否清洗干净。

（2）贴外墙陶瓷锦砖工序

1）施工准备：

① 搭外墙的脚手架并一定要符合安全规格；检查墙身的打底有没有错漏，如有不妥，要进行修补；如煤气罩、给、排水管等的穿墙孔位是否处理好。

② 弹好墨线，每一层都要有一条贯通水平墨线，每3m要有一条垂直贯通墨线；按照要求排好砖，用尺子量好瓷砖的数目，预计好伸缩缝的位置，确定伸缩缝的位置和尺寸。弹好所有的墨线，包括凹缝线等等。

2）施工工艺

① 贴砖的前一天，对墙身浇水湿润，贴砖前再次浇水。

② 抹底层灰。如果底层灰中需要加入白胶浆，要用机器搅匀，再用推槽抹子抹浆，抹灰浆时，阴阳角要贯通。

③ 用拍压方式贴陶瓷锦砖的时候，要从上到下，一块一块的贴下来。而且底层灰一定要保持湿润状态，这样粘贴才牢固。

④ 尽量要用整砖贴阳角，如果要用切割的瓷砖，也要尽量将其暗藏在不显眼的位置或者是阴角的位置。

⑤ 贴好陶瓷锦砖之后，用薄板一块一块的拍压平正，再用直尺压平整使砖缝横平竖直，还要保证每块瓷砖都粘实、砖缝互相贯通。

⑥ 清除干净交接口的底浆，同时将窗边的砖修压整齐。

⑦ 揭纸：如当天揭，容易检查和修补当天的贴砖效果。但揭纸前，要掌握好水泥砂

浆的收缩时间。否则，会导致砖移位，而且还会剥落下来。

⑧ 揭完纸后，要及时进行修补，比如修补砖缝、更换破裂瓷砖、刮干净缝内多余的砂浆泥屑等，然后清洗干净砖面。

⑨ 勾缝：第二天，可以用扫口材料或用工程师批准的水泥胶浆进行勾缝。勾缝之前的养护，要看天气的干湿度和扫口材料生产商的产品说明来决定。

勾缝之前要用搅拌机把扫口材料调好，然后可以用胶抹子把材料抹在墙上。然后用湿海绵粗略清洗一次，等砖石面干后，再把它清洗干净，最后再把窗边清理干净。

⑩ 注意事项

拍压陶瓷锦砖和贴细小的陶瓷锦砖的区别。因为细小的陶瓷锦砖比较薄，用拍压的方式是不太适合，应在外墙抹好底层灰之后，用灰尺把底层灰刮平，再用抹子把细小的陶瓷锦砖底部均匀的抹上一层薄的底层灰，然后把瓷砖贴到墙上并且拍实。

这种方法要按照贴砖的进度，底层灰要保持在湿润的状态，一块一块抹完了薄浆以后平直的贴上去，其他的程序跟拍压陶瓷锦砖的方法一样。

3) 检查：最少两周后，做一次彻底的检查，检查墙身打底有没有空洞、瓷砖有没有脱掉、拼花方式是否正确、伸缩缝是否已经贯通，窗边要刮干净，坡度要正确，勾缝要密实，不泛白以及所有的水管位置。

验收外墙瓷砖还可以用红外线扫描来检查，但是要把脚手架拆走才可以做。红外线扫描的主要目的是检查外墙的瓷砖有没有出现空洞的现象。扫描仪的位置要和楼宇有适当的距离和角度，如果是雨天，就要影响扫描的准确性。

（3）贴其他外墙瓷砖

1) 瓷砖的排列方法

贴尺寸较大的外墙瓷砖，其排列方式较多，比如横向瓷砖排列、工字型排列、竖向瓷砖排列、竖向或者横向任意排列、竖向相接排列和横向相接排列等等。

2) 准备工作

所有贴砖前的准备工作，包括打底收缩稳定期、隔天浇水、贴砖之前再次浇水、砂浆的预备及拍压和贴陶瓷锦砖的做法差不多。但特别要注意，用直尺检查墨线和瓷砖的排列是否合适，特别是贴墙身与柱相接处，和墙身阴阳角位置处。这些位置的连接方法、款式也是很多的，有用两块普通的瓷砖互相交接，有包角或者不包角（也就是云石角），有用阳角转角瓷砖和45°切角等等。另外，外墙一般面积较大，所以在贴之前要先把需要切割的瓷砖准备好。

3) 贴砖：

① 贴瓷砖时，要先在地脚线的位置把直尺安稳，接着包括抹墙身灰浆、用压尺刮平、推槽抹子、留墨尾、重弹墨线、拼花式样等，其工序都是不可缺少的。

② 贴瓷砖先由压尺面开始一行一行的由底向上，要注意抹在墙身上的和抹在砖背面的灰浆配合，过厚了就会因为过重而剥落。如果瓷砖背面不上底层灰而直接抹在墙身，灰浆相对就较厚。

③ 横向相接排列可用尼龙绳或者胶条作为分隔留位，竖向相接排列就是以直尺计算好的墨线平均分配，这种外墙砖缝一般都是差不多8~10mm。

④ 贴砖时，天气干燥程度对灰浆有影响，要使灰浆保持在湿润状态。同时，要随时

利用压尺来修正砖缝的大小。瓷砖本身的大小就有差异，修正时可以用牙签来塞补高底不平的地方，以达到整齐的目的。

⑤ 再用震枪将砂浆底震实，确保瓷砖底的底层灰和墙身的灰浆能够互相粘贴饱满，如果瓷砖表面稍微有高底差异，也可用利用震枪轻微震动来修正偏差度。当底层灰足够收身之后，清走尼龙绳，如果有需要的话，再用长铝压尺来最后修正横竖缝路，然后清洗干净泥浆泥屑。

⑥ 勾砖缝：可以在第二天才做，瓷砖的砖缝比陶瓷锦砖的砖缝较宽，所以一般会选用勾缝材料，无论是深、浅颜色，都要按生产商的指示来做，有些设计会选择用推槽抹子来压实砖缝，让砖缝出现小半圆槽的效果；也有一些设计把全部的砖缝都不做勾缝，这时要注意在除掉尼龙绳或是胶条之后要小心的清洁。当完成勾缝之后，多要用湿海绵粗略的清洗一次，等瓷砖面干了以后再清洗干净。

⑦ 其他花式排列的贴砖方式，如工字型排列，它的竖缝可以利用短胶条，这种排列多数要配合切割瓷砖。

瓷砖竖向排列需要弹较多的竖向墨线，以此保证竖向瓷砖缝的整齐美观。任意排列不管是横向还是竖向的排列，各自都要有自己的伸缩缝，而且缝比较密，同时表面还可能有凹凸的效果，因此底层灰和瓷砖之间的粘贴程度要求就更高。所以，不论贴任何风格和外观效果的瓷砖，都要让灰浆和瓷砖互相粘紧，同时也要起到伸缩缝的作用。

（4）伸缩缝

1）伸缩缝的位置：除了结构伸缩缝之外，瓷砖的收口边与其他材料相接处，或瓷砖面积较大时，瓷砖和打底本身都要留伸缩缝。伸缩缝必需事先预留在暗角处，或者大约每十平方米的位置。

2）伸缩缝的做法

伸缩缝的宽度一般不少于 6mm，而且要有足够的深度，以便用来填塞缝材料和打胶。

伸缩缝预留好之后，填塞胶条。塞缝材料的选择要根据承受能力并结合打胶材料来选择，并要经工程师批准。胶条的直径要大于伸缩缝的宽度，合格的胶条应该是：无论怎样压它，它都会恢复原状。

最后打胶收口，收口材料的伸缩程度一定要能与伸缩缝设计相匹配，而且要由工程师批准。

### 14.1.3 瓷砖拉力测试

为了进一步保证瓷砖及粘贴质量是否都能够达到优质的标准，要在完工后的墙身上挑选任何位置进行拉力测试，测试的工具包括：钻孔机、电钻、膨胀螺丝、钢垫圈、胶水、拉力机和电子读数表。拉力测试是属于破坏性的质量控制方法，承建商要安排符合资格的技术员现场进行测试，具体操作如下：在选好的瓷砖上面安装钻孔机，并将周围的瓷砖连同打底一起切开，再将强力胶水粘在钢垫圈和瓷砖上面，等胶水有足够的强度后就可以用拉力机将钢垫圈和瓷砖一起拉出，这时电子读数表就会显示出瓷砖与打底砂浆之间的强度，看是否符合合约的要求。

## 14.2 中国内地与香港在质量控制方面的比较

香港与内地在质量控制环节及控制过程方面基本相同，但在有些具体控制内容和方法上有些不同，具体如下：

### 14.2.1　在材料方面

（1）内地与香港相同处：进场的材料都要求生产厂家提供产品合格证、检测报告和说明书。

不同处：内地还要求承包商委托有资质的检测单位对水泥的凝结时间、安定性和抗压强度以及外墙用瓷砖的抗冻性、吸水率进行复试，而且是带有强制性的。

（2）材料验收的方法也有所不同：

香港是将抽样平放在桌子上，而内地对于较大的瓷砖，则根据瓷砖的规格大小，做一个木框子，将抽样的砖放入木框内检查。

（3）内地要求对水泥的凝结时间、安定性和抗压强度进行复试。

### 14.2.2　在工序要求方面

（1）样板

香港要求：不管是内墙还是外墙，都要利用 $10m^2$ 以上的地方做样板。

内地的做法：内墙一般是做样板间或样板层，外墙在贴砖前要求做样板，面积一般在 $3\sim5m^2$ 不等。

（2）贴砖工艺

1）香港使用 1∶1 的水泥砂浆或即用材料粘贴。

内地在内墙贴砖时可以使用的粘结材料有混合砂浆、水泥砂浆加胶、或直接用胶粉粘贴，只是粘贴时，抹的粘结材料厚度不同，对基层的要求也不同。外墙则使用水泥砂浆掺适量建筑胶粘贴。

2）香港要求先弹线，贴砖的时候，除了在墙身上抹灰浆外，砖背面也要抹上一层薄浆。

内地的做法，先在墙身上抹砂浆找平层，待找平层六七成干时，再弹线。贴砖时，只在砖的背面抹上砂浆后直接贴。

（3）在拉力测试方面：

香港的做法：由承建商安排有资格的技术员进行现场测试，来检查瓷砖和瓷砖的粘贴是否符合要求。

内地的做法：应由承建商委托有资质的检测单位到现场对外墙进行检测，目的是检查瓷砖的粘结强度是否符合要求。对外墙的检测是带有强制性的。而内墙，只是在对质量没有十分把握的情况下，建设单位或监理单位可以要求做检测。

### 14.2.3　在验收方面

内地执行《建筑装饰装修装修工程质量验收规范》GB 50210—2001。

### 14.2.4　作业条件

由于地理条件影响，内地要求作业时环境温度不得低于 5℃。

# 第15集  铝  窗

一般的铝合金窗应具有承受风荷载和防水的功能。

## 15.1  铝窗制作安装工序施工工艺和质量控制的主要内容

### 15.1.1  铝窗进水主要原因

若窗孔太大，窗边用来防水的水泥抹得不密实，或者混凝土出现蜂窝墙，外墙的瓷砖倾斜，铝合金窗的材料上面钻太多的孔，接口太多以及玻璃胶打得不好等，都会进水的。

铝合金窗是由不同形状的铝材，用插接榫头或者螺丝连接加固，加上打胶组装而成，跟钢窗的焊接方法是不同。所以如果装嵌过程做得不好，就会进水。

### 15.1.2  铝窗设计

要做到优质的铝合金窗，就要靠工程师、工程承建商和铝窗承接商互相合作才行。

要做一扇优质的窗户，就一定要设计得好。在一般情况下，工程师会预先定好铝合金窗的尺寸，而且要说清楚材料、组装、安装、验收和测试的验货标准。

配好材料之后，就要放大样图纸、准备施工图纸、计算窗的结构受力，同时还要呈交样板和图纸给工程师审批。

（1）承重设计

承重设计主要是考虑窗承受风压的承载能力，相应的加大铝件组合后的抗力系数以及增加铝材的厚度，使窗的铝合金材料不会受风压而产生过大的变形。

（2）窗口式空调机窗设计

窗口式空调机位的设计，最好要有混凝土结构伸出的窗台来做承托和遮盖。同时要有已做好的混凝土面量起大约75mm高的挡水墩做挡水，而挡水墩和窗台的混凝土要一次浇筑，以避免产生接槎。

（3）施工图纸

承包商和铝合金窗分包商还要收集有关的施工图纸。比如施工章程、屋宇署最新批准图纸、工程平面图、剖面图、结构图和放大样图等等。其中包括铝合金窗的建筑图纸。

要把各种文件和设计图呈交给工程师审批，比如：建议施工方法、结构受力计算、施工图纸。像立面图、横竖剖面图、放大样、窗导电电线大样图、活动窗和固定窗结构图，都要有足够的模数距离、窗安装的配件尺寸、混凝土孔尺寸、窗离地面的高度、固定窗框的铁质配件大小以及各种配件安装的数据等等。

（4）材料样板批核

1）承包商和铝合金窗分包商要呈交有关材料的样板给工程师审批，包括模数、螺丝、子弹钉、锁紧配件、转轴、拉手、安装配件、窗角位碰口、玻璃、玻璃胶、防水胶条、配件和颜色样板等等。所有材料呈交给工程师审批之后，承包商和铝合金窗分包商就要在两个月之内完成整扇窗的样板制作，再交给工程师审批。

2）铝合金窗分包商还要在下料厂存放一份由工程师签名确认的合格样板和同一款式的散料的样板，以方便承接商的质量检查员随时做质检工作。

（5）铝材审批

铝合金材料一定要有颜色样板的上、下限范围并交给工程师审批，而且每一幅窗户的材料颜色色泽都要配搭均匀。优质铝合金窗的铝材料是不应该混有其他的杂质的，表面一定要色泽光润，通常一般是没有线纹。另外，不能有微粒和小孔。

（6）玻璃审批

玻璃也有很多种类。例如有无色透明玻璃、有色玻璃、夹心玻璃、钢化玻璃，还有磨砂玻璃、印花、铁线玻璃片等等。承包商和铝合金窗分包商就要按照合约的要求，把不同颜色、尺寸、厚度的玻璃样板，以及有关的玻璃来源证、测试证书，或者测试报告、出厂证明书等等的文件，呈交给工程师批准审核。

（7）用胶审批

打胶用的胶也是要得到工程师的审批。

### 15.1.3　铝窗生产程序

厂内的生产程序要有好的生产管理。整个的生产过程，从设计施工图纸、指引文件、下料、组装、检验、运输材料到工地、直到做样板房，铝合金窗分包商都要负起全部的责任。除了要做好管理和测试之外，还要加强质量的控制，例如采用先进和自动化的技术以减少人为错误、积极训练技术员工等等。

在下料和生产过程期间，工程师和承建商都要定期到铝合金窗分包商的工厂进行视察，来确保铝合金分包商的质量控制能够保持水平，使得每一扇窗户都能够达到收货标准。当整个下料、安装、清洁和保护流程都经过工程师审批合格后，铝合金窗分包商就可以大量下料和安装。如果不合格，就要整改和复验，直到工程师满意才可以开工。

（1）铝窗的生产图

铝合金窗分包商一定要按照工程师批准的施工图纸来做生产图纸。当组合铝窗的散件得到工程师批准之后，铝合金窗分包商可以按 1∶1 的比例出一份有各款式铝件的"母图"。

当"母图"得到工程师批准后，可以送到铝合金材料制造厂去生产铝合金材料原型，之后再经工程师审批，合格以后就可以大量下料。

（2）铝材测试

铝合金材料运到加工厂后，要进行挑选检查，铝合金窗分包商一定要按照工程师审批的验货标准来进行检查。

1）对材料先做外观检查，检查是否符合工程师审批的样板。材料有没有瑕疵，例如有没有花、凹陷、凸出、残缺、弯曲或者扭曲等等。

2）铝合金组件角度的测试，以确保铝合金组件角度的正确性，让铝合金窗在安装时更加紧密。

3）检查铝材的长度、宽度、高度以及厚度；比较颜色差别和光泽，颜色一定要和颜色样板一致，颜色样板长度约为 150mm。

4）仪器的测试中包括测试铝材的硬度，电镀保护膜的厚度等。

5）电镀封孔测试，也就是滴墨水测试，当所有优质的铝合金组件在测试之后，表面应不会留有任何墨水痕迹。

6）把测试合格的材料分类，划上记号并储存在合格成品仓内，等下料的时候再用；而不合格的铝材就应该存放在不合格成品仓内，并且要安排运走。

（3）下料

1）按照最新批准图纸的尺寸来下料、加工、组装和安装配件。下料用的下料机、出机或者五批刀出机要安装好抽风机或者类似的设备。

2）为了避免刮花材料，要按时清理输送铝材的滚轴，也要立刻把切割后出现在铝材上面的毛刺清除掉。还要用高压喷枪和温度适中而且性质温和的清洁剂，洗掉粘在铝材表面的铝渣和油污。

（4）加工

加工工序一般包括冲坑、钻孔和榫。要按照最新放大样后的图纸做出包括有用长度、角度、公差尺寸、和钻孔尺寸的样板。

（5）安装窗框

1）为了加强窗身的承载力和防漏保护，一定要加上窗身铝角，用气压撞此角，再用45°的机械式气压来安装上去。不过一定要注意力度，千万不能让45°角变形。另外，必须在四个碰口角的背面加上定位角的铝片，然后再涂上胶水。安装好后的45°夹角，应该是对角、平滑、接口平整而且不刮手，而夹角的打胶也要饱满。

2）安装窗框的横向材料和竖向材料的90°连接位，通常都会用插接榫头和敲榫的方法把它们接合起来。在插接榫头之前先要打胶，要注意冲坑孔位和榫头之间要互相配合。接着用风锤敲榫头，但力度一定要均匀，不然就会损坏铝材。安装好的榫位应该是紧密而没有空隙的；横向料件和竖向料件要成90°角。安装妥当以后，要再次在榫位打胶，防止进水。

3）窗框的横向材料和竖向材料的连接位，也可以用自攻螺丝的接合方法。首先把铝材预留丝槽，然后在两件铝材的接合位置中间放上胶垫，再用螺丝来锁紧铝材，在碰口位打上胶，防止进水。

（6）安装配件

1）窗框安装后可以逐一装上配件，例如防水胶条、窗锁、窗扇撑和定位垫片等等。

2）窗四个角的焊接胶条位一定要紧密并且对称。而且胶条除了要长度正确之外，还要不反起、没有裂口和没有拉开间隙。

3）顶开窗的7字制锁紧拉手要用不锈钢螺丝来安装。

4）安装后的锁位一定要能完全锁紧、密封、而且没有空隙。

5）如果连接柄过长，可以在它中间的位置加上限位片，这样就可以用作保护，而且不会变形和弯曲。

6）业主也可以考虑改用安装多点锁紧装置。因为安装多点锁紧装置的时候可以不在窗框正面钻孔，这样可以加强铝窗的防水功能。

7）在安装窗扇撑的时，要在窗身或者窗框之间加上垫圈，这样可以将不同的材料分隔，防止氧化。在安装反拍线前，竖向料件的两边也要加上防水角，即两边要打满胶。至于安装玻璃线时，要在45°的接口位用保护胶片垫着。最后所有的螺丝都要打上胶，而在抹了水泥的螺丝也要加上胶模。

（7）临时中企

为了防止铝合金窗在运送或者安装期间变形，凡是竖向料件之间的宽度超过1m的窗，就要在其中间位置，装上临时的中企，这种临时的中企可以用铝质的卡子稳固在窗框上面，直到安装玻璃时，才将卡子和中企拆走。至于加上定位垫，就可以让窗扇在运输期间和安装之后，不容易变形。

（8）清洁

在铝窗装好后，还没有贴上保护胶纸之前，就要用工程师审批的清洁剂清除掉窗上的污渍。

对每个工序都要自行质检，并且还要配合厂内不定期的抽样检查。如果发现某个程序出现了问题，那质量控制员就应该分析原因，并加以改进，以达到加工厂的优良质量控制。

（9）工厂质量检验

1）每一扇窗也要做一次全面性的质检。一扇优质的铝合金窗，铝面应该是干净而带有光泽感的；窗的里面和外面要没有任何损坏和刮花的痕迹；窗的大小尺寸也要符合图纸批准的要求；窗框和窗身也要搭配平均、没有移位、夹口紧密，平滑和平整而且不会刮手。

2）所有夹口、榫位和螺丝位也要打满胶，不能有任何的遗漏。窗的上下位置要用胶水密封好，打胶要饱满、平滑畅顺没有空鼓。所有的配件也要齐备，安装位置也要正确，螺丝要收紧，不能遗漏任何螺丝、塑料垫圈和胶套。

3）窗身的开关一定要畅顺，在关好窗之后，窗扇要紧贴窗框，而且不变形；窗锁就要顺滑；窗边胶条的四个角要焊接紧密、对称；长度要正确；没有爆口；没有间隙。全部都符合标准的话，就真的是优质了。

4）所有合格后的铝窗都要加上"合格"标签，来证明窗的材料已经通过了详细的质量控制员检查。

（10）保护

对质检合格的铝合金窗要做好保护。

1）包胶纸保护，所有的窗框、窗扇、中横料槽位和低横料槽位都要放上木条，而木条的高度要高过窗横料，其作用是为了保护窗身和窗框的铝材。"窗外"通常是一层胶纸，而"窗内"就要三层。另外对锁位配件、拉手、窗角、滴水线等突出的部分，就要加上厚垫来做保护。

2）优质的保护对一扇做妥的铝合金窗是很重要的。所以当包好保护胶纸后，一定要再次检验清楚有没有放好木条、是否放了足够的保护厚垫、保护胶纸是否包好、胶纸是否有翘起来或起边。

（11）漆沥青油

为了防止铝材被氧化，在包好胶纸之后，一定要在铝合金窗与混凝土接触的位置，涂上沥青油来作保护。

沥青油一定要风干以后而且不粘手，不然在搬运和安装的时候，就很容易整污铝窗和其他装置。另外沥青油也要是耐高温和不容易溶解的。

15.1.4 铝窗安装工艺和质量控制

（1）进场验收

送到工地铝窗首先要进行进场验收。

承包商和铝窗分包商就要核对材料的数量、规格和是否有足够的保护。若需要，工程师可以要求抽样检查，来检定材料的质量。对于受损毁的窗应退回。验收合格的窗一定要用木板枋把铝合金窗托起，以方便清点和减少铝合金窗的受损机会。

（2）水平墨线

在安装之前，承包商一定要提供足够并且准确的水平墨线，包括上下水平、垂直、两旁距离、顶墨和弯尺窗所用的十字墨线等等。

（3）混凝土外墙交接检验

对混凝土墙的交接检验，铝窗分包商、承包商以及工程师，要先定下验货标准、预先检验混凝土孔位是否适合安装铝合金窗。

铝合金窗分包商要根据承包商提供的水平墨线来检查混凝土孔位的大小、高低和墙身厚度是否妥当；还要检查混凝土孔位有没有露出钢筋、蜂窝、砂眼、混凝土过高或者过低、缺角和有没有清埋好木板、板皮、铁皮等等。

在开工之前，承包商要预先跟各专业互相配合，比如：在距离铝窗边预留200mm以外的位置，让电器接地线，避免在安装铝窗扇时，切断地线。对室内窗框脚，在混凝土孔位和窗框之间，还应该要有25mm宽，用来做抹灰封口的，不过具体的尺寸就要按照合约章程而定。检查完毕之后，铝合金窗分包商就要将记录有遗漏或者有问题的混凝土位置检查报告，呈交给工程师。

（4）样板房

在安装之前，铝合金窗分包商要先在工地上做样板房，包括窗的料件组合、安装、打模数、防水水泥混合和试水等程序。再经过工程师审批。

（5）工地窗件组装

因为运输上的限制，所以较大的铝合金窗一般都要一扇一扇的在工地进行组装。工地的环境不比加工厂理想，所以一定要由经验丰富的铝合金窗工人来进行工地窗件的组装。

先将组件特别是接口的位置清洁，并在铝材之间加上"垫位铝通"，以避免收紧螺丝时导致铝材变形。然后在立框的接口上打足够的胶。在组合窗框收紧螺丝之前，注意要加上塑料垫圈，这样铝材就不会因为接触其他材料而加速氧化。最后包好保护胶纸。

（6）工地安装窗框

承包商用钻孔机或者是用菊花头将混凝土窗孔位表面打花，这样除了可以增加抹防水水泥砂浆的粘结力之外，还可以同时检验到混凝土表面是否合格。另外还要注意在混凝土孔位的200mm范围以内，避免有任何暗灯管、水管或者排水管通过，不然在安装磨耳（用来固定铝窗在墙上的配件）的时候就很容易弄穿它。之后就可以把组合好的铝窗窗框安上符合规格的磨耳。安放在混凝土孔位之后，铝合金窗分包商就要再次检查窗框位置和水平位置，确定窗框和混凝土之间有宽度合适的间隙、能够填上防水水泥才行。接着就要用水泥钉，按工程师批准图纸所指定的中间至中间的距离，把窗框稳固安装在混凝土孔位上。但是要确定已经接好地线，以防止铝窗过电。

（7）抹窗框边的防水水泥

窗框安装妥当之后，就要抹上工程师审批的防水水泥，不过要留意在混凝土孔位的抹水泥位置要用低碱性水泥砂浆，不然就会影响水泥的防水功能。接着把混凝土窗孔位完全清洁干净。至于抹水泥所用的工具，包括有钢条、木条、量杯和防水剂等等。

要按照生产商的指示把防水剂调好，涂在窗框和混凝土之间；接着就用木条，把窗框外边完全密封。按照生产商的要求，把防水水泥混和之后，就可以开始抹了；工人们除了可以用抹子之外，也可以用手抹，如果不用木条的话，就要把窗框内外两边同时塞入水泥并且抹好。所选用的方法都一定要得到工程师的审批。总之，不管是用哪种方法，都一定要抹得密实，不能有松散和空隙出现，那样才能达到优质的防水功能。要再用钢条压实防水水泥和再用清水把水泥表面抹平滑，以方便内外墙身包角和接下来的铺瓷砖和铺窗台的工序。最后要把工地清理干净，以方便下道工序。

（8）抹水泥后防水测试

这种防水测试要在抹完窗框边防水水泥收口最少 48 小时后才能做，而程序和方法都一定要先得到工程师的审批才可以进行。

测试要由窗的底部开始，然后到立面，一个小时之后再做窗顶的测试。要以正确的水流量和试水时间，不停的向窗框外的水泥表面浇水，让水泥有足够的时间接触水分。试水之后一个小时，要再次检查所有的抹水泥有没有漏水的迹象。在试水合格之后，才可以在指定的窗框边、混凝土和抹水泥表面，涂上由工程师审批的防水膜，加强窗边的防水功能，但防水膜的颜色要跟水泥的颜色不同，这样才方便监察和控制质量。如果有渗水情况的话，一定要将整扇窗框边的防水水泥全部凿掉，重新再做一次。

（9）保护安装好的窗框

由于从窗框安装妥当到承包商安装玻璃的这段时间，一些窗是工人们出入外墙的惟一通道，自然就很容易受到破坏，所以一定要有足够的保护措施。而承包商要提醒工人，禁止在窗框上拖放过桥木板、管线和泥斗，并且禁止用窗框边来刮抹子等等。除此之外，承包商还要教育所有的工人采用适当的施工方法，来减低对安装好的窗框造成破坏。

另外瓷砖一定要离窗框边至少 5mm 宽，但又不能超过 10mm，来方便打胶，增加防水功能。

（10）后安铝窗

有些窗孔在开工期间来做升降机架子和工地升降机的出入口，或者是垃圾糟口。这种出入口和糟口一般都会用到最后一刻。比如，在验楼之前才会安装窗框。虽然是赶着检验楼宇，但是也要预留足够的时间去安装铝合金窗。因为很多时候出现问题的窗就是在这种情况之下产生的，所以承包商一定要预留足够的时间来进行安装、抹水泥和试水的程序。

（11）铝窗撕胶纸及清洁

铝合金窗安装好之后，就可以把胶纸撕掉和进行清洁的工作。承包商在撕胶纸之前，要把所有的内外墙都清洁好。

清洗外墙和铝合金窗时，绝对禁止使用含酸性的药水，因为含酸性的药水会严重损坏窗的材料和玻璃的质量。清洗完或之后，铝合金窗分包商就可以用抹子小心的把保护胶纸撕掉。千万不能用锤子或者刀片来撕，不然会敲凹或者刮花窗面的。

（12）外墙窗框打胶

撕掉胶纸之后，承包商还要确保窗边打胶的地方没有任何磨损泥渣。同时还要用工程师批准的清洁剂，把粘在窗框和瓷片之间的水泥砂和污渍彻底清掉。之后铝合金窗分包商就可以打胶。打好的胶应该是整齐平滑顺畅、没有空隙、没有断口以及没有空鼓，还要完全填满窗框和瓷片之间的接口位，而宽度不能小于 5mm 和不能超过 10mm。因为打胶过宽会很容易反起来，那就会进水。

（13）玻璃验收及储存

这些运到工地上的玻璃，最好可以立刻卸货和送到各层。承包商就要提供一个空气流通并且干爽的地方存放玻璃。而且玻璃与玻璃之间要分隔存放，避免玻璃发霉和引起"彩虹"。工人们要用木板把玻璃承托，这样不但方便清点，还可以减低玻璃受损坏的机率。

另外分包商还要检查运到工地上的玻璃，确保玻璃没有刮花、崩烂、气泡或者"彩虹"等等的瑕疵。比如用过滤镜架测钢化玻璃，有云状才对。如果与样板不符合，就要运走更换。

（14）安装玻璃

1）当检查玻璃没问题，就可以进行安装。首先承包商除了要清洗外墙和窗台顶部的泥屑杂物外，也要跟搭竹脚手架和铝合金窗分包商配合，特别是搭竹脚手架位置的竹料，一定不可以影响到安装玻璃的工序。而搭竹脚手架承包商在拆掉外墙竹脚手架的时候，就绝对不可以在窗框上拖拉竹子。

2）安装玻璃之前，要小心的拆掉玻璃线，并且确保安装玻璃的空位已经清理妥当。之后要根据施工章程来安装足够的调整垫块（Setting Block），可以在窗框和窗里面放上足够的重叠胶粒，把玻璃的位置固定好放上玻璃安装三边的玻璃线和放上另一边的重叠胶粒，确定四边的玻璃线是干净之后，就可以在铝合金窗上面打上适当宽度的玻璃胶。打的胶要整齐平滑顺畅、没有空隙断口而且没有空鼓。玻璃线的长度必须要正确，没有翘起，45°夹角要紧密，接口平整。

3）在安装活动窗玻璃的前后，工人们应该检查铝合金窗的开关畅顺，出现问题应该立刻修补，并向铝合金窗工长汇报。为了避免玻璃走位，所有活动窗在打胶之后，按正常天气时间计算，最少要把窗锁紧 48 小时。如果要在玻璃上预留了排气扇的孔，注意孔位不可以阻碍气窗的开关，这样大家才方便工作。

（15）完成后试水测试

1）玻璃安装完成后，承包商要跟铝窗分包商，呈交一份"100％试水测试程序建议书"和"试水泵表检验证书"给工程师审批。而建议书的内容，要必须列明所选用的喷嘴、以及试水方向、时间、压力、距离等等。

2）这种测试一般都会从高楼层开始做，承包商和铝合金窗分包商一定要紧密配合，除了要确保在试水过程中不影响其他的工程，还要确定所有的窗已经关上，避免在试水的时候，弄湿窗台的木板和地面木地板。

3）铝合金窗分包商要重新检验整扇铝合金窗，确定打胶已经做妥，没有裂口；窗锁能够将窗扇锁紧在窗框上；窗边的胶条已经安装正确，没有裂口和空隙。

4）试水的水管一定要连接好，不然就会导致淹水损坏装饰。而在试水时，铝合金窗分包商还要预备足够的员工，最少要有 2 个人一组的试水员，从每扇窗的底部开始，往上测试。分包商、承包商和工程师都一定要派代表到现场验证，发现漏水的话，承包商和铝合金窗分包商就要先找出漏水原因，确定修补方法，立刻做妥正确的记录。分包商要把测试报告和修补方法呈交给工程师查看。修补的工作一定要由经验丰富的修窗工人负责，直到试水合格为止。

（16）试水后清洁

承包商把房子交给工程师和业主之前，一定要按工程师审批的方法，将所有的窗和玻璃等等的部分再重新清洁一次。

（17）维修及保养

每天应该要检查所有的窗是否已经关好。另外要注意在关窗的时候要将锁座用力的向下压，直到窗扇锁紧。

为了使铝窗更加耐用，铝合金窗分包商要和承包商配合，列出铝窗的一般维修保养事项。例如不可以在窗上面晒衣服和钻孔、要定时清洁铝合金窗和窗扇等等。以方便管理处制定维修和保养的小册子交给业主。

### 15.2　中国内地与香港在铝窗制作与安装工序的差异

香港在铝窗施工工序包括了制作与安装的全过程，而中国内地铝窗施工工序仅包括现场安装，对于铝窗的制作一般是在加工厂进行。建设单位、施工总承包单位和项目监理部应对供选择的铝窗制作加工厂进行必要的考察，对于铝窗制作加工过程则不再进行监理。但要进行铝窗制作加工质量的进场验收。《建筑装饰装修工程施工质量验收规范》GB 50210—2001 规定了铝窗制作加工质量的进场验核安装质量验收要求。其中，建筑外窗要进行抗风压性能、空气渗透性能和雨水渗漏性能的测试。

铝窗工程施工质量验收每 100 樘划分为一个检验批，不足 100 樘也应划分为一个检验批。每个检验批检查的数量应至少抽查 5%，并不少于 3 樘，不足 3 樘时应全数检验；高层建筑的外窗，每个检验批检查的数量应至少抽查 10%，并不少于 6 樘，不足 6 樘时应全数检验。《建筑装饰装修工程施工质量验收规范》对铝窗制作与安装工程质量检验项目和方法列于表 15.2.1。

**铝门窗安装工程质量检验项目和方法**　　　　　　　　　表 15.2.1

| 项目类别 | 序号 | 检验要求或指标 | 检 验 方 法 |
|---|---|---|---|
| 主控项目 | 1 | 铝门窗的品种、类型、规格、尺寸、性能、开启方向、安装位置、连接方式及铝合金门窗的型材壁厚应符合设计要求。铝门窗的防腐处理及填嵌、密封处理应符合设计要求 | 观察；尺量检查；检查产品合格证书、性能检测报告、进场验收记录和复验报告；检查隐蔽工程验收记录 |
| | 2 | 铝门窗框和副框的安装必须牢固。预埋件的数量、位置、埋设方式、与框的连接方式必须符合设计要求 | 手扳检查；检查隐蔽工程验收记录 |
| | 3 | 铝门窗扇必须安装牢固，并应开关灵活、关闭严密，无倒翘。推拉窗扇必须有防脱落措施 | 观察；开启和关闭检查；手扳检查 |
| | 4 | 铝门窗配件的型号、规格、数量应符合设计要求，安装应牢固，位置应正确，功能应满足使用要求 | 观察；开启和关闭检查；手扳检查 |
| 一般项目 | 1 | 铝门窗表面应洁净、平整、光滑、色泽一致，无锈蚀。大面应无划痕、碰伤。漆膜或保护层应连续 | 观察 |
| | 2 | 铝合金门窗推拉门窗扇开关力应不大于 100N | 用弹簧秤检查 |

| 项目类别 | 序号 | 检验要求或指标 | 检验方法 |
|---|---|---|---|
| 一般项目 | 3 | 铝门窗框与墙体之间的缝隙应填嵌饱满，并采用密封胶密封。密封胶表面应光滑、顺直、无裂纹 | 观察；轻敲门窗框检查；检查隐蔽工程验收记录 |
| | 4 | 铝门窗扇的橡胶密封条或毛毡密封条应安装完好，不得脱槽 | 观察；开启和关闭检查 |
| | 5 | 有排水孔的铝门窗，排水孔应畅通，位置和数量应符合设计要求 | 观察 |
| | 6 | 铝合金门窗安装的允许偏差和检查方法应符合下表的规定 | |

铝合金门窗安装的允许偏差和检查方法

| 项次 | 项　目 | | 允许偏差（mm） | 检验方法 |
|---|---|---|---|---|
| 1 | 门窗槽口宽度、高度 | ≤1500mm | 1.5 | 用钢尺检查 |
| | | >1500mm | 2 | |
| 2 | 门窗槽口对角线长度差 | ≤2000mm | 3 | 用钢尺检查 |
| | | >2000mm | 4 | |
| 3 | 门窗框的正、侧面垂直度 | | 2.5 | 用垂直检测尺检查 |
| 4 | 门窗横框的水平度 | | 2 | 用1m水平尺和塞尺检查 |
| 5 | 门窗横框标高 | | 5 | 用钢尺检查 |
| 6 | 门窗竖向偏离中心 | | 5 | 用钢尺检查 |
| 7 | 双层门窗内外框间距 | | 4 | 用钢尺检查 |
| 8 | 推拉门窗扇与框搭接量 | | 1.5 | 用钢直尺检查 |

# 第16集　清　洁

清洁工程，目的是将已经建成而将要交给业主的建筑物进行洁净。把建筑期间各专业造成的废弃物、还有粘在建筑物上面的污渍和水泥渍彻底清理。同时，对建筑物不造成任何损坏。

## 16.1　香港清洁工程的管理要点

### 16.1.1　清洁工程类型

大体可以分为湿洗和包装清洁。

湿洗最少要做两次，第一次叫粗清。粗清是用由工程师批准的清洁剂，加上适量的清水，清洗瓷砖表面的水泥污渍。

第二次叫幼清，幼清是当整幢大厦完成之前，用湿布把装修物表面擦干净。

外墙清洁，是在瓷砖安装完成以后，拆棚架之前，将瓷砖清洁干净。

### 16.1.2　施工准备

(1) 不论粗清、外墙清洁还是幼清，清洁之前，都要做好清洁工序样板房，由监工管工和清洁承包商议定验收标准，才可以全面动工。

(2) 工具

清洁用的工具包括有：漆铲、木擦、啄锤、水管、毛巾。还有个人安全护理的配备，包括安全帽、安全鞋、安全带、胶手套、口罩、眼罩。

(3) 粗清和外墙清洁用的清洁剂，必须要经工程师批准。浓度要先做测试。在工地先清洗瓷砖或其他相关材料作样板，由管工按厂方指定份量，分配好适当的份量以后才交给工人去用。

### 16.1.3　清洁工程施工工序

施工期间、清洁的先后工序：泥水执栏先做好，内部粗清随着做，再做外墙的清洁，内部幼清最后做。

(1) 作业条件

首先抹灰工程要做好，瓷砖表面要平直，接缝不能凹凸不平，阴阳角要平直而且没有多出的水泥浆。特别是瓷砖缝要擦干净多余的水泥浆。

清洁工程插入时间要及时，太晚了，做的时候容易损坏已经安装好的建筑物，相反，如果太早，其他专业施工时，又会弄脏已经清洁的地方，因此要配合好。

(2) 清洁工序

1) 粗清

① 粗清要确保有足够清水。清洗到中途没水，会永久损害瓷砖表面的光泽。水嘴要安装稳当，别弄湿安装好的建筑物料。

② 清洁后的污水，要找地方排走，所以清洁前要先看一下有没有排水设备，否则清

洁剂会损坏下水管和其他材料。污水最好能够排到污水处理循环系统，处理后再作其他用。如果要清洁的地方没排水口，可以用挡水或是吸水的方法，例如各层走廊的电梯，就可以用沙包挡水。清洁过后水泥楼梯踏步板背面，如果出现黄色水渍，就要及时清洗。

③ 粗清用水较多，因此可以在清洁后装的建筑配件，尽量在粗清之后装。比如洗脸盆和浴盆的排水管塞、花洒头、管卡。有用胶纸作保护的，清洁以后要尽早拆除保护胶纸。

④ 如喉箍、窗边之类不能避免沾上清洁剂就要尽快用清水冲洗。

浴缸和面盆的电镀排水口，要先涂上碱油把它保护。清洁后马上用清水冲洗。

2) 外墙的清洁

① 清洁管工要先跟承建商商量好截水问题。

② 避开和不要留在需要清洁的外墙下面工作。

③ 在清洗之前，对外墙下面和周围要做好保护措施，比如已安装好在地面或平台、有盖行人通道、天窗、低层近窗子的厨柜和大理石窗台、外围花园的园林植物等。以免造成不必要的损失。如果窗口还未装玻璃，污水会很容易溅进屋里，所以应该用木板或胶板封好窗子，而厨柜、窗台板就要用胶纸保护好。

④ 不锈钢煤气罩就最好和煤气公司安排好洗完了以后再安装，别忘记用胶纸把套通封好。

⑤ 外墙的管、管卡，事前要用水把它沾湿，减低清洁剂所造成的腐蚀，或者用胶纸把喉箍封好。

⑥ 光井的位置，喉管多，空间又小，不易下手的位置，最好先清洁，然后才装喉管。清洁完后，进行检查。最后拆棚架之前，管工要全部再查一遍，再安排拆棚架。

3) 幼清工序

通常是先把疏忽了的地方全部修好，洁具和厨具等全部装妥，而单位的大门可以上锁，以防清洁。通常不会用大量清水清洗，而是用湿布将瓷砖，洁具，厨柜等内外抹干净，最后验收妥当。然后关门，以保护清洁好的部位。

4) 粗清、外墙清洁和幼清之外，还有其他的清洁，如停车场的清洁。

洗停车场一般先清扫一次，再用高压水枪去冲水泥面上或路坑内的污渍和水泥。如有墙，要在墙身上加保护挡板，以免溅污墙身，或冲掉墙身上的抹灰。冲洗时要将砂石垃圾冲在一起，装入手推车运走，不要冲到排水管造成淤塞。

5) 水缸是密闭场地，要受过训练和符合资格的工人才可以进入。

要有安全主任签发许可证才可以进去清洗。清洁剂也要经由工程师批准，对人体无害才可以用。

游泳池的清洁跟水缸一样，清洁完了要验收合格才可以放水。入伙(使用)之前也要再用清水洗，确保水质清澈卫生。

6) 天面(屋面)清洁工程

天面地面砖不可以用清洁剂去洗，因清洁剂会永久损害防水、隔热砖，要用啄锤铲清阶砖面的水泥砂浆、用清水洗去污渍。

7) 包装清洁工程

① 通常是指为新落成楼宇，在入住之前进行彻底清洁，将建筑后剩余的水泥渍灰渍、

油漆渍和尘埃彻底清除。做到全屋干干净净，小业主收楼之后不用再清洁就可以入住。一般工地都会在审批合格发使用证前做一次全面的一般清洁。工程完工以后，交楼之前，才做包装清洁。

②包装清洁所用的工具，包括：刀片、水桶、毛巾、毛掸子、油漆刷、吸尘机、铝梯、伸缩杆、水刮、百洁布、钻石砖。还有个人安全护理的设备：安全帽、口罩、安全鞋、胶手套、鞋套。

③做包装清洁，也先要做样板房，订下收货标准。在需要清洁的地方做好照明。工序开始之前，清洁管工先要全面检查有没有损坏的地方，如有，就贴纸做记号、通知有关人员。修好后，再开始做包装清洁。

④具体操作：先将大件的垃圾扫在一起放进垃圾袋，再用吸尘机清理。同时清理厕所厨房和厅房的窗子、玻璃、电掣、门、小五金、地脚线、地台等等。

清洁的顺序：先洗铝窗外面，再洗里面，由上到下，由室内扫出门外。包装清洁之后，再进入，就要穿上鞋套，避免刮花或是弄脏地板。

⑤清洁时要注意：放置清洁用具的地方都要加垫；如果铝梯没有胶垫，就要用毛巾包好梯脚；手攀不到的地方要用伸缩杆等类的辅助工具；如果在窗台位置做清洁，必须要用干净纸板保护好窗台板；铝窗窗框要用洗铝水洗、确保窗框内外和窗绞位里面不应有残余的水泥渍和污渍。

⑥清洁方法。

【厨房】　所有瓷砖墙身、地面、水龙头、橱柜内外要先用干湿布清理表面的灰尘污渍。不锈钢盆就要用钢膏清理。

碧丽石上面有刮痕就要找专业承造商修补打磨。不锈钢管子可以用省钢膏清理。镜子就用水洗干净，再用布擦干净。

排风扇、抽油烟机、电掣箱、插销位、灯掣位、门、门胶板和小五金等等，都要擦干净，多余的油漆要清理，修口要平整成一直线。

【浴室】　洗手盆的大理石表面就要用单面刀片和钢丝棉来清洁。再用清洗机打磨，最后在表面上蜡保护。做完清理后要将刀片处理掉，免得刮花装修。大理石台面的刮痕，与厨房处理方法一样。洗洁具要用清洁剂清洗，清洁座厕要注意座厕后面、排水口和厕所板。打胶部位如有黑点，可以用合适的药水清除霉菌。

木器部位，要先擦干净灰尘污渍，然后抹上家俬蜡水，可使木器更亮丽。

浴室的洁具、水龙头、镜子、瓷砖、地面、浴室柜子、排风扇、电灯掣、门、门胶板和小五金等等，清洁的方法就跟厨房的一样，用干湿布清洁表面的灰尘污渍。

【客、饭厅和房间】　污渍和油漆渍要彻底清除，电掣胶器要干净，修口要平整成一直线。木地板和墙脚可以用湿布去抹。

空调机要用干湿布擦走灰尘，并冲洗隔尘网。

完成包装清洁的楼宇，所有的铝窗、玻璃、木器、厨柜、门等等、周围都不能有灰尘。

会所的清洁跟楼宇的差不多。一般最少要清洗两次，安放家俬前后都要清洗一次。通常地毡会留到最后才清洁。健身器和儿童玩具要擦得干干净净，告示牌和门牌等等都要清洁好。

### 16.2　中国内地与中国香港的比较

内地与香港在清洁工程的整个过程包括一些如何擦洗的细节方面都有较大的差异。

16.2.1　香港

对于不同建筑及房屋的不同部位都有不同的清洗类型和不同的清洗方法，其工序也不同。

内地：在建筑物竣工后，要求承建商做竣工清理。竣工清理只要求将楼内垃圾和渣土清干净，门窗玻璃、瓷砖面、卫生洁具等擦干净，没有灰点，石材面打蜡上光。业主入住后，还需做彻底保洁，业主可以自己清洁，也可以请保洁公司来做。

16.2.2　在材料使用方面：

香港要求清洁剂的使用要通过工程师批准，对清洁剂要进行测试，还要做样板。

内地：没有这些要求。

16.2.3　在工序要求方面：

香港要求很细，不同清洗类型不同清洗方法都有不同的操作工序。

内地则没有。

# 第17集 电 气

大厦的电力供应，一般都是由电力公司的变电室或者供电熔断器传送到大厦总配电室的配电柜里，然后经由电缆或者封闭式母线槽(Busduct)连接到每层电表房的层配电箱里。层配电箱的电力再经过电缆线连接到住宅单元的配电箱里，最后通过电线接驳到每个电位。

在整幢大厦外部不能提供电力时，大厦里依靠自备的后备发电机提供用于紧急照明和消防等设施的电力。

## 17.1 香港电气工程施工工艺和质量控制的主要内容

### 17.1.1 施工图纸

整个安装工程一定要由注册的电气承包商聘请的专业电工来做。在施工之前，电气施工员必须要备齐顾问工程师最新批准的施工图纸，其中包括电气图纸、平面图纸、结构图纸、综合机电装置施工图纸以及施工章程，来制定一份"电力装置施工程序建议书"即"Proposed Method Statement"。

"电力装置施工程序建议书"中必须列明施工方法、材料种类、收货标准以及验收程序等等。

### 17.1.2 材料

在安装任何装置之前，所有的材料和配件都必须得到顾问工程师的批准。

材料运到工地上之后，电气施工员要将来料与批准的材料相互核对，检查后如果没有问题，就可以把材料分门别类的放好并加以适当的保护。

### 17.1.3 安装作业及使用的工具

整幢大厦做基础施工时，就是由暗敷电线管和接地并开始。

(1) 安装暗管

安装暗敷电线管时要注意以下事项：

1) 一般的暗敷电线管都是硬塑料管，不同的电压和紧急供电系统的电线管都要独立安装。

2) 在作业之前所有的接线盒都要用泡沫塑料和胶纸封好。

3) 敷设楼板中的线管前，首先要在楼板上标记出灯的位置和接线盒的位置，而且每个接线盒之间的距离必须短过 10m 并保持平直，然后再用钉和铁线将灯位和接线盒牢固的收紧在楼板上。

4) 之后用剪刀剪开塑料管，在剪开处打上胶水，再将塑料管套入接驳的位置。而在连接塑料管的时候，要用适当的配件。

5) 平行的塑料管之间，至少要有 20mm 的距离来注入混凝土。

6) 遇到伸缩缝的时候，伸缩缝两边要安装上具有伸缩功能的配件，或者用暗敷电线管转明敷电线管的方法来跨过伸缩缝。

7）楼板的电线管必须藏在楼板的钢筋之间，而且不可以超过两层，要有足够的混凝土遮盖，最好不做下弯管。

8）敷设墙身的电线管时要先量好开关和插座的位置，要注意墙身管与窗框和门框端口的距离。混凝土墙身的塑料管也要敷设在墙壁的钢筋之间。接线盒要用铁丝扎紧在钢筋上。

9）敷设砖墙外的塑料管要尽量垂直，其接线盒一定要用铁丝扎紧在钢筋上，以免贴砖时走位。

10）如果安装住宅单元配电箱处的墙壁厚度低于100mm，就要和瓦工师傅配合，注意做好暗管和接线盒的混凝土收口，以免以后抹墙灰的时候出现裂痕。

（2）安装接地井

接地井基本上可以分为供电系统的接地井和防雷系统的接地井。

供电系统接地井的做法：施工人员首先按照批准的图纸，在指定的位置划上记号，在此位置将铜棒打入地下。接着再量出接地极的阻抗值，如果阻抗值超过1欧姆，就要用标准的接驳配件将其接驳到另一支铜棒上，再打入地下。

或者在距离接地井不少于3.5m的位置打入另一支铜棒，两支铜棒之间要用镀锌铜带来连接并要用塑料套管加以保护，而且还要埋在至少600mm深的地下，直到阻抗值小于1欧姆为止。注意在铜带和铜棒之间，要有清晰的标签显示。

完成了供电系统接地井的工序之后，要用一根相当于25mm×3mm的镀锡铜带连接到将来的总配电室的总接地端子上。

防雷系统接地井的做法是一样的，只是阻抗值不能超过10Ω。

防雷系统接地井的接驳方法：首先选定适当尺寸的附加钢筋作为引下线，而且引下线必须垂直。每个连接部位都要焊接饱满，并且通过低电阻值来进行测试。接着再将接地端子收在接线盒里面，端尾穿过接线盒并接驳到之前的引下线上。

接线盒必须稳固地安装在钢筋板上面。接线盒和接地井之间要用穿有相当于25mm×3mm的铜带连接并用直径32mm的暗敷电线管加以保护。铜带的两端分别接驳到接地端子上和防雷接地井上。

（3）配电柜出厂前检验

当整幢楼建到一半的时候，就要做好变电室和总配电室，变电室要交由电力公司装上变压器，总配电室要装上配电柜。

配电柜在出厂前的检验有三个步骤：

第一步先进行试验。首先检查配电柜的安装是否符合测试证明书（Type-test certificate）的模式；接着再用有"校准证明书"的仪器来做测试，其中包括：欧姆表、高压交流试验变压器、直流高压试验器、相位表以及微阻计等等。先做机械测试（Mechanical Test）和功能测试（functional checks），检查继电器的转动是否流畅，接触面是否干净，玻璃面和胶圈之间的密封是否良好以及重置部分的运作是否正常；再检查各个开关是否存在问题；最后再检查所有的控制线路和指示灯操作，全部正常了才合格。

第二步使用欧姆表做绝缘测试（Insulation Test）。先测试铜母线和铜母线之间，以及铜母线对地面之间的阻值，这些阻值不能低于1兆欧；再进行高压测试，测试铜母线是否

1分钟可以承受由高压交流试验变压器所产生的 2 千伏特的电压；最后再进行绝缘测试，看看铜母线的阻值有没有改变。

第三步用一次性注入法进行测试（Primary Injection Trest）。先用直流试验器将适当的过载电流注入铜母线，看看供电总开关是否跳闸，以及线圈比数是否正常。再为继电器做第二次注入性测试（secondary Injection Test），看看断路的时间是否正常。最后检查互感器的位置，也就是 Polarity Test，以及铜母线接驳位的阻值（Ductor Test）是否低于 0.3 毫欧姆，上述检查全部合格，这台配电柜就可以接收。

（4）安装配电柜

在配电柜运到工地之前，先要检查摆放配电柜的地面、套管、电线沟以及承托配电柜的金属线槽是否已经按照图纸的规定完成。

在柜顶和梁底之间，必须要预留足够的高度来安装电缆托盘、线槽和封闭式母线槽，另外还要预留足够的维修空间。

供电总开关的位置一定要符合电力公司的要求。

当配电柜摆好以后，用螺栓、螺母和垫圈把它固定。配电柜安装完成之后，再按照出厂前检验的上述步骤做一次各项测试，确保配电柜正常运行。

安装配电柜的同时，还可以根据工地的进度，安装辅助等电位连接线（Equipotential bonding）、明敷电线管、线槽、电缆托盘和配电箱。

（5）安装辅助等电位连接线

安装辅助等电位连接线，就是将室内设施的金属部分、公共部位和楼梯扶手、机房等有可能导电的部分，连接到总等电位连接线或者保护地线，避免发生触电的可能性。

（6）安装明敷电线管

明敷电线管一般是镀锌钢管，第一步在墙壁上标记好接线盒和管卡的位置，然后装上接线盒和管卡。

管卡之间的距离不能超过 1.5m，弯曲的位置一定要有管卡，两个接线盒之间的电线管长度一定要短于 10m，并且不能多过两个直角弯曲。

第二步安装镀锌钢管。先用手锯将电线管锯成适当的长度，再在管子套丝绞板架上套丝，此时要注意管端螺纹不能超过 20mm，套丝后要用刮刀刮口。在弯管时要注意适当的度数；在安装时横管要平直，竖管要垂直。当遇到伸缩缝的时候，要用具有伸缩功能的配件加以连接。

第三步用管接头和锁扣将电线管接驳到接线盒或者配电箱上。

安装明敷电线管还要特别注意的是：尽量减少双弯或者跨越弯，这样就可以避免增加穿带线的麻烦；同时，安装明敷电线管一定要用适当的工具。

（7）安装电线槽及电缆托盘

安装电线槽及电缆托盘的工序：

第一步，根据已批核的图纸，在顶板墙壁上标记出吊杆的位置。

第二步，安装吊杆。吊杆的直径一定要和所载的负荷相吻合，吊杆与吊杆之间的距离不能超过 1.5m。

第三步，用鱼丝线吊好承托架的高低水平参考位。

第四步，安装线槽和电缆托盘。安装电线槽及电缆托盘的时候，连接口要加上连接板和镀锡铜片，而且要用圆头螺栓，并且螺栓头一定要收进电缆托盘里面，因为这样才不易损坏电线。同时尽量不要把螺栓头弯曲，如要弯曲也要用适当的配件，电缆托盘的断口处也要用接地线连接起来。

线槽应当口向上，或者横向安装，这样槽盖才不易脱落。如果是竖槽，里面应该有PVC绝缘铜带作附加承托。在穿墙或穿楼板的位置要填好防火材料。

(8) 安装配电箱

配电箱的位置通常安装在进机房入口的侧边墙上，离地600mm以上，而且不能靠近所有带水管道。

安装之前，先将墙壁处有配电箱、线槽、电线管的地方标记出来，检查所需要的空间是否足够。

所需空间足够时，将配电箱平直的安装在墙身上面。在配电箱、线槽和电线管之间，要用管接头和锁口连接。当线槽经过线坑时要用不少于6mm的绝缘板垫好。

待整幢大厦结构封顶的时候，线管、线槽、电缆托盘也安装完毕，就可以安装封闭式母线槽、等电位连接线、保护线以及电缆了。

(9) 安装封闭式母线槽

搬运封闭式母线槽时要特别小心，不能够在地上拖着走，因为这样很容易损坏它的外壳和内部的构造。

安装前，先用固定的鱼丝线做好垂直或高低的水平参考，再依照制造商的指示，安装好支撑架。

在安装接口之前，接触面必须保持干净，最重要的还要做好绝缘测试。然后再把封闭式母线槽稳固地安装上去。整条组合好的封闭式母线槽，一定要平直，然后再用力矩扳手，根据制造商的指引，收紧螺栓。遇到伸缩缝时，要安装好伸缩配件。

在编排插入式接线箱时，周围一定要有足够的维修空间。封闭式母线槽不能靠近或者横跨在任何水管之下。

最后，在封闭式母线槽穿过墙和楼板的空隙处填满防火材料。

要特别注意在安装期间，接驳好的封闭式母线槽要做好保护，避免水或沙尘积聚于接驳位而导致日后发生问题。

(10) 安装总等电位接地线

安装总等电位连接线这个工序就是把其他的系统，例如：消防、给水管、煤气总管、用户配电箱、避雷系统等能导电的部分连接起来并形成一个等电位地带。而且接地线的横截面积一定要符合供电的条例。

(11) 安装回路保护接地线

回路保护线，可以是独立的铜带或者电缆钢丝、线槽以及镀锌电线钢管。至于塑料管和软管就要安装独立的回路保护线。

回路保护线和等电位连接线都要连接到接地线上。而接地线通常都是镀锡铜带，而且还要用铜带卡平直地安装在墙面上，卡和卡之间不能超过1m。

(12) 安装电缆和电线

这个步骤又叫放线，所指的分别是电缆托盘和线卡上的明线，线槽和电线管的暗线，以及铺设在电缆沟和套管里的地缆。

铺设电缆的时候，电缆应该从缆盘上端引出，而且要避免电缆在支架上和地面上的摩擦拖拉，而电缆的切口处要用绝缘胶纸封好以便防潮。

放明线的时候，电缆托盘上面要铺设足够的滚筒，千万不能将电缆在电缆托盘上拖着走！电缆弯曲的半径不能小于整根电缆直径的 8 倍。铺设好的电缆，要将其扎紧在电缆托盘或者线卡上，每组扎带或者线卡之间的距离不能超过 1m，每一组电缆之间还要留有适当的距离。

当电缆要穿过墙或者楼板时，必须从预留的套管中穿过，电缆与套管之间的空隙要用防火材料封好。

暗线通常都是用较细的 BV 电线，在穿线和放线之前，应该在电线管或槽内先放一根引线，用引线带暗线穿过电线管或槽。

所穿电线的数量要遵照"电线线路规例"的指引来完成。

槽里面的电线要扎放整齐，不同电压和紧急供电系统的电线，要分别安装在不同的线槽和线管里。

埋在地下的电缆，必须采用电缆井和 PVC 套管来铺设，而埋在车道下面的电缆要用镀锌钢套管。电缆井之间的距离不能超过 10m，在改变方向的位置一定要有电缆井，PVC 套管埋在地下至少 900mm 深。套管的内径不能少于电缆外径的 1.5 倍。

(13) 电缆与配电柜的接驳

放完线后就可以接线！电缆与配电柜接驳时，要用的工具包括：油压式压线帽压力钳、压线帽压力钳、套筒扳手、油压式剪刀、手锯、高温胶布等等。接驳前，要在配电柜的顶部和底部的线头金属板上画上适当的线头尺寸，工作过程中注意两点：①磁化的线头金属板不能用来接驳单芯电缆；②线条与线条之间要留有足够的距离，用于收紧电缆。

之后，把电缆剪到所需要的长度。剪电缆的时候，要尽量避免金属屑和污物进入电缆里面。

注意，线头金属板上的电缆不能相互交错，电缆外层的钢丝一定要收紧在线头里面，而线头也要收紧在金属板上，最后再用 PVC 套管覆盖好。

压线帽要和铜芯适配，不同粗细的电缆，应该分别用适当的压线帽或者是压力钳，把压线帽和铜芯连接在一起。

接线端子的外部要用高温绝缘胶布包好，这些胶布的颜色要对应相关位置。所对应的不同位置的接线端子之间要有足够的距离，接线端子要用垫圈和弹簧垫圈收紧在铜母线上，两边的螺栓空位大小要一样，螺栓凸出螺母至少两扣螺栓纹。

离开现场前要把所有垃圾清理干净，避免发生意外。

下一步的工作是安装插座，开关、住宅单元的电线和灯饰。

(14) 安装开关

安装开关插座前要清理干净接线盒，接线盒里留用的线头长度要适当，保证最终能把面板收紧在接线盒上。

在插座和开关上的端子上所接的电线不能超过两根。如果是带熔丝的接线座，还必须检查所装的熔丝是否正确。

(15) 安装住宅单元配电箱

在安装住宅单元的配电箱之前，首先要检查线尾，除了不能太短之外，还必须整齐。

电箱要安装平直，箱底的开孔位要有胶边。

接地线电线端子和中性线电线端子要分开；断路器要扣紧在电箱底座上，断路器之间要用镀锡铜母线连接，除了环形电路可以插入两根电线之外，其他的每个断路器、中性线电线端子和接地线电线端子都只能接 1 根电线。

每根相线和中性线都要有适当的电线标签，断路器也要有标签。最后再用胶片将备用端子的位置封好。

装好之后用有"校准证明书"的仪器测试每一根线路的绝缘电阻值、回路阻抗值，以及漏电断路器是否正常，环形电路是否连续。

(16) 灯饰安装

灯饰安装包括壁灯、顶棚灯以及园艺灯等等。

在安装墙壁灯、吸顶灯和裙脚灯之前，要先量好安装的位置。接驳到灯具里面的电线必须用防热胶管加以保护。

用膨胀螺栓和垫圈将灯具底座安装在墙壁或顶棚板上。

电源线和灯线，要用符合规格的电线端子连接，最后收进灯罩里。

为安全起见，灯具在吊顶上安装的时候必须有独立的承托架，不能直接挂在吊顶架上。

穿线软管要符合规格，长度不能超过 1m，并且要用软管铜接头收紧在接线盒和灯具上面。所安装的灯具如果要用变压器，要求每个变压器都要有独立的变电箱，收好并且加以承托。

园艺灯具的连接最好用钢丝铠装电缆，灯具的底座和墙壁之间要用胶垫和胶水密封住，灯杆要安装在有不锈钢螺栓的基础上，而这种基础的尺寸必须得到顾问工程师的批准。

(17) 安装发电机

提供后备电源的发电机的供电总开关必须采用四极，发电机组应该用符合规格的避震装置收紧在机座或者基础上。收紧基础螺栓时，要用专用的曲形扳手。在散热器和排风管之间，要提供避震式的接驳，即软接头。排气管必须用避震弹簧管卡做独立的承托。

排气管上面要漆上高温漆，然后再包上隔热材料，使排气管经隔热以后表面温度不超过 40℃。最后再加上金属外壳。室外排气管的位置必须符合环保条例的要求，而在它的底部，要接上一条 32mm 的排水管。

值得注意的是，蓄电池必须用独立的支架加以承托。

(18) 安装燃油箱

安装完发电机后再安装燃油箱。油箱室里面的所有电气设施都必须是防爆装置。首先标记出油管的位置。管卡之间的距离不能超过 1m，管和管卡上面都要漆上保护漆，油管沟必须填满砂并用铁板盖好。

气管必须伸出室外，管顶要离地 3.7m 高，同时要加装防烟罩。油箱和其他金属的表面都要接驳接地线。

安装工作完成后，还要经过消防处验收。验收合格后再进行发电机的测试。

(19) 安装防雷系统

当整个建筑做好屋面水箱之后，就可以做剩下的防雷系统。在天台的女儿墙顶上装上

25mm×3mm 的镀锡铜带，铜带卡的安装间隔不能超过 1m。

把铜带互相连接而形成一条防雷网，再把它与引下线连接。需要注意的是，任何装置都不能压住铜带。

避雷针和屋面上的所有金属导体都要与防雷网连接。防雷系统安装完成后，要进行电阻值的测试。

注意：重要的是，每一个参与的单位和每一个人都要忠诚合作，质量才能有所保证和进步。

### 17.2 中国内地与香港的差异

电气安装工程是一个分部工程，其中划分了很多分项工程，优质工序中 1.3 安装作业及使用的工具这一小节中的各项均属于分项工程，而各分项工程中包含着不同的工序。各工序都有相关的具体要求。限于篇幅，本节中只能摘要列出，详细内容请见参考文件。

施工现场不做配电柜出厂前检验，只做配电柜进场检验。但在安装配电柜后要进行绝缘和接地检查。

安装辅助等电位连接线和安装总等电位接地线属于建筑物等电位联结分项工程。安装接地井称为安装接地体。

#### 17.2.1 图纸与方案

（1）相关规定

设计单位出具的施工图纸由国家批准的具有审批资质的单位进行审批。

由所具有的施工资质能够承担在施工程规模的电气承包商向现场监理工程师申报"电气施工方案"。

电气承包商还应当向监理工程师提交施工人员已具备相关作业能力的资质文件。

"电气施工方案"经过监理工程师审批后方能实施。

（2）材料和材料报验

主要设备、材料、成品和半成品进场检验结论应有记录，经监理工程师确认符合《建筑电气工程施工质量验收规范》GB 50303—2002 规定，才能在施工中使用。

1）材料运到工地，电气承包商检验后，还要填写进场材料报验表，附来料的质量证明文件，报监理工程师复验。

2）依法定程序批准进入市场的新电气设备、器具和材料，还要具备安装、使用、维修和试验要求等技术文件。

3）进口电气设备、器具和材料要附有商检证明和中文的质量合格证明文件、规格、型号、性能检测报告以及中文的安装、使用、维修和试验要求等技术文件。

#### 17.2.2 安装作业及使用的工具

（1）安装暗管

1）暗敷电线管可以是绝缘导管，也可以是钢导管，暗敷钢导管还有许多相关规定。

2）绝缘导管及配件不碎裂，表面有阻燃标记和制造厂标。

3）管路的直线段长度超过 15m，或直角弯有 3 个且长度超过 8m，均应在中途装设接线盒。

4）在楼板的上下层钢筋间敷设的管路，在空间允许的条件下，不限制只可以敷设两层。需要时管子可以弯曲，管子最小弯曲半径应≥6D，弯扁度≤0.1D(D 为管外径)。

5) 局部剔槽敷管要加以固定，并用强度等级不小于 M10 水泥砂浆抹面保护，保护层厚度大于 15mm。

6) 在加气混凝土板内剔槽敷管时，只允许沿板缝剔槽，不允许剔横槽及剔断钢筋，剔槽的宽度不得大于 1.5 倍管外径。

(2) 安装接地体

1) 人工接地装置或利用建筑物基础钢筋的接地装置必须在地面以上按设计要求位置设测试点。

2) 测试接地装置的接地电阻值必须符合设计要求。

3) 接地极使用圆钢、角钢及钢管，间距不小于 5m。接地体的规格、尺寸有相应规定。

4) 接地体的安装分为人工接地体安装、自然基础接地体安装和接地模块安装。每一种安装都有相关的工序要求。

(3) 配电柜进场检验

1) 设备开箱检查

设备开箱检查由安装施工单位执行，供货单位、建设单位参加，并做好检查记录。

2) 检验项目

① 查验合格证和随带技术文件，实行生产许可证和安全认证制度的产品，有许可证编号和安全认证标志。不间断电源柜有出厂试验记录。

② 按设计图纸、设备清单核对设备件数。按设备装箱单核对设备本体及附件，备件的规格、型号。

③ 外观检查：有铭牌，柜内电气装置及元器件齐全、无损坏丢失、接线无脱落脱焊，蓄电池柜内电池壳体无碎裂、漏液，充油、充气设备无泄漏，涂层完整，无明显碰撞凹陷。

④ 高压成套配电柜的继电保护元器件、逻辑元件、变送器和控制用计算机等单体校验合格，整组试验动作正确，整定参数符合设计要求。

(4) 安装配电柜

1) 柜、屏、台、箱、盘间线路的线间和线对地间绝缘电阻值，馈电线路必须大于 0.5MΩ；二次回路必须大于 1MΩ。

2) 柜、屏、台、箱、盘间二次回路交流工频耐压试验，当绝缘电阻值大于 10MΩ 时，用 2500V 兆欧表摇测 1 分钟，应无闪络击穿现象；当绝缘电阻值在 1～10MΩ 时，做 1000V 交流工频耐压试验，时间 1 分钟，应无闪络击穿现象。

3) 直流屏试验，应将屏内电子器件从线路上退出，检测主回路线间和线对地间绝缘电阻值应大于 0.5MΩ，直流屏所附蓄电池组的充、放电应符合产品技术文件要求；整流器的控制调整和输出特性试验应符合产品技术文件要求。

(5) 支路等电位连接

1) 材料要求

支路连接线的截面积有规定：铜线截面 6mm²；钢线截面 16mm²。

2) 安装要求

① 支路等电位连接线之间不应串联连接。

② 需等电位连接的高级装修金属部件或零件，应有专用接地螺栓与等电位联结支线连接，且有标识；连接处螺帽紧固，防松零件齐全。

③ 由局部等电位箱派出的支线，一般采用绝缘导管内穿多股软铜线做法。

(6) 安装明敷电线管

1) 明敷电线管可以使用阻燃型绝缘导管。

① 阻燃型绝缘导管附件与明配绝缘制品，如各种灯头盒、开关盒、插座盒、管箍、粘合剂等，应使用配套的阻燃绝缘制品。

② 管路水平敷设时，高度应不低于 2000mm；垂直敷设时，不低于 1500mm；1500mm 以下应加金属保护管。

③ 管路敷设长度超过规定距离，应加接线盒。

④ 配线导管与其他管道间最小距离达不到规定要求时，要采取相应保护措施。

⑤ 不得在高温和易受机械损伤的场所敷设。

2) 金属的导管必须接地或接零可靠，并符合下列规定：

① 镀锌的钢导管、可挠性导管不得熔焊跨接接地线，以专用接地卡跨接的两卡间连线为铜芯软导线，截面积不小于 $4mm^2$。

② 当非镀锌钢导管采用螺纹连接时，连接处的两端焊跨接接地线；当镀锌钢导管采用螺纹连接时，连接处的两端用专用接地卡固定跨接接地线。

3) 金属导管严禁对口熔焊连接；镀锌和壁厚小于等于 2mm 的钢导管不得套管熔焊连接。

4) 在终端、弯头中点或柜、台、箱、盘等边缘的距离 150～500mm 范围内设有管卡，中间直线段管卡间的最大距离随管径不同而有相关规定。

(7) 安装电线槽及电缆托盘

1) 材料要求

金属线槽、桥架及其附件应采用经过镀锌处理的定型产品。

2) 作业条件

竖井内顶棚和墙面的喷浆、油漆等完成后，方可进行线槽、桥架敷设。

3) 安装要求

① 固定支点间距一般不应大于 1.5～3m，垂直安装的支架间距不大于 2m。在进出接线盒、箱、拐角、转弯和变形缝两端及丁字接头的三端 500mm 以内应设支持点。

② 支架与吊架距离上层楼板和侧墙面不应小于 150～200mm；距地面不应低于 100～150mm。

③ 线槽、桥架在建筑物变形缝处，应有补偿装置。钢制电缆桥架超过 30m 设伸缩节。

(8) 安装配电箱

1) 材料要求

① 金属配电箱(盘)的二层底板厚度不小于 1.5mm，不得用阻燃型塑料板做二层底板。

② 阻燃型塑料配电箱(盘)绝缘二层底板厚度不小于 8mm。

2）安装要求

① 配电箱安装时底口距地一般为 1.5m。在同一建筑物内，同类盘的高度应一致，允许偏差为 10mm。

② 金属配电箱（盘）带有器具的门均应有明显可靠的裸软铜线接地。

③ 当设计无要求时，当 PE 线所用材质与相线相同时，应按热稳定要求选择截面，截面尺寸有具体规定。

④ 配电箱（盘）安装应牢固、平直，其垂直允许偏差为 1.5‰。

⑤ 箱（盘）内开关动作灵活可靠，带有漏电保护的回路，漏电保护装置动作电流不大于 30mA（毫安），动作时间不大于 0.1 秒。

⑥ 明箱（盘）内，分别设置零线（N）和保护地线（PE 线）汇流排，零线和保护地线经汇流排配出。压线点应使用内六角螺丝。

（9）安装封闭式母线槽

参考（7）安装电线槽及电缆托盘。

（10）安装总等电位接地线

1）材料要求

用 25mm×4mm 镀锌扁钢或 φ12mm 镀锌圆钢作为等电位联结的总干线。

2）安装要求

① 用作等电位联结的总干线或总等电位箱应有不少于 2 处与接地装置（接地体（极））直接联结。

② 将总干线引至总接线箱，箱体与总干线应连接一体，箱中的接线端子排宜为铜质，截面积按具体要求。铜排与镀锌扁钢搭接处，铜排应涮锡，搭接倍数不小于 2 倍扁钢宽度。亦可在总干线镀锌扁钢上直接打孔，作为接线端子，但必须涮锡，螺栓用 M10 型，附件齐全。接线箱应有箱盖（门），并有标识。

③ 等电位联结干线引至局部等电位箱，做法同上，连接螺栓可用 M8 型。

（11）安装回路保护接地线

（12）安装电缆和电线

1）桥架内电缆敷设

① 电缆出入电缆沟、竖井、建筑物、柜（盘）、台处以及管子管口处等做密封处理。

② 水平敷设的电缆，首尾两端、转弯两侧及每隔 5～10m 处设固定点；敷设于垂直桥架内的电缆固定点间距，随电缆种类不同而有具体规定。

③ 大于 45°倾斜敷设的电缆每隔 2m 处设固定点。

④ 电缆的首端、末端和分支处应设标志牌。

2）电缆沟和竖井内电缆敷设

① 垂直敷设或大于 45°倾斜敷设的电缆在每个支架上固定。

② 交流单芯电缆或分相后的每相电缆固定用的夹具和支架，不形成闭合铁磁回路。

③ 敷设电缆的电缆沟和竖井，按设计要求位置，有防火隔墙措施。

④ 电缆的首端、末端和分支处应设标志牌。

3）电线、电缆穿管和线槽敷设

① 电线在线槽内有一定余量。电线按回路编号分段绑扎，绑扎点间距不应大于 2m。

② 同一电源的不同回路无抗干扰要求的线路可敷设于同一线槽内；敷设于同一线槽内有抗干扰要求的线路用隔板隔离，或采用屏蔽电线且屏蔽护套一端接地。

③ 当采用多相供电时，同一建筑物、构筑物的电线绝缘层颜色选择应一致，既保护地线(PE 线)应是黄绿相间色，零线用淡蓝色；相线用：A 相——黄色、B 相——绿色、C 相——红色。

④ 不同回路、不同电压等级和交流与直流的电线，不应穿于同一导管内；同一交流回路的电线应穿于同一金属导管内，且管内、槽内、桥架内的电线、电缆不得有接头。

⑤ 三相或单相的交流单芯电缆，不得单独穿于钢导管内。

4) 电缆的最小允许弯曲半径，随电缆的种类不同而有不同的具体规定，但都在电缆外径的 10 倍或以上。

5) 下述在优质工序中的要求值得借鉴，很少有施工队伍采用这种方法，工艺规程上也无此规定：

放明线的时候，电缆托盘上面要铺设足够的滚筒，千万不能将电缆在电缆托盘上拖着走。

(13) 电缆与配电柜的接驳

1) 电缆芯线与电气设备的连接规定：

① 截面积在 $10mm^2$ 及以下的单股铜芯线和单股铝芯线直接与设备、器具的端子连接。

② 截面积在 $2.5mm^2$ 及以下的多股铜芯线拧紧搪锡或接续端子后与设备、器具的端子连接。

③ 截面积在 $2.5mm^2$ 及以下的多股铜芯线，除设备自带插接式端子外，接续端子后与设备或器具的端子连接；多股铜芯线与插接式端子连接前，端部拧紧搪锡。

④ 多股铝芯线接续端子后与设备、器具的端子连接。

2) 控制线连接：

控制线校线后，将每根芯线煨成圆圈，用镀锌螺丝、平垫圈、弹簧垫连接在每个端子板上。端子板每侧一般一个端子压一根线，最多不能超过两根，并且两根线间加平垫圈。多股线应涮锡，不准有断股，不留毛刺。

(14) 安装开关插座

1) 一般规定

① 安装开关接线时，应注意把护口带好。

② 暗装开关盒子深度超过 20～25mm 时，要补装套盒。

③ 相线应经开关控制。

④ 单相两孔插座：横装时，面对插座的右孔接相线，左孔接零线；竖装时，面对插座的上孔接相线，下孔接零线。

⑤ 单相三孔及三相四孔的接地或接零线均应在上方，插座的接地端子不与零线端子连接，同一场所的三相插座接线的相序一致。

⑥ 暗装开关的面板应紧贴墙面，四周无缝隙，安装牢固，表面光滑整洁，无碎裂、划伤，装饰帽齐全。

⑦ 开关位置应与控制灯位相对应，同场所内开关方向应一致。

2) 允许偏差

① 明装开关、插座的底板和暗装开关、插座的面板并列安装时，开关、插座的高度差允许为 0.5mm。

② 同一场所的高度差为 5mm。

③ 面板的垂直允许偏差 0.5mm。

(15) 安装住宅单元配电箱

与安装公共配电箱的规定一致。参见(8)。

(16) 灯饰安装

1) 不同形式的灯具安装有不同的具体要求。

2) 安全方面的规定

① 3kg 以上的灯具，必须预埋吊钩或螺栓，预埋件按设计要求做 2 倍于负荷重量的过载试验。

② 低于 2.4m 以下的金属外壳部分应有专用接地螺栓，做好接地或接零保护，且有标识。

(17) 安装发电机

1) 工作内容

安装柴油发电机还包含排烟系统、通风系统、排风系统、冷却水系统的安装和蓄电池充电检查等项工作内容。各项工作均有相关规定。

2) 安全规定

① 柴油发电机馈电线路连接后，两端的相序必须与原供电系统的相序一致。

② 发电机中性线(工作零线)应与接地干线直接连接，螺栓防松零件齐全，且有标识。

③ 发电机本体和机械部分的可接近裸露导体应接地(PE)或接零(PEN)可靠，且有标识。

④ 柴油发电机组对人体有危险的部位必须张贴危险标志。

(18) 安装燃油箱

(19) 安装防雷系统

避雷线如用扁钢，截面不得小于 48mm$^2$；如用圆钢直径不得小于 8mm。支持件水平间距 0.5~1.5m，垂直间距 1.5~3m，转弯部分 0.3~0.5m。

# 第18集 地　面

## 18.1　香港地面工程施工工艺和质量控制主要内容

### 18.1.1　铺浇地面的功能

铺浇地面的作用是将混凝土地面做到平顺，同时还要起到装饰和美化外观的作用。铺地面的工序主要可以分为水泥砂浆地面、洗水地面和水磨石地面等，不过无论做哪一种都好，它的材料的混合比例都一定要符合规定的要求。

### 18.1.2　施工准备工作

（1）地面材料和材料验收

1）铺地面材料主要有：河砂、水泥、颜色粉、各种分隔条、钢丝网、各种颜色与大小的石头和鹅卵石，以及细小的石粒；而施工用水就要用政府供应的自来水或者是经工程师批准的其他水源。

2）所用材料一定要有"出厂合格证"，证明材料全部符合标准。而水泥和颜色粉就更加要注意它的有效日期，过期的不能使用。

3）材料的搬运要小心，不能弄破材料的包装袋。还要将其储存在垫高有盖、干爽、并且平坦坚固的地面上，再加上适当的保护。尤其是水泥和颜色粉，一定不能够受潮。而所有的材料都一定要经工程师批准后才能使用。

（2）熟悉施工图纸和制订铺地面施工程序建议书

1）施工单位应参照图纸和施工章程来制定一份"铺地面施工程序建议书"，上面要注明施工方法，验货标准以及验收程序，再经工程师批准以后就可以施工。

2）做各种铺浇地面的样板并且给工程师批准。

3）承包商还必须预先检查有关的最新图纸，例如建筑图纸，用料表和大样图以及其他图纸，这些图纸是否互相配合，如果发现有什么不妥的地方，就要通知工程师修改，直到得到工程师的批准之后才可以开工。

4）参照图纸和施工章程来确定所铺地面的位置。

（3）施工工具

施工之前还必须检查好所用的工具是否正常。包括：铲、泥斗、各种灰勺、内圆线勺、外圆线勺、水管、约1.5m长的压尺、木斗量器、麻线、拉尺、水平尺、锯子、锤子、小长柄扫、棕毛刷、竹丝扫把、棕榈扫、木磨板、电动手提磨机、电动水磨机、电动切割机、粗细磨砂纸、粗细磨沙石、海绵、磅称以及筛斗等等。

### 18.1.3　水泥砂浆铺地面

在施工前最重要的是将所有的门框和排水位都要做好适当的保护，不然水泥浆就很容易流到排水位处，造成堵塞。

（1）用水泥砂浆铺地面的工序

1) 首先一定要铲干净混凝土面并且清洗干净。

2) 按照墨线，拉线出中间至中间距离约 1.5m 的砂浆凸条。

3) 还要经工地项目经理和工程监督员联合验收，符合标准之后，才可以铺地面。

（2）在铺之前，要先洒水和在混凝土面洒上一层经工程师批准的白胶浆或者是高浓度的水泥砂浆，目的是用来加强混凝土面和砂浆之间的粘贴力。

（3）对于所铺的厚度没有超过 40mm，就只需用 1 份水泥 3 份砂的混合比例就行了。调准份量之后，就可以用机器进行搅拌，或者用手搅拌，先干性搅拌至少 2 次，然后再湿拌也至少 2 次，直至均匀，准备好之后就可以铺了。

（4）铺好之后，就用长条直尺，以凸条为基准将地面压平，进行横竖十字形压地面。直至水稍微沉淀之后，再用直尺压地面，接着清理干净墙脚和门框脚。等到砂浆开始凝固就可以做粗糙面的工序，用木板将其拉平拉顺。如果做磨面工序要做第一轮磨面，要用灰勺拉平拉顺，再等到适当凝固就可以做第二轮磨面，直到平顺无灰勺印；总之一定要符合工程师批核的样板要求，光滑的光滑，粗糙面的粗糙面。

（5）到了第二天，就要向地面洒水进行养护，等过了 7 天的养护期之后，在做地板工程之前，就要进行联合验收，检查完成的水平面是否符合工程师批准的样板要求。

（6）如果发现有裂缝、空鼓以及不合规格，就要立刻修补处理，然后再次验收直到符合规格之后才能进行地面上的其他工程。

要防止水泥地面出现裂缝，应注意两点，第一是在铺水泥地面前，一定要将混凝土板的表层清理干净，并洒水湿润基层；第二在铺水泥地面前先刷一层水泥浆，铺水泥地面过程中要适当掌握水泥浆干湿程度，用压尺执面最少两次。

18.1.4 楼梯水泥砂浆铺浇地面工序

（1）做阶梯阳角瓷砖或者是嵌金钢砂条之前的准备工作、验收、材料混合比例和配料基本上就和地面泥砂抹灰工序一样。而在施工之前，同样要先刷一层浓水泥浆或者是工程师批准的白胶浆。

（2）再用直尺按墙身梯级墨线定出梯级面，定出几级梯级面，工人就要再用直尺按墙身梯级墨线定出楼梯级侧面。当整幅楼梯的抹灰都做好之后，就可以由级顶到级尾实时拉出十字线，并且用直尺铺上阶梯阳角瓷砖。

（3）阶梯阳角瓦砖底和阶梯阳角瓷砖与阶梯阳角瓷砖之间一定要填满水泥浆，并且还要实时清理掉阶梯阳角瓷砖表面上的水泥浆以及墙脚处的污垢。到了第二天，就可以铺水泥砂浆阶梯阳角和平面，在铺之前要抹上水泥浆。每当做好一级之后，就要实时清理好阶梯阳角瓷砖和墙脚。另外，楼梯平面的找平和水泥砂浆地面的找平工序大致一样。当楼梯找平完成之后，就要实时收拾场地、装好围栏加以保护并贴上告示牌。

18.1.5 楼梯级嵌做金钢砂条防滑工序

（1）至于楼梯级嵌做金钢砂条以利防滑工序，其准备工作和楼梯级的工序大致相同。不过每当抹好几级之后，就可以立刻根据金钢砂防滑条大样图纸的尺寸，先将水泥砂浆挖槽，再把木条留在槽内。接着就要用抹子将水泥砂浆面同木条面扫平直至指定水平。等到水泥砂浆地面干硬之后，才可以拿走木条并把金钢砂条铺在凹槽里，在铺之前一定要先刷上水泥砂浆。

（2）材料的混合比例是一份金钢砂和一份水泥，搅拌均匀之后要用外圆线勺把金钢砂抽成半圆形，在金钢砂凝固之前，就要用小长柄刷将表面的水泥浆扫走，直到露出金钢砂防滑条为止。而金钢砂防滑条完成面一定要符合工程师批准的样板；等到凝固之后，还要洒水来养护。

### 18.1.6　室外楼梯

室外楼梯就要做斜坡和两边要做浅渠，当楼梯面有水的时候，水就会经过两边的浅渠流向排水位处。

### 18.1.7　停车场混凝土地面

停车场地面的完成面有两种完成的方法。

（1）当地面用混凝土填满和用混凝土振捣机振透后，就要根据楼面水平将混凝土面扫平，并用雷射水平仪和接收器对刚注入完的混凝土地面做复核，应根据接收器的指示用直尺将混凝土面全面扫平直到指定的水平。

（2）混凝土适当的凝固后，要用工程师批准的硬化剂均匀的铺在地面上，并且用电动地面磨机全面做第一轮磨面工序。等到有适当凝固，就可以再次铺上硬化剂，随即做第二轮磨面，之后做第一轮抹面工序。如果要做滑面效果，要等第一轮抹面适当凝固，就可以做第二轮抹面工序，出来的效果就是滑面。

（3）做扫面效果，要等到第一轮抹面有适当凝固之后，用钢丝扫把或竹扫把将地面顺纹路扫，其纹路方向要根据图纸指定来做，还有纹路深浅要符合工程师批准的样板。当扫面或滑面工序完成以后，接着要做养护，要用喷壶将批核的养护剂均匀喷在地面上，然后做保护栏。等到养护期完成后，就可以扫走地面上的泥屑。做好的抹光地面要没有积水。

（4）细小石粒地面的做法

1）首先就要按照图纸和施工章程分块来铺地面，地面一定要有分块墨线和斜水墨线。至于地面的厚度就要在 50mm 以上，还要有足够的斜水以免有藏水情况。而搅拌材料的份量是 2 份水泥，3 份砂再加 6 份细小石粒，在铺细小石粒地面之前，要预先做好浅渠样，然后在浅渠样与分块地面之间，装上蔗渣板留到以后做伸缩缝。

2）在铺之前地面要先洒水，使它湿润，然后将水泥粉均匀的洒在地面，接着用扫把将水泥全面扫均匀，洒上浓水泥砂浆，再铺底部的细小石粒，铺上工程师批准的铁丝网，把它压实，铁丝网要有足够连接。当铁丝网铺好之后，就可以再铺上面的细小石粒。

3）要按水平墨线拉线做软灰饼，再用压尺按灰饼全面扫平，等到有适当的收缩，就可以做磨面、滑面以及扫面的效果和最后的养护，这些与混凝土楼面抹光工序是一样。

### 18.1.8　水洗地面工序

（1）水洗地面工序，一般有水洗石头和水洗鹅卵石，要分两层完成。

（2）搅拌色粉要按工程师批准的样板的成分比例去混合，还一定要用筛斗筛好，同时要有足够的份量备用，为避免有色差，不同颜色的石头都要搅拌均匀装袋备用。而鹅卵石，除了要洗干净之外，还应该检查好它的大小，太大和太小都要拿走，不然到时就会和预计的软垫厚度不配合，铺出来就会不平。

（3）无论是水洗石或者鹅卵石的地面，都要先做一个尺寸大约是 300mm×300mm 的样板，经工程师批核后才可以大量下料开工。

（4）在施工地面位置铺底层水泥砂浆之前，要进行联合验收，检查混凝土面是不是符合规格、按照墨线设计的铺砌面要有足够的斜坡，同时还要检查分隔线等等。

（5）检查满足要求后，就可以按照斜坡墨线做好凸条和灰条，再按照图纸的要求安装分隔条。如果有伸缩缝的话，就要安装金属铝角来做分隔条，而金属铝片就要在做水泥浆地面之前安装好。这道工序和用水泥砂浆铺地面的工序差不多，1 份水泥 3 份砂，厚度大约是 10～40mm。如果要做分隔线的话，就要在抹完底层之后，用割机割断底层，然后用水冲洗断口，接着安装好木条。做好水泥浆打底之后就要适当的保护，不能被人弄脏。养护 7 天后，应进行检查。其验收程序和用水泥浆铺地面差不多，检查已做好的水平面和斜坡是否符合规格，同时做好斜坡的测试，如果不藏水，就可以接着做水洗地面的工序。

### 18.1.9 水洗石子地面工序

（1）它主要分地面和围基两部分，但是无论是做哪一部分，在施工前都一定要先洒足够的水，做的当天再次洒水，并冲洗干净。

（2）先铺好围基，后做地面石米。一般 5mm 以下的石米面，将事先准备好的石米和色粉以 1∶1 的比例混合，干性搅拌至少 2 次，然后湿性搅拌也是至少 2 次，直至均匀，接着向基层洒水，之后就可以全面抹灰浆。

（3）接着就可以铺石米，做完后用直尺压平，并用灰勺拉平拉顺到接口处，完成初步的铺面。至于铺地面，应先把地面水印扫干净，然后再用相同颜色的水泥浆扫施工位，或者是铺上一层薄灰浆，但一定要洒均匀并洒满。

（4）抹石米和抹围基一样，要将预先准备好的石米均匀的分铺在水泥浆面上，然后用直尺压平，推直边角，等未干透之前，再用抹子拉平、拉顺并收口。

（5）当用手掌测试抹好的围基和地面时，感觉它的凝固程度是适当的，就可以开始做第一轮抹面的工序。

1）抹面工序也是要先做围基，后做地面。而围基首先就要用直尺压直围基顶角，然后按设计的要求用直尺拍顺压直顶角，最后再用内圆线勺拉顺拉直顺脚。

2）在做地面时，灰勺一定要用得有规律，同时要有方向次序。

3）要在地面上放好脚踏板之后才能踩上去。

4）另外还要尽量长尽量宽的拉平顺，如有需要还可以洒水以帮助抽浆收口，千万不能乱涂乱画。

（6）当第一轮抹面工序做好后，同样用手掌测试它的凝固程度适合，就可以做第二轮抹面工序。对于基层，首先要用棕毛刷扫水收浆，再用小长柄刷将暗角拖水收浆，等石米稍微露出，再用抹子拍平拉顺。

（7）地面就可以根据环境的需要洒少量的水协助抹面，首先把所有灰勺印拉平顺，由于做了几次灰勺的推磨拉光动作，石米就会稍后下沉，而灰浆就会浮到上面，所以就要用"棕毛刷"洒一点水，将表面轻轻的擦抹收浆，使石米露出表面一点点，再用抹子拍磨平顺。这个程序主要是将石米表层挤压密实、均匀和平滑。

（8）等到石米铺砌面差不多凝固、表面干爽、踩上去没有鞋印的时候，就要预备足够的清水，再加上棕毛刷小长柄刷，开始做第一轮的"水洗工作"。至于基层要用水将浆水冲走，地面就要先扫擦收浆一次使石米露出表面。墙边暗角处的扫擦就可以用小长柄刷，大面积的地方就用棕毛刷。

（9）在第一轮收浆扫擦的时，要顺着纹路扫，深浅要均匀，扫完第一轮水之后，就要等它自然风干，这样石米地面表层才会很快收身。等到它表面稍微发白之后，就可以进行用清水洗的工作。洗水的动作要快而准，有斜坡的地面，应该由高处水平位向底层依着顺序洗。

（10）对于污水泥浆，就要实时收集并另行处理，以符合环保要求。

（11）做好之后，还一定要插上显眼的告示或者围栏，不然一旦不注意被人踩了上去，踩坏了那就糟糕了。

### 18.1.10　水洗鹅卵石地面工序

（1）小粒的水洗鹅卵石和水洗石头的地面工序差不多，而大粒鹅卵石的做法，由于它的形状每颗都不同，所以在打底之前，应该先要试做一小幅样板来确定预留的厚度是不是有问题，如果没问题，就可以做大面积的打底工序。按照完成的水平面做好水平斜坡的水泥砂底，面层预留的厚度大概是鹅卵石大小的 1.5 倍才算标准。

（2）大粒鹅卵石地面工序的辅助工具就包括有小铁锤、垫板、粗细扫把，清洗用的海绵和修正用的压尺。

（3）施工次序也是要先做围基后做地面，基层就是要先铺底层水泥浆，再将鹅卵石铺在基层面上，抹平之后就要淋浆，填满鹅卵石之间的空隙。

（4）在铺基层竖面的时候，应先将预先做好的板模固定在地面上，然后再铺鹅卵石，扒平之后要淋浆并填满鹅卵石之间的空隙，然后放上板模，用抹子拍实后就可以将板模去掉，再抹上灰浆，其他抹面和抽圆榔以及扫水收浆等工序就和水洗石米基层相同。

（5）铺鹅卵石水泥砂浆的软垫，就是用半干湿水泥浆来做，它的配料比例是 1 份水泥4 份砂，也是先干搅拌至少两次，等到发水之后，再湿搅拌至少两次，直到搅拌均匀为止，而用的水的份量，就要视水泥浆本身的湿度而定，一般能用手捏成球状的半干湿水泥浆为最适合。

（6）在铺鹅卵石地面之前，要先洒水，均匀的刷一层浓水泥浆在地面上，然后就可以用之前搅拌好的半干湿色拉好厚度适中的凸条，按凸条的水平先用木板或厚型抹子拍实，再用直尺压平干湿砂的软垫，压平之后，就将砂面淋上一层大约是 1∶2 的浓水泥浆。

（7）铺放的次序应该由近身位铺出，而铺放的鹅卵石就要尽量紧密，至于边角位置的鹅卵石就要用手将它铺得紧贴，接着就用厚型灰勺拍打定位。

（8）铺好之后，就要从起点开始，用锤子将垫板拍正，再用直尺压平。这时如果发现有空隙的话，就要选大小合适的鹅卵石填补好，以达到均匀紧密的要求。

（9）做好之后，就要用 1∶1 的水泥浆洒在上面，再用棕毛刷扫平，将所有的空隙填满。等到适当凝固之后，就可以用棕毛刷拖水收浆以及用海绵将多余的砂浆清洗干净，直至鹅卵石露出至符合的要求为止。如果鹅卵石表面仍留有水泥浆发白的痕迹的话，就可以留到第二天用洗石水加以清洁。

（10）当所有的工序都做好之后，就要做防护的工作，千万不能被人走进去而整坏它。

（11）对于大鹅卵石地面还有其他的找平方法，比如将鹅卵石、水泥和砂按工程师批准的比例预先搅拌均匀，然后铺在刷了浓水泥浆的地面上压平，等到适当凝固之后，就可以做拖水收浆等其他的工序，当用混合胶搅拌大的鹅卵石时，就要将混合胶、吹硬剂、以及鹅卵石按工程师批准的比例搅拌，铺在扫了混合胶的地面上。

当各种地面完成 7 天之后，就要进行联合验收，这时要按照工程师批准的样板要求来检查已经做好的地面是否符合标准，同时还要用验收棒检查有无裂痕空鼓；并做好斜坡测试，以不积水为标准。

18.1.11 水磨石地面找平工序

（1）水磨石地面找平工序的配套要求，事前的打底、检查以及铺石米的工序跟水洗石米找平差不多。

（2）施工工序也是先做围基然后再做地面，不过最后的抹面工序一定要做得表面平整、密实、无空鼓才算合格。所以，一定要在地面上放好脚踏板之后才能够踩上去，以避免踩坏。

（3）铺好之后的第二天就可以进行磨面工作，根据环境的需要，一般分为干磨和湿磨两种，干磨就要用电动手提磨机再配合粗、细砂纸；而湿磨就要配备粗、细磨石，用手或者地面电动水磨机来磨。

1）干磨通常不会少于两次，第一次就是用粗磨砂纸，先洒水将其湿润，全面磨去表面的水泥浆后，接着磨直到完全见到石米，此时就可以洒水将其湿透，再用布片将相同颜色的水泥粉均匀的在表面洒一层薄浆，以用来填补因为粗磨而产生的微小砂洞和花痕。等到大约一个星期以后，浆膜够凝固了，就再用细砂纸干磨，直到全部石米都均匀露出后才合格。

2）湿磨的工序也是差不多的，所不同的就是要先用水湿透表面，之后才可以用磨石修磨，修磨期间也要不断的洒水。而次序也是要先粗磨，接着用浆填补小孔和磨石花痕，等大约一个星期之后，填浆面有足够的硬度了，然后才可以细磨。如果是做大地面，就可以用大电动水磨机进行湿磨工作，做出来的效果会比较平整均匀。

3）湿磨通常做在一些有装饰性的圆弯位和角头位多的地方，做出来的效果就会比较平顺光滑，而干磨是用机械操作，好多会有机械的痕迹和砂纸的粗糙痕迹，所以效果就没有湿磨那么好，但是工作效率就会大大提升。

## 18.2 中国内地与香港在地面工序的比较

中国内地与香港在地面工序的施工准备、材料验收、施工工艺和工序验收方面的主要控制内容是一致的。香港在地面工序仅包括整体面层铺设，没有涉及基层铺设的内容。中国内地在材料进场验收和工序验收等方面的规定更为具体和带有强制性。下面列出了《建筑地面工程施工质量验收规范》GB 50209—2002 地面铺设的施工质量要求。

18.2.1 水泥混凝土面层、水泥砂浆面层和水磨石面层施工质量的共同要求

（1）铺设整体面层时，其水泥类基层的抗压强度不得小于 1.2MPa；表面应粗糙、洁净、湿润并不得有积水。铺设前宜涂刷界面处理剂。

（2）铺设整体面层使用的材料，应符合设计要求和进场验收及复验合格的规定。

（3）整体面层施工后，养护时间不应少于 7d；抗压强度应达到 5MPa 后，方准上人行走；抗压强度应达到设计要求后，方可正常使用。

（4）当采用掺有水泥拌和料做踢脚线时，不得用石灰砂浆打底。

（5）整体面层的抹灰工作应在水泥初凝前完成，压光工作应在水泥终凝前完成。

（6）整体面层的允许偏差应符合表 18.2.1 的规定。

**整体面层的允许偏差和检验方法（mm）**　　　　　　　表 18.2.1

| 项次 | 项目 | 允许偏差 | | | | | | 检验方法 |
|---|---|---|---|---|---|---|---|---|
| | | 水泥混凝土面层 | 水泥砂浆面层 | 普通水磨石面层 | 高级水磨石面层 | 水泥钢（铁）屑面层 | 防油渗混凝土和不发火（防爆的）面层 | |
| 1 | 表面平整度 | 5 | 4 | 3 | 2 | 4 | 5 | 用 2m 靠尺和楔形塞尺检查 |
| 2 | 踢脚线上口平直 | 4 | 4 | 3 | 3 | 4 | 4 | 拉 5m 线和用钢尺检查 |
| 3 | 缝格平直 | 3 | 3 | 3 | 2 | 3 | 3 | |

### 18.2.2　水泥混凝土面层

（1）水泥混凝土面层铺设不得留施工缝。当施工间隙超过允许时间规定时，应对接槎处进行处理。

水泥混凝土面层施工质量检验内容、要求和检验方法列于表 18.2.2。

**水泥混凝土面层施工质量检验内容、要求和检验方法**　　　　　表 18.2.2

| 项目类别 | 序号 | 检验内容 | 检验要求或指标 | 检验方法 |
|---|---|---|---|---|
| 主控项目 | 1 | 粗骨料粒径和细石混凝土面层的石子粒径 | 水泥混凝土采用的粗骨料，其最大粒径不应大于面层厚度的 2/3，细石混凝土面层采用的石子粒径不应大于 15mm | 观察检查和检查材质合格证明文件及检测报告 |
| | 2 | 水泥混凝土面层的强度等级 | 面层的强度等级应符合设计要求，且水泥混凝土面层强度等级不应小于 C20；水泥混凝土垫层兼面层强度等级不应小于 C15 | 检查配合比通知单及检测报告 |
| | 3 | 面层与下一层结合 | 面层与下一层应结合牢固，无空鼓、裂纹。注：空鼓面积不应大于 400cm²，且每自然间（标准间）不多于 2 处可不计 | 用小锤轻击检查 |
| 一般项目 | 1 | 面层表面质量 | 面层表面不应有裂纹、脱皮、麻面、起砂等缺陷 | 观察检查 |
| | 2 | 面层坡度 | 面层表面的坡度应符合设计要求，不得有倒泛水和积水现象 | 观察和采用泼水或用坡度尺检查 |
| | 3 | 水泥砂浆踢脚线与墙面 | 水泥砂浆踢脚线与墙面应紧密结合，高度一致，出墙厚度均匀。注：局部空鼓长度不应大于 300mm，且每自然间（标准间）不多于 2 处可不计 | 用小锤轻击、钢尺和观察检查 |
| | 4 | 楼梯间踏步 | 楼梯踏步的宽度、高度应符合设计要求。楼层梯段相邻踏步高度差不应大于 10mm，每踏步两端宽度差不应大于 10mm；旋转楼梯梯段的每踏步两端宽度的允许偏差为 5mm。楼梯踏步的齿角应整齐，防滑条应顺直。 | 观察和钢尺检查 |
| | 5 | 面层允许偏差 | 见表 18.2.1 | |

### 18.2.3　水泥砂浆面层

（1）水泥砂浆面层的厚度应符合设计要求，且不应小于 20mm。

（2）水泥砂浆面层施工质量检验内容、要求和检验方法列于表 18.2.3。

水泥砂浆面层施工质量检验内容、要求和检验方法 表 18.2.3

| 项目类别 | 序号 | 检验内容 | 检验要求或指标 | 检验方法 |
|---|---|---|---|---|
| 主控项目 | 1 | 材料 | 水泥采用硅酸盐水泥、普通硅酸盐水泥,其强度等级不应小于 32.5 级,不同品种、不同强度等级的水泥严禁混用;砂应为中粗砂,当采用石屑时,其粒径应为 1~5mm,且含泥量不应大于 3% | 观察检查和检查材质合格证明文件及检测报告 |
| | 2 | 面层强度等级 | 水泥砂浆面层的体积比(强度等级)必须符合设计要求;且体积比应为 1:2,强度等级不应小于 M15 | 检查配合比通知单及检测报告 |
| | 3 | 面层与下一层结合 | 面层与下一层应结合牢固,无空鼓、裂纹<br>注:空鼓面积不应大于 400cm$^2$,且每自然间(标准间)不多于 2 处可不计 | 用小锤轻击检查 |
| 一般项目 | 1 | 面层表面坡度 | 面层表面的坡度应符合设计要求,不得有倒泛水和积水现象 | 观察和采用泼水或用坡度尺检查 |
| | 2 | 面层外观质量 | 面层表面应洁净,无裂纹、脱皮、麻面、起砂等缺陷 | 观察检查 |
| | 3 | 踢脚线与墙面结合 | 踢脚线与墙面应紧密结合,高度一致,出墙厚度均匀<br>注:局部空鼓长度不应大于 300mm。且每自然间(标准间)不多于 2 处可不计 | 用小锤轻击、钢尺和观察检查 |
| | 4 | 楼梯踏步 | 楼梯踏步的宽度、高度应符合设计要求。楼层梯段相邻踏步高度差不应大于 10mm,每踏步两端宽度差不应大于 10mm;旋转楼梯梯段的每踏步两端宽度的允许偏差为 5mm。楼梯踏步的齿角应整齐,防滑条应顺直 | 观察和钢尺检查 |
| | 5 | 水泥砂浆面层允许偏差 | 见表 18.2.1 | |

### 18.2.4 水磨石面层

(1) 水磨石面层应采用水泥与石粒的拌和料铺设。面层厚度除有特殊要求外,宜为 12~18mm,且按石粒粒径确定。水磨石面层的颜色和图案应符合设计要求。

(2) 白色或浅色的水磨石面层,应采用白水泥;深色的水磨石面层,宜采用硅酸盐水泥、普通硅酸盐水泥或矿渣硅酸盐水泥;同颜色的面层应使用同一批水泥。同一彩色面层应使用同厂、同批的颜料;其掺入量宜为水泥重量的 3%~6% 或由试验确定。

(3) 水磨石面层的结合层的水泥砂浆体积比宜为 1:3,相应的强度等级不应小于 M10,水泥砂浆稠度(以标准圆锥体沉入度计)宜为 30~35mm。

(4) 普通水磨石面层磨光遍数不应少于 3 遍。高级水磨石面层的厚度和磨光遍数由设计确定。

(5) 在水磨石面层磨光后,涂草酸和上蜡前,其表面不得污染。

(6) 水磨石面层施工质量检验内容、要求和检验方法列于表 18.2.4。

**水磨石面层施工质量检验内容、要求和检验方法**  表 18.2.4

| 项目类别 | 序号 | 检 验 内 容 | 检验要求或指标 | 检 验 方 法 |
|---|---|---|---|---|
| 主控项目 | 1 | 水磨石面层石粒 | 水磨石面层的石粒，应采用坚硬可磨白云石、大理石等岩石加工而成，石粒应洁净无杂物，其粒径除特殊要求外应为 6～15mm，水泥强度等级不应小于 32.5级；颜料应采用耐光、耐碱的矿物原料，不得使用酸性颜料 | 观察检查和检查材质合格证明文件 |
| | 2 | 水 磨 石 面 层 拌和料 | 水磨石面层拌和料的体积比应符合设计要求，且为 1∶15～1∶2.5（水泥∶石粒） | 检查配合比通知单及检测报告 |
| | 3 | 面 层 与 下 一 层结合 | 面层与下一层应结合牢固，无空鼓、裂纹  注：空鼓面积不应大于 400cm²，且每自然间（标准间）不多于 2 处可不计 | 用小锤轻击检查 |
| 一般项目 | 1 | 面层表面质量 | 面层表面应光滑；无明显裂纹、砂眼和磨纹；石粒密实，显露均匀；颜色图案一致，不混色；分格条牢固、顺直和清晰 | 观察检查 |
| | 2 | 踢脚线与墙面 | 踢脚线与墙面应紧密结合，高度一致，出墙厚度均匀  注：局部空鼓长度不应大于 300mm。且每自然间（标准间）不多于 2 处可不计 | 用小锤轻击、钢尺和观察检查 |
| | 3 | 楼梯踏步 | 楼梯踏步的宽度、高度应符合设计要求。楼层梯段相邻踏步高度差不应大于 10mm，每踏步两端宽度差不应大于 10mm；旋转楼梯梯段的每踏步两端宽度的允许偏差为 5mm。楼梯踏步的齿角应整齐，防滑条应顺直 | 观察和钢尺检查 |
| | 4 | 允许偏差 | 见表 18.2.1 | |

# 第 19 集 吊顶(假顶棚)

该工序名称在香港为假顶棚,在大陆称为吊顶。其主要功能除了可以遮住机电设备,美化视觉效果外,还可以将顶棚降到合适的高度,以节省冷气、电气。而且用纸制成的顶棚板还有吸音的作用。

无论室内或室外都可以做吊顶,如大厦外面有盖的人行通道或平台、室内大厅的入口、每层楼的大厅、厨房以及厕所等。

## 19.1 香港吊顶工程的施工工艺和质量控制主要内容

### 19.1.1 吊顶的种类及其构造

(1) 无论是室内或者室外,吊顶的安装方法大致可分为二种,一种是明龙骨,可以看到支撑骨架,另一种是暗龙骨,它的支撑架会被吊顶遮住,所以看不到。具体工程中用哪一种,由工程师设计定。

(2) 明龙骨和暗龙骨吊顶有不同的生产商和系统,但它们主要的装嵌部分都分为三部分。

*a*. 悬挂部分:一般都是用钢材来做。

*b*. 骨架结构:包括龙骨、支架和脚支架。

*c*. 吊顶:材料有很多种,包括纸板、金属板、及石膏板。有长方形、格子、条形的。较厚的石膏板就具有一定程度的防火和防潮功能,顶棚板的选择还要与工程师的其他部位的设计相配合。所有的顶棚板都有标准的尺寸,在设计时要选择合适的材料。

(3) 在顶棚板的选材和安装方面要考虑其不同的用途,比如电梯、大厅处,根据法规要求,要用放火顶棚来遮挡机电设备。湿气较重的厨房的厕所,不能用纸板做吊顶。

另外,还要考虑到今后入住后的维修保养。顶棚板一定要易拆易翻修、易替换、易清扫,并要有足够的检查孔。更重要的是要有足够承载能力的支撑骨架来支撑吊顶。

### 19.1.2 材料验收和存放

(1) 材料验收

进场的吊顶都必须依照工程师批准的样板要求来验收。要检查它们的印花图案和颜色,如果发现有刮花或被压得凹凸不平的话,就千万不能验收。另外,收货时要对清货号,要验收清楚它的大小厚薄尺寸。

(2) 材料的存放

进场的材料一定要存放在离地并且干爽清洁的材料存放区,并加以适当的遮盖和保护,千万不能撞坏和被水淋湿。顶棚纸板要平放在离开地面的架子上面。

在搬运和安装材料时还要戴上清洁手套,并且要特别小心,千万不能磨损表面或者边缘。

**19.1.3　施工准备**

（1）施工图纸

承建商要根据施工章程和合约细则，会同吊顶项目经理，呈交一份吊顶系统的建议书经工程师审批，同时还要有相关的配置详细图、样板、配件以及室外吊顶的计算数据。

由于吊顶进场的时间都是在工程后期，所以一般吊顶的详细配置图都一定要根据工地实际情况和环境，再参考已批准的综合机电设备图，明确表示出开线方法、龙骨定位、连接位和误差尺寸。

还要有大样图来表示出各种组件的装嵌方法，一切都与实际的装置配合，比如灯位、冷气出口、回风口、消防设备、告示板或者检查孔等。

室内的吊顶，供货商本身都有相配套的装置（配件）及说明，但是如果用来装饰室外的时候，就要考虑系统是否合适，除了之前所提到过的材料差别之外，最主要的就是要受天气的影响，例如：风、雨水、温度、湿度等等。其中对稳定性影响最大的是风力，所以承建商在落标的时候就要注意防风的要求，要根据合约上的防风程度，由符合资格的人士出具有关的数据资料去证实材料是否合适，需要的话，加上防风特性的设计，注明在安装整个吊顶系统时，所需要的辅助防风支架或配件的位置和尺寸等等。在用料方面，当然吊架和龙骨的尺寸自然就会较大或者较厚一些。

（2）工具

安装吊顶要用的工具有：混凝土打钉枪、电动剪、较剪、手提切割机、切割机电钻、锤子、钉钳、夹钳、弹线粉袋、雷射水平仪和打磨机。

**19.1.4　施工工序**

（1）现场条件

进场安装吊顶之前，要确保施工范围内的水泥砂浆、油漆工程已经完全干透，并且尽可能在沿顶棚高度范围内的机电工程已成形，这样不单可以确保吊顶工程不会弄脏，而且在计算龙骨吊架位置的时候，都可以量出每条龙骨的长度，还可以检查已装置好的机电设备，比如冷气系统的气管和电线槽之间的位置，是不是符合大样图的要求。

（2）弹线

在施工范围内由总承建商弹出吊顶装置的水平线和地上的参考墨线。再由顶棚的承建商根据墨线来计算第一块顶棚板和龙骨离墙位置，在装置吊顶之前，还要复查这条开线的尺数，如果有不能正常收位的情形出现，就要立刻通知总承建商做出修改。

（3）明龙骨顶棚的安装工艺

1）首先安装角支架和顶棚吊架，两者可以同时进行。一般室内安装可以用打钉枪的方法，而室外就要钻孔打膨胀螺丝来收紧吊码。

① 室内角支架的安装：脚支架的安装能够很清楚的显示出吊顶周围的连接位置。室内的角支架俗称为 L 角或者 W 角，此时可以根据工程师或者供货商的要求来安装。一种方法可以直接用钻孔收螺丝的方法将角支架安装在混凝土墙或者砖墙上，另一种方法是：在已经做好防腐油处理的木条上钻孔并收紧螺丝，将木条安在墙上吊顶的高度处，然后再将角支架用螺丝稳固安装在木条上。

② 室外的角支架的安装：室外的角支架，俗称的 C 角或者 F 角，就要直接钻孔并收紧膨胀螺丝后安在墙边或柱旁，这样才可以确保其不会受强风的影响。

③ 吊架的安装：吊架，就是整个吊顶用来悬挂龙骨的支撑构件，室内的吊架可以用较轻的铁线吊配弹弓夹，或者是螺丝杆配 Z 形吊件并收紧螺丝；室外的吊架一般都用角码，焊上角铁构件，之外还根据需要加上斜撑来增加整体的防风功能。

吊架安装就是根据吊顶标准的龙骨尺寸来定出架位，在工地上要预留出手工的误差，所以在安装第一个和第一排吊码时，通常都会离平行墙边或者柱子旁 2～3 个标准顶棚格的尺寸，要注意有可能会碰到已经安装好的机电设备。

前后最好不要离墙边太远要小于 600mm，接着所下的吊码就可以按照所打的线或者强度需要的标准格的距离，手工的误差就要看吊顶角支架所用材料尺寸来定，一般最大以 20mm 为上限。在吊顶的水平位拉出十字通线，它不单可以卡死吊顶龙骨平行安装的范围，还可以量出龙骨头尾的尺寸，也可以检查出碰墙边连接片的尺寸，这样就能预防吊顶安装时所出现的误差。

2）龙骨安装

龙骨是用来连接吊顶吊架和支撑支架的主干构件，不同的吊顶系统有不同的配件来连接吊架和龙骨，每条龙骨在生产过程中就已经预留好标准的空位，用来装嵌支架。一般的龙骨是 2.4～3.6m 不等，而且都有配备连接件，可以使龙骨将大面积的顶棚板连接成整体。

安装龙骨时要注意几点：

① 大部分吊顶的龙骨安装都是单向的，所以安装第一条龙骨要象装吊架一样，要从第一枪排出的吊架开始，然后就可以利用十字通线量出第二条以及以后的龙骨离墙边的尺寸。除此之外，还要注意龙骨上面的支架空位一定要根据第一条龙骨支架的空位来形成一条直线，因为这样才可以保证每条龙骨的连接长度是一致的。

② 当全部龙骨都安装在吊架上之后，就要加上附加侧向支架来稳定各龙位置，以防前后摆动。

③ 为了控制整体龙骨的稳定性，要用 L 角件将龙骨收稳在墙身上，将可以摆动的位置固定住。室外吊顶龙骨就一定要装上供货商提供的防风码配件，当听到哒的一声就可以了，这样可以使顶棚更加稳固。

3）安装支架

支架的作用就是用来连接和固定龙骨与龙骨之间的吊顶配件，每种吊顶的供货商都有不同的安装支架的方法，但基本上相同，一般都是用龙骨上的配备空位入栓的方法，或者用配件夹。

支架的另一用途就是支撑纸板、金属板、长条等吊顶。一般支架的长度可以从 600～1200mm 不等。

4）安装顶棚板

安装顶棚板最理想的时间就是当房间的门窗、玻璃都已经装好、空气流通甚至有冷气的情况下再装上纸板。如果天气的湿度太高，墙身或者是混凝土顶棚形成反潮，就不宜装吊顶的纸板。

5）特别位置的处理

① 吊顶工程和其他专业的设备必须要独立悬挂，不许互相依靠承托。

② 即使已经做好了综合施工图，总承建商和吊顶承建商还要再次实地核实工地的实

际情况，避免各专业间共享位置。

比如：施工时吊顶里面经常会有风槽、消防设备、电线槽或者是密集的管子等等的设备，影响吊顶吊架正常的安装。

一般在开工之前，各专业都会把配置详图交给工程师审批，另外总承建商也指派专人负责，同时，各专业都会在现场做上记号，施工的时候，就不会撞在一起啦。

优质的处理方法就是由总承建商在这类设备两边的空间位置，事先正确的估算好吊架所要占用的宽度和长度。这样吊顶进场施工的时候，就可以在这类位置安装辅加吊架，再将其连接到正常开线的吊顶吊架上去。

③ 检查楼面的净高是否已经足够安装所有的设备，以免在安装辅加吊架时损坏混凝土楼面里的暗管、灯箱之类的设备，和影响吊顶的龙骨装置。

④ 检查维修生口

检查维修生口是做顶棚的时候预留给机电设备的，方便他们维修的。生口通常分为检查和维修生口。检查生口比较小，维修生口是根据机器尺寸而定。

由总承建商召集其他相关专业的项目经理和吊顶承建商一起核实并确认检查孔的位置和尺寸是否合适，以确保一次性做妥。

如果检查孔的装置与龙骨位置发生冲突，就要将龙骨做相应的修改。首先在装好的龙骨上确认检查孔的位置并做出记号，必要时，可以在未修剪的龙骨之前加上补充吊架，等修剪好龙骨之后就可以将检查孔配件安装在龙骨的已确认的检查孔位，或者是另外装置检查孔吊架。

⑤ 开孔位

灯位、冷气出口、回风、消防花洒、烟雾头以及指示牌等等的开孔位，开孔位的处理和安装检查维修孔相差不多，只是在面积上较为多变，例如：灯位可以是长方形、四方形、圆形或者是要配合灯光效果等等；如果是中央冷气系统，冷气出口和回风在位置上有限制，还有可能要和其他机电设备互相配合；不同型号的消防花洒、烟雾头等装置的大小款式都不同。至于指示牌的大小尺寸就更加不能确定了。

安装这类设备一定要有样板作为参考，清楚的了解实物的尺寸，确定安装方法。

至于较小的空位，通常都会设置在顶棚格的中心位置，顶棚工友们就须在顶棚板上瞄准空位，然后才用适合的工具开孔，千万不能随便开孔，尤其是金属顶棚板就更加要小心，以防在开孔的时候使顶棚表面凹陷而影响美观。总之务必要使吊顶的每个工序都达到设计的要求才行。

(4) 暗龙骨顶棚的安装工艺

暗龙骨顶棚可以分为两种，第一种就是平面式的。有不同高度和层次、大小弧形、再配上不同的灯光和视觉效果等等。这种具有特色设计的吊顶就属于平面式的暗龙骨顶棚。另一种为特别设计(非平面式)的暗龙骨顶棚。

1) 平面式暗龙骨顶棚

① 顶棚的材料，通常用金属片、木材或石膏板等。金属片多数是在供货商提供的时候就已经完成装饰表面的，木材例如夹板，以及石膏板就要根据防火和防潮的要求来选用，也可以配合其他装饰材料，比如装饰画线和喷漆等等。室外也可采用暗龙骨顶棚，但大多数会选用已经加工好的饰面金属片，而木材和石膏板就较为少用了。

② 顶棚板的高度是由工程师根据大厦的设计，考虑灯光的效果以及顶棚内的机电设备来确定的。

③ 暗龙骨的装嵌方法原则上和明龙骨差不多，只是具有特色设计的吊顶就略有不同，安装时，要根据总承建商提交的水平线、参考墨线和弧度，同时按照已经批准的详细配置图，或者供货商的装置指示，来定出暗龙骨顶棚的所有吊架位置，必要时，还可以在吊顶范围内的地上放好仿真线经工程师实地审查。

④ 其装置的程序：

*a.* 首先安装顶棚的吊架，方法和安装明龙骨吊架一样，然后再用专用配件（也称 Z 型件），把龙骨合并也就是 C 型槽之后，就可以用蝴蝶件将 C 型槽和 W 型槽互相夹紧，当用蝴蝶件时一定要用正反交替的方法先夹住 C 型槽，这样才可以使 W 型槽的位置固定。整体的 C 型槽和 W 型槽安装好之后，就要检查每条龙骨的连接口是否已经用适当的连接件稳固好，之后就可以校正整个顶棚的水平了。

*b.* 将所有配合机电的开孔位做好记号，经其他专业核对后，正式处理孔位。安装机电的连接口和指示牌。

*c.* 最后将石膏板装上 W 型槽，上板时通常用供货商提供的专用平头螺丝，螺丝中间至中间的距离不超过 300mm，而且还要将长的一边平行的收上 W 型槽，因为这样才可以尽量减少板的夹口。

*d.* 当板夹口收好之后，最后的步骤就是利用供货商提供的专用封口贴纸和专用封口夹，将封口贴纸贴好并且抹平，直到封口位置收身够硬之后，就可以用沙纸将它打磨平滑。

2）其他暗龙骨顶棚（特别设计的暗龙骨顶棚）安装

第一种就是弯型吊顶，它的装嵌方法要根据供货商的要求来做，其中有个两方面要特别注意，①要将龙骨（即 C 型槽）在厂房内依照设计的固定 $R$（圆形半径）位（设计要求），用机器将其弯至正确的弧度。②实地将吊顶的最高位和最低位的水平位拉通使它固定不变。

第二种就是圆拱型吊顶，它的装嵌方法同样是根据供货商的要求，把龙骨（C 型槽）在厂房内按照设计的 $R$（圆形半径）位，用机器拗弯之后，加上连接件，使其成为正确的圆弧形。为了确保每个横切面都是同一个圆心位，在圆拱型的吊顶顶上预先做好一个平面的吊顶或吊架作为定位用，之后就可以把龙骨用 Z 型件固定到吊架上，调整圆拱型龙骨到不同的高低水平，接着再上支架 W 型槽，W 型槽也是按设计的 $R$ 位拗弯的，当整个龙骨都安装稳固之后，才可以进行其余的工序。

特别设计的暗龙骨顶棚的安装都有特别的装嵌技巧，要很小心，当用石膏板上 W 型槽的时候要注意 $R$（圆形半径）位不能够太短，假如是 2m 左右的话，当用螺丝安装的时候，所有弧位都要保持中间至中间 200mm 的距离。另外当 W 型槽收上 C 型槽时，其最低位每段不能超过 300mm。

### 19.1.5 吊顶的验收

顶棚安装完之后，要进行最后的验收。

明龙骨和暗龙骨的验收方法基本一致。要按图纸检查吊顶的水平是否一致、吊顶和其他机电设备的独立悬挂结构、配件是否安装稳固妥当、龙骨的接口要通顺、支架的接口和角支架要平直、检查口位置和机电设备位置要正确，各个连接位的做法都要符合所批准的大样图的要求。金属的吊顶表面不能磨损、变形和刮花，纸板的吊顶不因受潮而发霉。

室外的吊顶要测试防风力的能力，方法就是用叉子托起任何部分，以确保防风件能够发挥作用、同时还要检查各连接位的装置是否按图纸要求做、角支架的接口是否平整。

### 19.2　中国内地与香港的比较

内地与香港特区在施工的准备、对材料的验收、对材料存放以及施工工序、验收等各方面，对质量的控制内容基本一致。在以下具体问题的处理上有些差异。

19.2.1　在吊顶形式的选用方面

香港根据工程师的设计需要确定。

内地的做法，龙骨选用明龙骨还是暗龙骨，吊顶板选用金属板还是其他材料，很大程度取决于业主。但对于吊顶板，规范规定，必须是环保型，同时还要满足防火要求。

19.2.2　在运输和安装方面香港要求更严。香港一定要求戴上清洁手套，而内地一般做不到。

19.2.3　对于室外吊顶防风的要求

香港的做法更细，从工程一开始，在双方的合约上，就约定了防风程度的要求，承建商在投标时要提交能达到合约约定的防风能力所需要的数据资料，甚至要写明所需要的辅助防风支架或配件的位置和尺寸。

内地的一般做法，吊顶承包单位根据建筑施工图中的顶棚图，在投标时编制施工方案，复杂的顶棚，根据业主的要求做深化设计，中标后再根据现场情况，重新修改施工方案后报监理工程师审批。

19.2.4　安装时与各专业的配合

香港的做法：开工前，各专业要提交"配置详图"，然后由总承包商会同各专业一起，现场核实实际情况，同时，各专业要到现场做记号。

内地做法：一些大的施工企业，总承包的协调能力比较强，因此这工作做得较好。但一些中小施工企业就做得较差，往往各自为阵，造成返工或影响吊顶，被迫降低吊顶标高的现象也不少见。

19.2.5　对于较大面积的吊顶，内地有起拱的要求，香港没有提及

19.2.6　验收方面

香港要求在吊顶安装完成后对吊顶板、龙骨、相关专业以及室外天棚的防风能力进行验收。

内地要求在龙骨安装完后对吊杆、龙骨、相关专业进行隐蔽验收。吊顶板安装完后，按《建筑装饰装修工程质量验收规范》GB 50210—2001，分明龙骨吊顶、暗龙骨吊顶、金属吊顶的相关标准及施工图要求进行最后验收。但对于室外天棚，则没有要求测防风力的能力。

# 第 20 集　油　漆

## 20.1　香港的施工工序和质量控制的主要内容

### 20.1.1　油漆的主要功能
油漆的主要作用就是用来保护材料，并且发挥装饰的功能。

### 20.1.2　施工准备
（1）材料批核

在做油漆工程之前，承建商要根据最新的图纸、装修表以及施工章程，呈交所需的油漆制造商的产品说明书和色版，其中包括：腻子、底漆以及面漆等等，经工程师审批。在进行大规模的油漆工程之前，还需要先做好样办，同样要经工程师批准。

（2）在施工之前，要预先制定一份"油漆施工程序建议书"，建议书中必须列明施工前的准备工作、环境要求、施工方法、收货标准以及验收程序等等，经过质量控制小组确认后交工程师审批，批准后才可以正式施工。

（3）材料进场验收及存放

1）进场材料验收

各种油漆进场时，承建商要把制造商的证明书和送货单副本给工地的工程师代表，并一起对材料进行检查，以确保油漆罐未经开封，并确认上面有制造商所提供的齐全而正确的数据、货品、颜色编号以及有效日期等等；验收不合格的油漆不可以存放在工地上。

2）来料存放

油漆是一种化学物品，一定要存放在通风、阴凉、干爽以及不会被日光直射的独立仓库里面，同时还要远离火种，并加上足够的防火装备。另外，在存放区内要严禁吸烟。

（4）油漆工具及设备

一般油漆工具有漆刷、排笔、弯头刷和漆滚。其他手工工具有：铲刀、油漆灰池、灰板、湛刀、灰板、湛刀、锤子、钳子、钢球、泸漆筛、粗细砂纸、抛光布以及毛巾等。另外还有小型的机械工具：搅拌机、手提砂纸机、喷枪、喷漆机和风机等。

### 20.1.3　油漆的施工工序
油漆一般可以分为室内油漆和室外油漆，分别都有抹灰面油漆、木器面油漆、铁器面油漆及管道油漆四大类。

（1）室内油漆

1）抹灰面油漆

①基层要求：抹灰一定要经过一段时间，让它充分干爽、其含水量和酸碱度也就是pH 值都符合漆厂的要求和标准。另外抹灰面表面一定要坚实牢固，不粗糙、没有疏松、鼓起等毛病。表面和窗边也要平直对曲，窗框要贴上保护胶纸，以免弄脏整个窗框。

②刷乳胶漆的施工工序：首先就要将抹灰表面的灰尘和污渍清理掉，刮上两层腻子，

其作用就是填塞所有孔位同时使表面更加平整。腻子不可以上得太厚和起粉沫，腻子干后，要用砂纸打磨平整，然后刷或者喷一浸封闭漆，封闭漆的作用：可以防止有些物质从抹灰的表面渗出同时增强油漆的附着力，封闭漆干了就可以刷底层乳胶漆。

底层乳胶漆干了之后，要检查油漆表面，用腻子浆遮盖好所有瑕疵，并用砂纸磨平。最后，才可以按照顺序将顶棚，墙身刷一层乳胶漆。

内墙乳胶漆可以依照生产商的说明加水稀释，但要充分搅拌均匀，否则就会影响油漆的性能。如果有需要，还要用滤漆筛过滤好。

③ 乳胶漆刷漆方法，可以用漆刷、排笔、滚筒或者喷漆。

a. 漆顶棚通常用喷枪来喷，可以使漆膜薄而均匀，同时操作又方便，对于面积较大的顶棚，喷漆比刷漆效率更高。

b. 滚漆的好处就是操作容易，而且效率也比刷漆高。只是漆出来的光滑度不太高，一般也是用在较大的面积。

由于滚漆的种类和规格有很多，不同的滚漆可以刷出不同的花纹，所以必须根据工程师的要求而定，同时要根据油漆的类型选择合适的漆筒。使用之前，要先清理干净浮毛、灰尘和杂物。还要用稀料将滚筒清洗干净，再在废纸上滚去多余的稀料，然后再蘸上油漆。在滚漆之前，先要将边缘和墙角部分，用漆刷拉边，蘸好油漆的滚筒竖着来回滚动几次，让油漆分布均匀。滚漆的顺序必须向一个方向滚动。

④ 注意事项

a. 要注意施工场地必须通风。

b. 喷漆时，控制扇的位置要有适当的宽窄度、以及出漆量、空气压力都要适当，如果压力不够，油漆就会不均匀而且还会起麻点，而压力过大，又会容易流挂及漆膜厚度不足。

c. 喷漆时，喷嘴和顶棚之间的距离也要适当，喷枪可以做上下、左右移动，不过动作速度一定要一致，而且喷嘴和顶棚要垂直，尽量不要斜着喷漆。当喷到顶棚表面两端的时候，记住要松一松手制，使雾化减少。

d. 在喷漆时，连接位一定要均匀，不能够有漏喷的现象。刷完了顶棚和安装好窗的玻璃之后，就可以将墙身漆上面层乳胶漆了。

e. 用漆刷和排笔刷漆时，要想新排笔不掉毛的话，可以用"虫脂漆"漆在毛同竹之间的连接处。在用漆刷蘸漆的时候，不可蘸太多，要将多余的油漆弄走，不然就会滴到周围都是。

f. 刷漆的次序，就要由上到下，衔接位要来回多刷几下，当收扫的时候，手腕要轻轻提起，这样刷出来才均匀，而且不会看到油漆的连接位。同时油漆的连接面也要平直，包括顶棚和墙身的连接处、顶棚、墙身跟窗的连接面、墙身和墙脚线的连接面等等。

2) 木器面油漆

① 上漆之前，木器表面一定要光滑，没有缺陷；也不可以有如水泥砂浆和油渍等任何污染物。木器一定要依照图纸完成，明暗角要平整。木材的含水率要符合漆厂的要求。

② 木器的油漆种类，一般有磁漆、手扫漆，染色剂和清漆。

③ 木器面油漆工序

a. 磁漆，它包括一层木银底漆的封闭漆，再加上一层中层漆和两层面层磁漆。

具体做法：先用砂纸将涂好封闭漆的木器表面污渍磨去，然后再用平底浆填平所有的木纹和空隙，平底浆干后，再用砂纸将木器表面磨平滑，清理掉灰尘。再用喷漆或者刷漆的方法刷上油漆，等到中层底漆干之后，再用细砂纸轻磨漆面，接着再涮上两层磁漆来作面漆。每层漆之间，也要干躁后用砂纸磨平并除去灰尘。磁漆的流性比较大，所以要十字形扫漆，不然就很容易出现流挂的现象。最后还要顺着方向把扫纹整体好。

*b.* 手扫漆，有透明和有颜色两种。它的刷漆程序，是刷一层"虫脂漆"底漆和三层或以上的手扫漆。其具体做法：

基层处理：先将制成品用粗砂纸磨滑并将杂物污渍清理干净，如果有铁钉孔的话，要用适当的腻子补上，干透之后，用砂纸将灰砂清干净直到不留灰印为止，同时还要将整件木器制品打磨好，扫清木粉。

刷底漆：基层处理好后，便可以顺着木纹的方向刷上"虫脂漆"底漆，再将钉孔位填色，干了之后，用细砂纸打磨。刷面漆：先刷第一层手扫漆，漆干后，再用细砂纸打磨，再上第二层手扫漆。刷第三层漆后要用棉花抛光布或者毛巾进行抛光，让它更加光滑。

有颜色的手扫漆，先在木材表面抹上一层平底浆，其他步骤与透明的做法一样。

④ 其他有关事项：

*a.* 无论用什么油漆，门顶也要刷上油漆。

*b.* 如果是太阳晒到的地方，适宜用漆霸清漆。

*c.* 染漆工序，同面前讲的基本一样，只是上一层染色油，然后按要求油上两层透明漆或者清漆。

3）铁器面油漆

① 基层要求：要上漆的镀铅铁表面不许有油污或者其他杂质，也不能够生锈。如果表面的镀铅铁膜有损坏，就应该用工程师批核的镀铅漆，将损坏部分修补好。

② 油漆工序：先刷上工程师批核的底漆，作用是封闭基层物质，让金属不容易生锈，又可以加强油漆附着力。第二层中层漆，除了可以增加漆膜厚度之外，还可以增强油漆的保护性，使其更加耐用。最后一层面漆，主要起装饰功能，同时还起到抗环境侵蚀的作用。注意在刷每一层漆之前，表面一定要保持干爽清洁，不能有任何的污染物，例如油污以及盐份等等。它的施工方法可以用喷漆、手扫漆和滚漆等。在不易下手的地方，可以用弯头刷。

4）管道类制品

管道类包括：沥青铸铁管、镀锌管以及 PVC 管等等，它们都各有各的特性，所以一定要依照工程师批准的油漆做法和油漆制造商的产品说明来进行施工。

① 沥清生铁管最适合的是刷沥青油。

② 镀锌管油漆的施工程序一般和镀锌铁器的处理方法一样，都是一层底漆两层面漆。镀锌的管筒和管码在安装之前都要刷好底漆才行。

③ PVC 管刷漆之前，一定要先清理好筒上的污垢，然后再依照油漆生产商的要求，用细砂纸轻轻打磨管身，这样可以增加油漆的附着力。然后再漆上两层油霸或者水性丙烯树脂。

（2）室外油漆

室外用的油漆因长期日晒雨淋，因此除了要有预防天然环境浸蚀之外，还要对周围的污染物质有一个良好的抵抗能力。

1) 对基层的要求

室外抹灰面的要求和处理与室内一样。墙面要干燥、含水率和酸碱度符合漆厂要求、表面要牢固、平直对曲、平滑等。

2) 施工准备

① 开工之前，棚架和工作台都应该由专门的人士进行验收，以确保安全。

② 接近刷漆的地方比如窗框，就要做好适当的保护，窗孔要用胶纸封好，所有外墙的管道，也都要做好保护。

③ 确定操作程序：其中包括表面的处理、油漆名称、上漆的位置和上漆次数等等。再由有经验的工友准备油漆的材料。另外还要准备足够的安全装备。同时要观察当时天气及环境，如果相对湿度大过生产商的要求，太大风或者太多尘埃以及在猛烈太阳直接照射下和下雨都不可以进行油漆工程。

3) 外墙浮雕油漆施工工序：一层封闭漆，一层浮雕底漆，中层和表面漆要经工程师批准才可以使用。

封闭漆一般都用喷或滚漆的方法。漆膜的厚度要参照漆厂的说明书，不能太厚，过厚的漆膜对下面要做的涂层会有不良影响。

浮雕漆一般用喷漆，这道工序叫做喷花点，而在室外空旷的地方喷漆的时候，要注意风向，最好是顺着风喷，这样可以避免漆雾吹到已经喷好的漆膜上面。喷花点时一定要注意喷嘴的直径和喷出的压力大小必须符合工程师批准的花纹和密度要求。

浮雕漆的特性就是耐碱性好，对基层有持久的粘结力，而且还可以根据不同的需要做成不同的花纹图案；浮雕漆主要是喷在水泥砂浆、灰泥等表面，一般用作内外墙的装修。如果要压花的话，在喷好后，等到用手摸时觉得干了，就可以蘸清水或松节水轻轻地把花点压至所需形状。

浮雕底漆干爽凝固并验收合格之后，就可以做中层漆和面漆了。如果油漆要稀释，就一定要符合产品说明的标准。中层漆和面漆除了可以用手扫漆和滚漆之外，还可以用喷漆和无气喷漆(高压泵将油漆涂料加压)的方法，漆膜厚度、凝固时间、施工相隔时间的长短，要参照产品的说明书而定。如果遇到分色线的位置，要用刷子拉直，同时按照图纸指示的正确位置涮上需要的颜色。

4) 室外木器面、铁器面和管道类的油漆方法和室内一样，但在选择油漆时，除了与室内要求一样之外，还要能经得住长期的日晒雨淋，能防御环境侵蚀和对周围污染物质有一个良好的抵抗能力。

20.1.4　其他相关事项

(1) 要让厅的空间感大点，可将墙身同家具都选用浅色系列，这样有助于空间的明视度。

(2) 在油漆施工程序中，扫漆的施工方法，除了可以用漆扫之外，其他方法都要经过工程师批准。

(3) 如果被漆的地方和位置在安装之后漆不到的话，就必须在安装之前刷好油漆。所有五金配件位要尽量先上好漆再安装。刷漆时，不要将漆洒到其他材料上面，所以一定要事先将有可能被染到漆的材料做好保护。

（4）在刷漆和等漆干透的过程之中，要保持好油漆表面的清洁，防止染上灰尘，在油漆未干的地方要有告示。

（5）要配备个人安全装备，刷挥发性高的油漆时，要注意场地的通风，不许有任何火种。

（6）废物处理：除了未用的油漆要放好之外，用完的空罐也都要插穿，染有油漆的废弃工具要放在指定的地方。要依照化学品废物处理的规定，把它运离工地。

### 20.1.5  油漆验收

每刷一层油漆之前，承建商都一定要通知工地的项目经理一起检验油漆表面，以确保腻子和每层油漆的质量和稳定性都全部符合规格，还有油漆的收口要平直，尤其是窗边和配电箱的位置，一定要平滑。

油漆的颜色、色彩、质感和遮盖力等都合乎标准，漆面不能有明显的扫纹、手摸上去一定要非常的光滑、光泽一致、没有流挂、没有皱纹、发白的情况出现。如果工程师有特别的要求，还必须做基层的湿度、酸碱度、漆膜厚度，破坏性的漆膜厚度测试以及粘贴力的测试。

## 20.2  中国内地与香港的比较

在材料的确认、验收、对材料存放以及施工、验收方面，总的过程控制内地与香港基本一致。但在具体处理上有些差异。

### 20.2.1  在分类方面

香港将乳胶漆、清漆、瓷漆及浮雕油漆等等统一归为油漆工程。

内地统一归为涂刷工程，它又分为水性涂料涂刷和油性涂料涂刷以及美术涂刷工程。根据基层的不同，分为木材面清色油漆、木材面混色油漆、金属面混色油漆、混凝土及抹灰面刷乳胶漆等。其工艺也各不相同，施工时，一般参照各地的施工工艺规程（各地均有地方标准）。

根据油漆和涂料的性质，将其分为水性涂料和油性涂料。验收时，依据《建筑装饰装修工程质量验收规范》GB 50210—2001，分别执行涂料工程中水性涂料涂刷工程、油性涂料涂刷工程及美术涂刷工程的验收标准。

### 20.2.2  在工序方面

（1）施工准备

1）香港对材料的选用较严，要将腻子、底漆、面漆的产品说明书及色板报工程师批准。

内地没这么严格，只是在油漆和涂料进场时，要报监理工程师验收，它必须符合图纸、规范并且有合格证、有检测报告同时必须是符合环保要求的。

2）香港要求编制"油漆施工程序建议书"，明确施工准备、环境要求、施工方法、收货标准以及验收程序。

内地的做法：对于每个项目，要求承建商编制一份装修施工方案。对于涂刷工程，则要求工长编写施工交底记录，工地工程师批准后由工长向操作工人交底，不需要经过质量控制小组。油漆的颜色，先由业主选择，然后由承包商刷样板，最后由业主确定。

（2）施工工艺

1）内地：对于新建筑物的混凝土和抹灰面基层涂刷涂料之前应刷抗碱封闭底漆。香港是通过油漆对抹灰面有酸碱度的要求标准。

2）管道类油漆

香港：要求 PVC 管表面打磨后刷两层油霸或水性丙烯酸树脂。

内地：PVC 管一般不刷。沥清生铁管内地控制使用。

3）刷漆方法

香港规定：用漆刷子以外，其他方法要经工程师批准。

内地：喷涂、弹涂在施工图上已标明，承包商要按图施工，刷或滚涂没有严格规定。但一般情况，水性涂料如乳胶漆用滚涂较多，油漆用刷子刷或喷的较多。

（3）验收方面

1）验收程序

香港的做法：在刷每道漆之前都要检查。

内地的做法：只是在刮腻子之前，对基层进行验收。另外，在涂刷工程完成后，再验收涂刷工程。

2）验收标准

内地与香港在验收内容方面基本相同，只是内地在验收标准方面，分成普通涂刷和高级涂刷，标准更具体一些，执行《建筑装饰装修工程质量验收规范》GB 50210—2001 中的涂刷工程有关规定。

# 第 21 集 空 调 机

## 21.1 香港空调机施工工艺和质量控制的主要内容

### 21.1.1 施工准备

(1) 施工图纸

整个安装工程，一定要由认可的空调业承包商聘请的专业工程人员来做。施工之前，空调工长首先要备齐工程师顾问最新批准的施工图纸和施工章程，来制定一份施工方案。上面必须列明施工方法、材料种类、收货标准以及验收程序。在安装之前，所有的材料和配件一定要得到工程师顾问的批准才能使用。

(2) 安装窗机前注意事项

空调机大致上可以分为窗口式空调机和分体式空调机两种，先讲窗口式的安装。优质的工序就必须由建筑期开始，在贴完了空调机台面瓷砖，而还未装上玻璃之前，空调机承包商就必须检查所有的空调机台面是否符合安装的要求，比如向外的斜水等等。当发觉有不符合要求的机台面，就要立刻通知总承包商进行补漏处理。

(3) 材料及工具

当建筑工程大致完成时以后，就可以进行空调机的安装了。首先要准备好所用的材料，好像铝角、玻璃胶、防震胶和排水管以及配件等等。而所需的工具就有电钻、水平尺、拉尺、填玻璃胶枪、拉钉钳、美工刀和螺丝刀。然后把机盒拆开，检查机身有没有受损，压缩机的避震是否已经松开，以及风扇的转动是否畅顺。

整部机器都没问题之后，就可以将窗口式空调安装在窗口位置。先用美工刀割开玻璃胶并拆走玻璃，检查好空调机台面，确保有足够的外向斜水，如果有问题，就要总承包商再次处理，直到符合要求之后，才能可以进行安装。同时还必须检查好预留的排水处的连接管位是否已经做好。

### 21.1.2 施工作业

(1) 窗机的安装

1) 安装

依照批准的图纸在窗框上安装上铝角，并用铝板或者玻璃来封好空调机和窗边之间的空隙，所有的夹口位也都要打上玻璃胶封好才行。同时要特别注意的是连外面的夹口和螺丝位置都同样要封好。然后就可以在空调机外壳排水的出口位，装上排水胶兜，再把外壳推出空调机的窗台，把管子和排水胶兜妥善的连接好，并连接到排水管的位置，记住排水管一定要稳固安装，这样才不怕刮风的时候把其吹动。而在机壳尾部和水泥面的位置，还必须装上防震胶，修正它的高度以配合机身的排水，这样机身才会向外并倾向排水位。

然后就可以用螺丝将机壳安装在铝角和窗框上，再将机壳内的螺丝位置打上玻璃胶以密封好空隙，然后将机身推入机壳内，利用海绵、玻璃胶或其他防水材料，将机身底盘和机壳之间的空隙密封好，避免日后有渗水的情况。最后再装上防风扣，装上面罩，之后就可以接上电源了。

2）窗口式空调测试

安装好之后，就要做验收测试。首先要检查封口胶的边是否做好，接着再测试窗口式空调机的温度、风扇的机械部分是否运作正常。将温度以及风扇的运行数值，分别调到最高温度和最冷温度的位置，再把电流表卡到火线，开动电源，记录开动和运行时的电流、出风和回风时的温度，最重要的是检查读数是否符合厂方指定的规格，如果没问题的话，就可以装好接线盒，这样窗口式空调才算安装完成。

安装空调，整个空调的机身要向外倾斜，排水管要接的好，还有整个空调旁边的缝隙要封得实。

（2）分体式空调的安装

通常分体式空调机是由室外散热机和室内冷凝机组成，室外散热机一般都是以座地式和吊顶方式进行安装，而室内机可以分为挂墙式、座地式、吊顶棚式和隐藏顶棚式四种。而室外机和室内机之间都是用铜管加以连接并输送冷媒。

1）施工图纸及材料批核

在施工前，承包商必须要备齐最新批准的图纸和批准的材料，比如冷媒、铜管、排水管、电线和保温用的橡胶发泡材料。

2）所需工具及测试仪器

另外承包商还要准备好所需工具，包括：弯管器、扩管器、切管工具、管称扳手、焊枪、沙纸、氮气和电钻；而仪器方面，就有压力表、真空泵、绝缘测试表、温度表和钳表。

3）室内机安装

室内机的安装就用挂墙式作为示范。首先室内的墙身一定要先做好泥水找平和油漆。接着再检查清楚随机的配件是否齐全，如果没问题的话，就可以将跟机的冷媒管摆好方向，在摆的时候一定要注意力度，千万不能在弯曲或者扭动时，将其整断或者弄扁。接下来就可以根据所批准的图纸、参照厂方提供的安装指示，定出安装位置，先用电钻在墙上钻孔，将室内机底板用螺丝固定在墙身上，然后检查机身的排水，当其微斜并面向排水管之后才可以将室内机挂在底板上面。

另外，其他室内机的安装，好像隐藏顶棚式的，风管式等等就要与各行各业互相配合，千万不能只是自己顾自己。

4）室外机安装

用吊挂方式作为室外机的安装示范。在墙身处标出钻孔和承托铁架的位置，然后用爆炸螺丝把铁架收紧在墙身上面。再在铁架上标好安装室外机的位置，这个时候要注意室外机和墙身之间的距离一定要符合制造商的要求、或者经工程师顾问批准后才行。另外在机身和铁架之间，还一定要安装上至少 6mm 厚的避震橡胶，如果室外机是安装在大厦的外墙时，就需要装一个有足够宽度、并且设有安全装置的工作台，这样才可以提高工人维修检查时候的安全。

5）铜制冷媒管道安装

冷媒铜管的安装，首先就要在墙身处标记好管路和管码的位置，而且直身管管码之间的距离不能超过 1.2m，同时在转弯处也一定要有管码才算最好。

然后就可以下管料了。先在地上铺上木板或者厚纸板，接着把铜管平直地放在上面，注意要尽量保持直线，千万不能弄扁或者整断，当伸到足够的长度之后，就可以把铜管切开，要清理切口的铜喉，然后用胶布把开口封好。

如果要将铜管弯曲的话，就必须要用弯管工具，即俗称的管钳，不能够随便用手或者其他工具将其弯曲。之后再套上橡胶发泡材料，但一定要用厂方认可的胶水来粘合连接面，并且使连接面互相紧帖，再用胶布包好。

6）铜管连接

焊接连接面与铜管之间的套合要注意它的套入深度，一定不能少于扩管器的预定深度，也就是管所指示的深度才算标准。当烧焊时如果接近保温胶管，就要用湿毛巾把包扎铜管包好，以防止热力传到附近的保温胶管。而所用的焊条就要用含银量至少 2% 的银焊条。另外在焊接铜管的时候火候一定要掌握得特别好，千万不能烧过火，因为这样会使银焊溶液过度氧化，而产生气泡，也就是砂眼。

烧完的铜喉要经得起压力，要不然就会有水珠出现了。

当连接室外机组阀门的时候，先要将铜管接口处撑大一点点，形成一个喇叭嘴，以便它和阀门之间能够紧密的接合，这样才不会漏冷气。当校正好连接铜管的长度和撑大喇叭口之后，并在铜管与阀门接合时，接合喇叭口所用的力度一定要适中，千万不能用力过猛，不然的话喇叭口就会很容易断裂。

7）控制电路及来电连接

控制电路和来电连接要依照厂方所定的连接指示进行，所有接驳的要求都一定要符合现行的电力法例标准才能称之为合格。另外室外机必须要安装一个紧急电闸和防水总配电箱，以便在日后维修的时候，可以直接截断室外总机电源，保障维修工人的安全。

8）通冷媒前测漏程序

当铜管连接完成以后，就应该要用氮气（Nitrogen）加压到 1.5 倍的操作压力来进行压力测试，或者是用稀释的洁精扫在连接面上，看一看是不是有气泡出现。当确定了所有被连接的铜管系统都已经完成之后，就要将压力表和真空泵接到针式阀门上面，然后开动真空泵，以抽真空程序进行测试。

当真空泵开了大约 15 分钟，而且等到压力表的读数显示为 −75cm 水柱或看见英制为 −30 英寸后，就要关上表阀和真空泵，再观察 15 分钟，以确保读数没有回升状况后，就可以输入冷媒，并打开室外机组的铜管来连接阀门。当整个空调机室内外的管道都相互连通之后，就可以等候测试了。完成了电路之后，首先就要做绝缘测试 INSULATION TEST：用绝缘测试表 INSULATION TESTER 量度电线的绝缘性能，其读数至少要大于 1MΩ 才对。

9）冷气机运作测试

最后就要做空调机的运作测试。首先检查电气部分，当确定所有电线都已经连接好没有出错之后，将电流表卡住（红或啡）火线，再接上电源。当开动空调机的时候，先读出电流表起动电流时的读数，大概 5 分钟之后，等到运作正常以后，再读出电流表运转电流的读数，将厂方设定的运转电流读数加以对照。同时还要观察冷媒压力表的读数，看一看是否符合厂方所定的标准。

　　还要用温度表量出室内风机出风口和回风口的温度，一般来说出风口和回风口的温差大概是 9℃～11℃，或者是要符合厂方提供的有关标准；而所有读数都应该记录在测试报告里面。当测试完成之后，就要拆下所有的测量的喉仪表，记住都必须要扭紧阀门盖。

　　要用适当的材料封好所有用过墙身处的孔，外墙孔要小心封好，以防日后进水。而所有室外的保温喉管都要漆上两层防紫外线光的保护油，或者加上保护外壳，以防止太阳的紫外光太强而使保温喉管老化。

### 21.2　中国内地与香港作法的主要差异

　　在大陆此部分内容一般不属于工程施工范围，由厂商负责安装、调试。

# 第22集 基 坑 支 护

## 22.1 香港基坑支护工程施工工艺和质量控制的主要内容

### 22.1.1 基坑支护范围

基坑支护工序的范围包括：打护坡桩工程完成以后，由基础混凝土底面到地面水平位的所有工序。

所有楼宇的地基工程都必须经过土方工序。而开挖的深度就要根据工程师和地基的设计方案而定。开挖较深的地方通常就要依靠横向的支撑架，来确保附近泥土的稳固。

### 22.1.2 施工前准备

（1）工地外围的开挖工程，例如围搭街板、装置监测点、临时或永久的地下公共设施以及改道工程等等，全部都要有路政署发出的挖路同意书，并且要在开挖处张贴告示，让大家都知道批准开挖的时段，同时还要有承建商以及工程师的联络资料等等。如果是围搭街板，就更加要有屋宇署发出的围街板许可证，才可以开工。

（2）承建商还要根据合约细则、屋宇署批准图、施工图和施工章程来制定一份"开挖和支撑施工程序建议书"，上面一定要详细列明施工程序、范围、施工方法、临时的工程设计、质量控制、安全措施，监测系统和环保措施等等，一个都不能少。

（3）承建商还要根据设计单位和顾问工程公司所发出的地下公共设施图，所有开挖范围先进行适量挖坑，大概是 1.2m×1.2m 和 1.5m 深度，以确定地下有没有埋设一些公共设施，例如：给水管、排水管、电缆、煤气管等等。

（4）应考虑及计划好以后改道工程的安排，以免延误工程。如果发现有一些不明的地下设施，而施工图上又没有显示的话，就要立即通知工程师，安排有关的设施机构去做实地检查，之后再听取工程师的指示。

（5）当探坑挖好后，承建商都要立刻先做好足够的安全措施；例如做好适合的盖板，以避免发生意外。等到检查完毕后，就要尽快回填、压实，并重新做好路面。除了探坑之外，还可用地下探测仪器，探出各种公用设施的情况。

### 22.1.3 工地周围测量及监测系统

（1）为了确保开挖和支撑工程安全的进行，承建商在开挖工程以前，就一定要在工地周围装置好所需要的监测系统；例如，沉降监测点、倾斜度监测点、探水井和振动幅度等等。

（2）沉降监测点通常都装置在人行道上，每天都要利用水平仪读取各监测点的读数，来做水平参数，这样就知道开挖工程有没有影响工地外界而产生沉降现象，例如路面出现裂痕等。

（3）倾斜度监测点通常都装置在挡土墙或附近大厦的外墙或是围墙上，每天读取各倾斜点的读数，作为垂直参数，监测附近的结构有没有不正常的情况。

(4) 探水井通常在已经开始探土或打桩工程的同时,就已经预先计划好并装置妥当了。而且每天都要利用探测仪探测地下水位的变化情况,尤其是工地内已备有抽水设备,在操作时要更加小心地观察地下的水位,以避免地下水过分抽低而导致路面下陷,破坏工地周围的一切公共设施。至于在进行开挖工程的时候,如果要采用起重机将障碍物移走的话,就一定要确保振动的幅度完全符合合约要求,而不会影响到附近的环境。

(5) 要请独立的测量师来监测工地附近所有建筑物的情况,如果有需要的话,还要向工程师建议加设额外的监测系统。当监测系统装好以后,承建商就要在工程师的监督下录取初始数据,作为日后的监测标准。

这个记录还要经工程师及时呈交给屋宇署。而且在工程进行期间,要定时观察并呈交所有的数据记录,如果发现有不寻常的沉降或倾斜,就一定要及时通知工程师。

(6) 如果工地上有挡土墙和斜坡,除了要执行前面所讲的两个步骤以外,还要定期监测挡土墙的排水系统和斜坡面的保护层。除此之外,承建商还要注意屋宇署随时发出的相关作业备考,以保障开挖工程在进行期间,能够合乎一切施工要求。

### 22.1.4 开挖机械和工具

开挖和支撑工程所采用的机械,重型及轻型都兼备。重型的,有起重机、挖土机、液压锤、推土机、倾卸式卡车、抓斗式泥车、空气压缩机和震动压路机等等;而轻型的,有风夯、风钻、震夯、平板式震动器、铲子、大钉、手锤等等。

由于开挖工程主要是依赖机械来进行操作,所以一定要注意各类型机械的性能和用途。为了确保安全操作,还应该要聘用有资格的操作员和有经验的指挥监工,做好每天的常规检查、定期测验机器和保养工作。而且香港的工厂及工业经营条例对于机械的使用和维修检验已经定下了严格的要求,所有承建商都要好好地遵守。

### 22.1.5 支撑工具和材料

支撑的工具就比开挖的较为轻型,例如氧气乙炔瓶、切割机、焊机、焊钳、焊镜、"链滑轮组"、卡尺、钢尺、曲尺、拉尺、以及轻型手锤等等。虽然每样工具都较为小型,但是都一定要有相当经验和有资格的工人才可以做到安全的操作。

### 22.1.6 支撑材料

至于支撑材料,一般就包括闸板、槽钢和工字钢。虽然支撑工序只是临时工程,未必会构成将来楼宇的任何部分,但是它所用的材料都一定要符合标准和规格。

### 22.1.7 施工注意要点

(1) 施工时有很多方面要注意,譬如施工程序对周围环境的影响就不能忽视。承建商在施工之前,一定要先制定一份环境管理计划书,内容包括噪声污染、污水排放、空气污染、化学及危险品处理等等。要委派专人,来审定和处理在施工期内一切对环境有所影响的工序,以达到环保法例的要求。无论打石发出的噪声,风沙卷起的尘埃,或者泥土污染街道都会对附近居民造成不便,所以事先要有足够防范措施,这样既可以减少工程对环境的影响,而工程又可以顺利进行。

(2) 为了减低工程进行期间所发出的噪声,工地上可选用低噪声或是环保型的机械工具来取代有噪声的型号;而机械和工具,比如风钻、挖土机等等,就应该配合减低噪声设施来使用,并且还要加设有效的隔声屏障来减低噪声。

(3) 至于污水方面,就要向环保署申请排放污水的牌照。得到牌照以后,就要依照牌照上所列明的条件去进行施工，否则就属违法。工地里面临时和永久的排水系统要定时清理，以防止堵塞。在使用中所堆放的建筑材料，例如：石子、砂、挖土、回填土的材料等等，都要用帆布盖好。材料堆放的位置一定要尽量的远离排水系统。工地里面所有的新旧沙井也要适当盖好或临时封好，以防止泥沙、建筑材料以及垃圾跌进去。最后还要注意所有污水都要先经过沉淀缸才可以排放到附近的排水槽或者是污水槽里面。

（4）香港有"空气污染管制条例"来监管空气质量优劣，所以一定要做好防尘措施，比如在每一个工地的出入口位置都设置一个清洗车的水池，以确保车辆不会将泥土带出街外。工地里面要有洒水系统，各个主要通道和会产生尘土的工作范围之内，都一定要洒水，以减低尘土散播。而倾卸式卡车和抓斗式泥车在运送泥土和垃圾的时候，要先用帆布或者是胶纸盖好才离开。同时工地里面还要严禁焚烧建筑垃圾以及其他废料等等。

（5）化学及危险品处理。所有工地用的车辆和施工机械在更换机油时的废油都一定要联络废油收集商进行回收处理，千万不要乱丢弃，以免污染土地以及排水系统。另外有过量氧气乙炔瓶必须储藏在危险品仓里。

（6）环境保护和工人个人安全及健康。同时还要提醒工人，环境保护和工人个人安全及健康的重要，并提供保护听觉的设备和口罩，以便工人配戴。工地应设专人在指挥来往车辆，还要穿上荧光衣，以确保安全。以上所说的设施都一定要请专人来切实执行。

### 22.1.8 施工工序

（1）挖泥工序

1）动工之前，承建商要先将整个工地进行测量，将地面水平位记录并呈交工程师，接着在工地上做好开线、参照点以及参考水平位，以便日后可以核实所有有关的工序。然后再检查开挖范围附近的围街板有没有修补妥当，开挖地段附近的安全措施是否做得充足等等。

2）所有参与的工作人员和工人，都一定要先互相了解清楚所有的施工程序，包括该地段指定的开挖深度、削泥斜度，同时要配合支撑工序和斜坡保护工序等等。总之除了完全依照屋宇署批准图内的一切条文之外，工地上的施工程序也要听从驻工地工程师的意见。

3）管工和挖土机驾驶员就要注意挖土机的操作和活动范围的安全措施，包括挖臂长度、旋转半径、前后容许的活动距离，还要记住挖臂不适合吊其他东西、以及做挖坑工作时还要注意坑边泥土的稳定情况。当在较深泥土处开挖的时候，要尽量远离挖臂，以免发生意外。

4）挖土机挖土的动作也要和倾卸式卡车配合，所产生的泥土要尽快搬走。当挖土深度增加时，就有可能会有地下水渗入，所以承建商要随时从监测系统的探水井处，观察地下水的数据和情况，如果真的太多，就要设置抽水设备。

5）在泥井开挖的时候，适当的抽水是可以使地盘干爽，方便施工。在护土墙外围抽水，也可以适当减低护土墙所承受的压力。

选择抽水的方法是要根据地盘的土质，附近楼房基础的情况等因素而设计，这样可以避免发生流沙以及附近楼宇和道路过度沉降甚至造成结构的损害。

一般会采用浅井抽水方法来处理地下水渗入开挖区的现象。这种方法就是在开挖土面周围，挖出一条浅的排水槽，有时候还会用埋砂包的方法，将地下水引入浅井，再用水泵抽到工地上的沉淀池或过滤缸去，之后再排到公共污水井里面。不过浅井抽水方式虽然较为简单，但是由于抽水量有限，所以只适合于 3~5m 的开挖深度。

当挖土过深的时候，例如要做地下室，就要用另外一种抽水系统了，不过一定要经工程师批准。如果遇到大雨的话，就要预备多个备用泵来抽水了。

6）至于面积较大而又可以容许无支撑开挖的时候，通常都会牵涉到做斜坡，当然除了要靠钉斜度架之外，还要清楚地标明挖斜坡的斜度以及深度的墨线，此时要注意的是，泥土能不能够保持稳定，主要就是看斜坡面的斜度大小，所以工地上斜坡的斜度要尽量减到最少，而且要减低雨水侵蚀斜坡表面的危机。在雨季期间，要用帆布和同等材料把开挖斜坡时所外露的位置遮盖好。

7）承建商还要安排提供临时雨水槽，例如斜坡边，再配合泵水设施，以防止雨水冲走外露的泥土。尤其是用来作为工地内的交通运输要道的临时斜坡就更为重要。

（2）切割石头

当开挖地基遇到大石，有四种方法可以把它打碎，但通常都会用第一种方法：用机器打碎，比如用液压锤等；或是用第二种方法：用风夯或是风钻钻头打碎等；第三种方法：利用化学膨胀剂破坏石层，但所用的膨胀剂一定要得到工程师的批准；而最后是用炸药将石头爆破的方法，就更加要向土木工程署的矿务和石矿部申请，不过在市区一般不会被批准。

（3）打桩头

当开挖到相当深度的时候，以前完成的桩头就会露出泥面，而比较常见有钻孔桩和工字型钢桩。此时打桩头的方法就各有不同了。首先，在打钻孔桩桩头工序中，要标注出两种水平位，分别是机械操作水平位和桩头水平位。

先要用液压锤将桩头打掉，直到机械操作到桩头水平位时再用手工操作，用风夯打混凝土面，直到桩头水平位，这样才不会打烂整条桩。打桩头的时候，千万不能乱用机械或任何工具而使露出的钢筋弯屈或折断，这样才算是优质工程。

打好之后，弄好整个桩头面，就可以和工程师一起去检查水平位上桩柱的混凝土质量，直到满意为止。

至于工字型钢桩方面，相对钻孔桩来说就比较简单了；测量员先将桩头的水平位标注之后，就可以用切割焊将工字型钢切断，要注意在切断之前一定要做好足够的安全措施。比如要用吊索筛紧工字型钢，而且在切断之前，烧焊工人和吊重机操作员还要达成一致意见，安全协调地将切断的工字型钢桩头吊走，并且要放到材料存放区。

（4）支撑

当施工现场狭窄和楼宇地基是靠近路边、马路或者是附近的建筑物时，开挖就一定不能够缺少支撑这道工序了。

1）最常见的支撑工程，就是用钢板或槽钢以及工字钢稳定泥土，然后再进行开挖工程。所以开挖工程和支撑工序一定要互相配合，并且根据批准图来做。

2）在设计支撑工序时，通常都会考虑到将来的永久结构，所以大多数横撑都会放在离开钢板有足够距离的地方，然后再用短支撑架撑实钢板，这样就有足够的空间让永久结构穿过，比如墙身或柱头等都可以穿过。另外要注意的是，凡是将每层支撑架安装至相应水平位时，测量员都要随时提供正确的水平位置，不然就很容易挖过头，这样就随时会导致路陷，并且破坏附近的公共设施，那个时候就会很麻烦。

3）安装程序为：首先将第一层土面明显位置标注好支撑位和水平位，如果要装置中柱，就要在做所有支撑工序之前，将它安装妥当。接着，根据正确的水平位拉好直线，装上横撑，然后再根据运到工地上的工字钢的长度来决定放置托架的位置；托架的距离和尺寸就一定要依照批准尺寸来做，这样才有足够的承托力。

当焊接好托架之后，就可以把工字横撑小心地吊放上去；等到所有横撑都放置好之后，就可以根据先前拉出的线校正好横撑，然后准备焊接工序。

所有焊接构件，包括连接钢板、加劲板以及和各个构件之间互相焊接的面都一定要依照批准图准备好，为了避免不必要的错误，应该在每个焊接点做上各种烧焊标注，使烧焊技术工人知道所有焊接的尺寸和手工要求，同时也方便驻工地的工程师做检查工作。

在焊接横撑的时候，可以根据工地的实际尺寸、依照批准图准备好其他构件的材料，而且尺寸一定要准确，尤其是短支撑和一些不规则的构件就更加要特别注意，以免日后再用废料来填补空位。

4）装置妥当之后，就可以继续开挖，直到挖到下一层指定的支撑水平位。而且在挖的时候，要加倍注意开挖范围，不然就很容易影响已经完成的支撑系统。尤其是当开挖到较深程度时，支撑构件就很可能较密，所以对于任何吊运的材料都要加倍小心。等到基础混凝土和拆板工作都做好了，而场地又清理妥当之后，测量员就可以根据施工章程，在基础构件和斜坡边缘标注水平位。每个标注位表示每层回填土的厚度。

5）在做回填工序之前，土面状况必须是已经得到工程师的认可，而回填的材料除了用泥土之外还可以用砂子。回填用土应该选用符合规格砂土，选好回填土之后再配合适当夯实机械。

6）回填时，一定要确保材料里面无其他垃圾、混凝土块等未批准的东西。而工人们就要根据水平位逐层回填、压实和测试。面积小的地方，可以用平板式振动器或者是振夯锤来压实土面。如果面积大，通常就会采用振动压路机。

（5）回填土检验

1）回填土测试的目的就是要确保压实的回填土是否达到所需的标准。

2）对于回填土，不管是工地本身储备的土还是从外面运进的土，都一定要预先向工程师申报，而且要由认可的试验室抽取土样，经过测试检查土的质量、粗细分类以及特性等等，并且找出土样的密度和含水量。以上数据都必须做成关系对照表。

3）工地上每压实一层土面，都要由指定试验室里符合资格的人员实地进行置换土试验（SAND REPLACEMENT TEST），经过计算之后，再根据测试的回填泥土的关系对照表来确定土面的含水量和压实程度是否达到标准。

4）如果不符合标准，承建商就要把不合格的那层泥土翻起来，等到晒干或者经过洒水之后，从新压实，然后再做一次测试，直至达到所需要的要求为止。

（6）拆除支撑构件步骤

1）当基础混凝土和拆模板工序都做好，并且清理妥当之后，工人们就要配合回填工序将支撑构件拆走。在拆之前，一定要确保基础混凝土强度已经达到了设计的要求。过早拆去那些钢梁，护土墙是有可能不堪负荷而倒塌，所以拆的程序和装的程序是同等重要，同样是需要根据施工的程序设计好，这样才可以确保安全。

2）在拆的时候，一定要逐层拆，而且每层要拆的支撑构件还一定要与回填土在同一水平位，如果回填土面的水平位未到支撑底部的话，或工地上的构件整体是不容许拆除支撑架，就千万不能预先拆走任何支撑构件。

3）最后，对于工地外围的钢板或槽钢，回填土压实至地面水平位之后，通常都要根据工程合约，在离地面 2m 深的材料都要清除，至于清除的方法就要得到工程师批准和根据批准图来做。这项拆除的目的是预留出位置供大楼的地基设施进入工地。

### 22.2　中国内地与香港在开挖支撑方面的比较

香港开挖支撑工序为护坡桩打完后的土方开挖工序，包括了中国内地的土方工程和护坡桩的横向支撑（锚杆、横梁、闸板等）以及土方回填的内容。从上一节的介绍可以看出，香港开挖支撑工序的施工工艺和步骤方面是非常具体和详细的。而中国内地的《地基基础工程施工质量验收规范》GB 50202—2002 中对土方工程施工质量验收给予了较为详细的规定。

#### 22.2.1　土方工程施工的基本要求

《地基基础工程施工质量验收规范》GB 50202—2002 对土方工程的基本要求为：

（1）土方工程施工前应进行挖、填方的平衡计算，综合考虑土方运距最短、运程合理和各个工程项目的合理施工程序等，做好土方平衡调配，减少重复挖运。

土方平衡调配应尽可能与城市规划和农田水利相结合将多余土一次性运到指定弃土场，做到文明施工。

（2）当土方工程挖方较深时，施工单位应采取措施，防止基坑底部土的隆起并避免危害周边环境。

（3）在挖方前，应做好地面和降低地下水位工作。

（4）平整场地的表面坡度应符合设计要求，如设计无要求时，排水沟方向的坡度不应小于 2‰。平整后的场地表面应逐点检查，检查点为 $100 \sim 400 m^2$ 取 1 点，但不应少于 10 点；长度、宽度和边坡均为每 20m 取 1 点，每边不应少于 1 点。

（5）土方工程施工，应经常测量和校核其平面位置，水平标高和边坡坡度。平面控制桩和水准控制点应采取可靠的保护措施，定期复测和检查。土方不应堆在基坑边缘。

（6）对雨季和冬季施工还应遵守国家现行有关标准。

#### 22.2.2　土方开挖的施工质量要求

《地基基础工程施工质量验收规范》GB 50202—2002 对土方开挖的施工质量提出了要求。

（1）土方开挖前应查定位放线、排水和降低地下水位系统，合理安排土方运输车的行走路线及弃土场。

（2）施工过程中应检查平面位置、水平标高、边坡坡度、压实度、排水、降低地下水位系统，并随时观测周围的环境变化。

（3）临时性挖方的边坡值应符合表 22.2.1 的规定。

临时性挖方边坡值 **表 22.2.1**

| 土 的 类 别 | | 边坡值(高:宽) |
|---|---|---|
| 砂土(不包括细砂、粉砂) | | 1:1.25～1:1.50 |
| 一般性黏土 | 硬 | 1:0.75～1:1.00 |
| | 硬、塑 | 1:1.00～1:1.25 |
| | 软 | 1:1.50 或更换 |
| 碎石类土 | 充填坚硬、硬塑黏性土 | 1:0.50～1:1.00 |
| | 充填砂土 | 1:1.00～1:1.50 |

(4) 土方开挖工程的质量检验标准应符合表 22.2.2 的规定。

土方开挖工程质量检验标准(mm) **表 22.2.2**

| 项目类别 | 序号 | 检验内容 | 允许偏差或允许值 | | | | | 检验方法 |
|---|---|---|---|---|---|---|---|---|
| | | | 柱基基坑基槽 | 挖方场地平整 | | 管 沟 | 地(路)面基层 | |
| | | | | 人 工 | 机 械 | | | |
| 主挖项目 | 1 | 标 高 | −50 | ±30 | ±50 | −50 | −50 | 水准仪 |
| | 2 | 长度、宽度(由设计中心线向两边量) | +200 −50 | +300 −100 | +500 −150 | +100 | — | 经纬仪,用钢尺量 |
| | 3 | 边 坡 | 设 计 要 求 | | | | | 观察或用坡度尺检查 |
| 一般项目 | 1 | 表面平整度 | 20 | 20 | 50 | 20 | 20 | 用 2m 靠尺和楔形塞尺检查 |
| | 2 | 基底土性 | 设 计 要 求 | | | | | 观察或土样分析 |

　　注:地(路)面基层的偏差只适用于直接在挖、填方上做地(路)面的基层。

### 22.2.3 土方回填的质量标准

　　《地基基础工程施工质量验收规范》GB 50202—2002 给出了土方回填的施工质量标准。

　　(1) 土方回填前应清除基底的垃圾、树根等杂物,抽除坑穴积水、淤泥,验收基底标高。如在耕植土或松土上填方,应在基底压实后再进行。

　　(2) 对填方土料应按设计要求验收后方可填入。

　　(3) 填方施工过程中应检查排水措施,每层填筑厚度、含水量控制、压实程度。填筑厚度及压实遍数应根据土质,压实系数及所用机具确定。如无试验依据,应符合表22.2.3 的规定。

填方施工时的分层厚度及压实遍数 **表 22.2.3**

| 压实机具 | 分层厚度(mm) | 每层压实遍数 |
|---|---|---|
| 平 碾 | 250～300 | 6～8 |
| 振动压实机 | 250～350 | 3～4 |
| 柴油打夯机 | 200～250 | 3～4 |
| 人工打夯 | <200 | 3～4 |

（4）填土施工结束后，应检查标高、边坡坡度、压实程度等，检验标准应符合表22.2.4的规定。

填土工程质量检验标准（mm） 表 22.2.4

| 项 | 序 | 项 目 | 允许偏差或允许值 | | | | | 检 验 方 法 |
|---|---|---|---|---|---|---|---|---|
| | | | 桩基基坑基槽 | 场地平整 | | 管 沟 | 地（路）面基础层 | |
| | | | | 人 工 | 机 械 | | | |
| 主控项目 | 1 | 标 高 | −50 | ±30 | ±50 | −50 | −50 | 水准仪 |
| | 2 | 分层压实系数 | 设 计 要 求 | | | | | 按规定方法 |
| 一般项目 | 1 | 回填土料 | 设 计 要 求 | | | | | 取样检查或直观鉴别 |
| | 2 | 分层厚度及含水量 | 设 计 要 求 | | | | | 水准仪及抽样检查 |
| | 3 | 表面平整度 | 20 | 20 | 30 | 20 | 20 | 用靠尺或水准仪 |

# 第23集　非传统模板

## 23.1　香港非传统模板安装工艺和质量控制主要内容

### 23.1.1　非传统模板的优点和局限性

（1）非传统模板的优点

因为非传统模板所用的材料比较耐用，而且可以重复使用很多次，对于一些高层建筑、在设计上有大量重复而形状又不规则的混凝土楼宇来说，采用它就不单能够提高工作效率，而且还起到了环保作用，同时又可以减少工地上的垃圾。

（2）非传统模板的局限性

非传统模板也有它的局限因素，由于所用的模板按照图纸的设计已经预制好了，如果在建筑期间要改动楼宇尺寸，那就不如传统模板那样方便。所以在出标的时候，就要先冻结图纸的尺寸，如果楼宇的设计，需要在墙身厚度上进行缩减墙身厚度，那就要尽量减少缩减的次数，使组装过程尽量简化。

用非传统模板浇筑出来的混凝土面会比较平滑，对装修材料的粘贴力也就相应的减低，所以在外墙装修设计上就要特别注意。

### 23.1.2　非传统模板的选用与确认

（1）图纸设计

设计对发挥非传统模板的最佳效能有直接的影响。所以如果发展商决定要用非传统模板的话，事先就一定要和工程师把要求讲清楚，让工程师在楼宇的设计上作相应的配合。当工程师有了初步的设计之后，还应该请非传统模板设计承造商加以协助，吸取他们的宝贵意见，使楼宇和模板的设计更加的紧密配合，这样在建筑期间，就可以减少复杂问题的出现了。

除了设计之外，还要绘图，图纸应经工程师批准，还要呈交力学数据等等，所以一定要预留足够的时间。从设计到第一套模板运到工地上，大概三个月左右的时间。

（2）材料选择

非传统模板所用的材料一般都是按照个别工程的需求和设计来选料的，多数选用钢、铝、木，还有配上混凝土的预制件。

（3）支模前确认

在支模之前，管工必须备齐有关的建筑图纸、结构图纸、建筑大样图以及预留孔图。还有施工章程和特别注意拆模板和拆顶撑的时间。

因为非传统模板是由模板承造商设计并且制造而成的，所以施工的细节和材料的运用应该由模板承造商来发挥，并用工地上的样板为标准。

在支模之前，首先一定要确保承托模板的混凝土面水平正确，而混凝土框架结构的墨线尺寸一定不能出错。所以绳墨工人依照图纸弹好墨线之后，再交由管工复核，以防止错漏。而用来固定模板的混凝土墩必须垂直、平整以及水平，不然模板就会很难组装、很难调整了。

### 23.1.3　非传统模板种类

包括有钢模板(Steel Form)、台模板(Table Form)、爬升模板(Climb Form)、滑模板(Slipform)、滑爬模板(Slip-Climform)、铝模板(Aluminium Formwork)、预制件(Precast Concrete Panel)以及混合模板(System Formwork)。这些模板各有各的特性和不同局限性。

(1) 钢模板的优点

钢模板的优点就是做法有系统，可以大大节省人力，具有经济效益，而且模板大、接口少，所以漏浆的机会就比较少。这种模板最适用于高层建筑，楼面变化少的楼宇。

最好把每一层楼宇不同单位的大小尺寸，设计成可以把模板互相交替应用，又或者把两座楼宇设计成完全相同，配合模板也可以交替应用。

一套模板两边用，那就又省时省钱，那么要建的楼宇座数，就最好是双数。不过钢模板也有局限，一定要动用塔吊，而且设计有太小的混凝土装饰构件的楼宇也不大适用。

另外，为了减少模板设计和组装的复杂性，室内间隔墙最好用其他材料来代替非承重的混凝土墙。

(2) 钢模板设计

在模板设计方面，一定要有足够的厚度，通常是 4mm 厚，再加上有足够的角钢，扁钢来做加劲杆(Stiffener)，再焊接接合，这样吊运和组装时，就不容易松脱和变形。

(3) 支钢模板的工具

支钢模板工具包括：尖尾倒顺扳手、固定扳手、手锤、水平尺和千斤顶。

(4) 支钢模板施工方法

1) 主要分为吊运、组装以及拆模 3 个步骤；起吊之前，要先将模板的散件，比如底板，扣码全部拆除，上稳练扣以后，还要用对讲机和塔吊控制员保持联络，千万注意不可以超重。要特别注意安全，尤其是在刮大风时吊运模板，就要更加小心。

2) 组装之前，将模板清浆并且漆上模板油。一定要准确依照模板设计和施工图纸的要求组装，要用足够的基层或基层混凝土砖来固定模板脚，模板固定以后，必须进行检查以确保水平、垂直、平整以及不弯曲。千万不可漏装用来锁紧板模夹口的扣码、固定墙身尺寸的螺丝栓、横枋木以及斜撑和底板等等。

3) 模板的螺丝栓孔位要避免和墙身铁件位撞在一起，如果真的遇到这种情况，那就要改变铁件位或者螺丝栓孔位，哪一种容易就改哪一种。而墙身或者楼面需要准确的留孔位置，那最好牢固组装在模板上。其他有弹性的留孔位就应该按照地面的实际情况，用箱或者套筒来留孔。

4) 用来锁紧夹角的扣码，要坚固耐用、容易装拆，而对于一些暗角或者死角，模板大多数都设计成活动装置，或者是用倾斜夹角来组装，以方便安装及拆模，板模上层工作台要与模板顶部相平，方便浇筑混凝土。外墙下一层的工作台要低于模板的底部，以方便浇筑前后的维修工序。当然模板夹口一定要紧密，不漏浆，还要能承受浇筑时的压力。

5) 模板的缝隙密封对浇筑混凝土是很重要的，因为缝隙封得好，才能够防止漏浆。一般模板底部的缝隙是采用水泥浆来填塞的，而混凝土墙顶部和楼面的空位，则大多数是用胶条或者木条来填塞。

6）组装好钢模板并在倒混凝土之前，一定要先复核清楚，以确保符合图纸要求的尺寸，并且还要水平、垂直以及够稳固，不会因为浇筑混凝土时所产生的撞击力而导致模板移位。

总之模板必须要坚固、耐用、经得起撞击而不变形才算达到标准。

### 23.1.4　台模板 Table Form

台模板主要是用来承托楼面混凝土的，台模板的优点是它可以在大面积的楼面重复使用，组装过程又比传统的楼面钉板要快。但使用时会受到工地周围环境的限制，太小或者太接近民居住宅的工地就不能使用，通常比较适合用来兴建楼面面积大、间隔承重墙少，外墙较少的混凝土墙，以及玻璃外墙设计的商用楼宇。

（1）由于台模板要通过外墙来运送，所以外墙周围要有足够的空间，如果外墙边没有足够空间来运送台模板，一般就会在楼面边预留运送模板的位置，或者直接在楼面留孔位置来运送这些台模板，而后再补浇筑这些预留孔混凝土，这就会增加很多后续工程。间隔墙较多，或用外墙作为结构构件的楼宇就不适用了。而台模板所用的工具和钢板模是一样的。

（2）台模板面是由平面钢板组装的，用垂直钢架支撑而成，而这种钢架的高低水平是可以调节的，所以在拆除台模时，一般只需要将钢架调低，然后在钢架的底部装上底轮，这样就可以将整张台模板推出，运到上一层再用。

（3）台模板通常都是用塔吊吊运，或者利用台模板升降机在外墙直接运送。在吊运的时候，工人们要按程序操作，防止台模板或者粘在模板上的砂石由高处跌下，同时还要避免因撞到其他材料而造成的损坏。上料之后就要按墨线标准校准台模板的位置并核准水平，然后锁紧底板，再加上足够的支撑（Bracing）就更加稳固了。

（4）台模板从设计、制造到组装，通常都由不同的公司来负责，会发生一些不协调的问题。所以当采用台模板时，一定要确保台模板的制造和组装，符合设计图纸以及运作的要求，务求使台模板可以正常使用并发挥它的优点。

### 23.1.5　爬升模板

爬升模板主要是利用千斤顶，把墙身的钢模板自动提升；是一款全机械化操作的模板，它的优点是，作业效率高、而且操作容易。但有时爬升模板的进度也会受到其他相关工序的局限，例如，做墙身混凝土的进度就不可以抛离后做混凝土楼面太远。这是因为在楼宇结构上，墙身是需要楼面来做横向支撑的，所以墙身与后做楼面的距离是要经过工程师批准。在施工的过程中，楼面也都可以作为工作台使用的，所以墙身是不可以起得太快，一般是会有三层的距离。

（1）因为楼面要后做，所以墙身一定要预留坑位和预留钢筋位。留坑位可以使用胶盒，而预留钢筋可以采用传统的留弯筋，将其预留在坑位里面，以后再将钢筋凿出来，以作为楼面搭接钢筋之用。但是这种方法比较复杂，所以一定要确保工人有良好的技术。另外还可以用连接器（Coupler）来接楼，要先得到工程师批准。而主要工具有不同大小的倒顺扳手、固定扳手、扳手、电钻、手锤、手动葫芦、还有拆紧固螺栓（Cast-in Bolt）的锁匙。

（2）施工的时候要注意千斤顶的操作，性能要良好而且要有经常性的维修保养，爬升路轨的紧固螺栓(Cast-in Bolt)位置要正确稳固，在爬升的时候，工作台上只容许相关的工人逗留，监控整个操作过程，确保各千斤顶可以同步操作，至于工作台，当然一定要安全，要有足够的围板和踢脚板，爬升后，再装钢模板，要拧紧所有的扣码。

（3）当混凝土浇筑到屋面时，爬升模板就不能再用了，一般只需要大约七天的时间就可以将整套爬升板模由高处吊下并运走。千斤顶就可以进行保养维修。

23.1.6  滑模板

另一款全机械化操作的模板是滑模板。它主要是用钢模板加钢架做成的，滑模板所用的工具和爬升模板一样，都是利用千斤顶，它的好处是可以一边绑扎钢筋，一边浇筑混凝土，如果不受环保限制的话，可以 24 小时运作。这种模板最适用于烟囱以及筒型谷仓，它可做到墙身完全没有任何接槎口。

（1）滑模板除了垂直度可以做到准确之外，一般还可在 3 天内完成一层混凝土墙身，而在浇筑后，混凝土还是湿的时候，就可将混凝土外墙做粗糙面，以便将来做外墙的时候，瓷砖自然就会更加贴紧。

（2）虽然滑板模都可以做到弧形外墙，但所有外墙的悬臂式楼面就要后做了，而且外墙还要尽量少加装饰线。

（3）滑模还可以用于外墙和楼宇中间的核心部分。而各层的楼面就可以用混合建筑的方法来做。可以用工字钢加波纹铁模板作为楼面的承托架，或者用铝模板和传统模板的方法。

（4）楼面和墙身的接槎位，就和爬升模板一样要小心处理。而一般的间墙要不少于 125mm 才可以采用滑模板。

（5）用滑模板施工时，要有安全围栏。上下的楼梯就一定要特别设计，以配合滑模板的爬升运行。

23.1.7  滑爬模板

（1）滑爬模板的优点

滑爬模板是第二代的滑模板，在经过了改良以后，已经克服了后做楼面混凝土的局限。如果楼面同墙身一次过 U 形来进行混凝土的浇筑，那就会减少垂直的接槎口，相对来说，也可以减少层与层之间的漏水问题，由于得到了上一层楼面的保护，下层自然就减少了高空堕物的危险性。工人们工作起来也就更安全了。使用滑爬模板就连外墙窗台、冷气机台以及装饰线都可以做到一次性浇筑混凝土。

（2）滑爬模板的操作

1）滑爬模板的间隔墙都是用大板模来做，浇筑完混凝土之后，就可以用滑轮将模板移离墙身，然后再用千斤顶将板模提升到上一层，再进行组装的工作，完成之后，墙身与楼面成 U 形，这样就可以进行一次性浇筑混凝土，如果工地上可以用悬臂式混凝土泵来倒混凝土的话那就更方便了。这样楼房就只会有打横的接口而没有竖向的接口位。

2）浇筑混凝土后，所有混凝土顶部都不可以松脱，以免影响整个结构。而所用的工具和钢模板差不多，要增加用来修拆螺丝帽的风动扳手。

23.1.8  铝模板

（1）铝模板主要是用手工操作的，它的优点就是由于铝模板比其他钢模板轻，所以从上板到组装都可以用人工操作，就算塔吊坏了也不会影响工作进度。

（2）铝模板比起其他钢模板可以有比较多的变化，比如在外墙上做窗台和露台用过的铝模板，大部分都可以再使用，符合环保要求。做出来的混凝土效果又比用传统模板美观，可以省掉混凝土找平工序。

（3）用铝模板时，在工地上要特别安排足够的空间来作为存储和组装之用。开工之前，一定要先做"模拟组装"，看看成套模板还有没有需要改善的地方，同时可以顺便对工人进行培训。如果工地上没有足够的地方，那就要事先考虑在其他工场先组装好，编好模板的货运记号，然后才运去工地用。

（4）模板还一定要有系统的编排记号和安装次序。因为系统编排处理得好，出料的时间又与工地的应用互相配合，这样就可以确保组装程序顺利进行并且加快施工进度。

（5）铝板模所用的工具，包括有手锤、短铁撬棍、Y形拉杆、之字码、倒顺扳手、梯牙螺杆。而铝板模的主要材料包括铝板和铝角，同时用扁铝做加固之用。

（6）其他配件有：螺栓、门铰轴；另外最特别的地方，就是墙顶和楼面的夹角位，有特别设计的平卧材（Straight Ledger），它会使空隙减到最小。上料时，外墙必须要有安全脚手架，它要高于倒混凝土的楼层，而框架内要留有运送口。

（7）施工时要按照图纸要求组装，同时注意散件组合的稳固性，模板夹角的扣码要收紧，横枋木要装稳；管工核准垂直水平以后，还要再加一些斜撑来稳定墙身。

（8）使用铝板模时还要特别注意，所有的混凝土都不可以提前拆顶模，尤其是用悬臂式楼板顶住的楼面，不然就会影响结构的安全。

### 23.1.9 混凝土预制件

预制件一般都是指预制的混凝土件，常用的包括：预制混凝土外墙、楼面、楼梯及窗眉。目前一般都由国内厂家生产，质量及成本效应就更理想了。要按照工地施工要求先运到工地上进行组装。

（1）混凝土预制构件的优点

混凝土预制构件的优点是时间快，建筑工厂化，质量容易控制，因为铝窗和外墙砖可以一齐做，这样可以减少漏水和外墙砖脱落的机会，并且可以减少工地上的垃圾。而且这种混凝土预制件还可以和其他非混凝土预制件配合，例如间隔墙可以采用干墙板（Dry Wall Panel），或者石膏板来减少工地的湿作业。

（2）如果工地上决定用混凝土预制件，那就必须要注意设计上的细节，包括预制件的尺寸、大小、重量、运输、储存、起吊以及接搓口位之间的处理等等。因为很多时候对它都有特别的要求，比如预制件太大或者太重，在运输和起吊方面都会有问题。

（3）工地上也需要有较多的储存空间。在安全方面也要特别注意，例如在吊运和安装时，必须充分地根据步骤来做，所有预制件都要留意接搓口的设计，以防渗漏。

### 23.1.10 混合模板

承建商会根据建筑设计的要求，选用不同的建筑材料来互相配合而成为一套"混合模板"。它的好处是可以根据实际的环境来使用，并发挥各自的优点。例如用铝模板做墙身，楼面板就用传统的夹板；或者墙身用钢模板，而楼面板用铝模板都行，关键是要配合得好。要特别注意，由不同板模配合组装后的接搓口的处理，一定要依照所批准的图纸来进行施工。

23.1.11 使用非传统模板的注意事项

（1）不论是台模板或铁模板预制件都需要靠机械来起吊，组装之后来浇筑混凝土。所以工地上的塔吊一定要覆盖整个组装的范围，而且塔吊对工地上各专业的应用都非常的广泛，所以在考虑塔吊数量的时候，一定要充分配合组装模板的施工流程，这样才容易控制浇筑混凝土的周期。

（2）由于非传统模板和钉木模板的工序不同，检查绑扎钢筋和封板可能在同一天要分几次进行，以配合工地的实际需要。这样就可以发挥非传统模板的效益了。

（3）目前，多数都是采用混凝土泵来浇筑混凝土，为了避免泵管所产生的撞击力传到板模上，所以一定要把泵管用管码和螺丝收紧在混凝土墙身或者柱头上，同时用活动铁架来承托泵管来减低撞击力，以避免影响模板结构的稳固而导致走位。

不管是用哪一种非传统模板，只要工序做得好，浇筑出来的混凝土就一定会平整、垂直、符合尺寸要求、不漏浆，也不会有蜂窝。

## 23.2 中国内地与香港在非传统模板工序的比较

中国内地与香港在木模板工序的准备、模板配套、模板工艺和工序验收方面的主要控制内容是一致的。从上面的介绍可以看出，中国香港在模板配套、模板工艺以及各类构件的要求和注意事项都非常具体。中国内地在《混凝土结构工程施工质量验收规范》GB 50204—2002中明确规定了模板分项工程的施工工序质量检验的标准，见本书5.2节。

# 第 24 集 塑 料 窗

## 24.1 香港塑料窗制作安装质量控制的主要内容

### 24.1.1 塑料窗功能和渗漏原因

(1) 塑料窗的主要功能

一般塑料窗的主要功能是采用承受风荷载和防止雨水渗入，还有隔热隔声的效果，比较耐用而且环保。

(2) 塑料窗漏雨的原因

1) 通常窗孔太大、混凝土出现蜂窝、窗边封得不够严密、外墙的装饰瓦片倾斜或者玻璃打胶做得不好，都会造成进水。

2) 塑料窗是由不同形状的塑料配件，以焊接或者打螺丝的方式组装而成，所以如果组装过程做得不好，也都一样会进水。

因此，要做到优质的塑料窗，就一定要靠工程师、承建商和塑料窗承包商互相合作。

### 24.1.2 塑料窗设计

要做一扇不进水的窗，首先就要在设计上下功夫。在一般情况下，工程师必须预先定好塑料窗的尺寸，而且要清楚标明所用的材料、组装、安装、验收和测试的收货标准。

(1) 结构设计

为了加强塑料窗承受风荷载的能力，要根据受风荷载的大小提出要求，比如在塑料框内加上热浸铅水钢槽，就比较耐用。

(2) 施工图纸

承建商和塑料窗承包商要备齐有关的施工图纸，例如施工章程、最新屋宇署批准的图纸、平面图、横切面图、结构图和大样图，其中包括抹水泥封口图纸等等。另外还要把各项文件和设计书呈交给工程师审批，例如：建议施工方法、计算结构抗力、施工图纸，包括立面图、横和直切面图、大样图、活动窗和固定窗结构图，并要备齐磨耳距离、混凝土孔尺寸、离地面高度、窗边玻璃胶宽度，以及各种配件的安装数据等等。

(3) 用料测试

应选择最有代表性的窗，例如最大或数量最多的窗来进行塑料窗的防风防水测试，其中包括气密性、水密性和结构性的测试等等；而且在大量下料前，必须确保塑料窗所用的材料都符合规格要求。

(4) 材料批核

承建商和塑料窗承包商要呈交有关材料的样板给工程师审批，其中包括磨耳、各款结构螺丝、子弹钉、窗的锁紧配件、转轴、拉手、塑料组件、窗角碰口、玻璃、玻璃胶、防水胶条、塑料窗配件和颜色样板等等。得到工程师的批准以后的 2 个月内，要完成整扇窗的样板制作，并把一份由工程师签名确认合格的同一款式的散件样板存放好，以方便有关人员随时进行质量检验。

另外优质的塑料是不应该混有其他的杂质的，而表面色泽要光润，还不应有微粒和小孔等等。

（5）玻璃审批

玻璃的种类很多。例如有无色透明玻璃、有色玻璃、夹层玻璃、钢化玻璃、还有磨砂、印花、铁线玻璃片等等。承建商和塑料窗承包商要按照合约的要求，将不同颜色、尺寸、厚度的玻璃样板，以及有关的玻璃来源证、测试证书，或者测试报告、出厂证明书等等的相关文件，都要呈交工程师批准审核。

（6）打胶审批

主要采用的是中性胶，而打胶的范围当然就包括了墙边、塑料和玻璃间的缝。

24.1.3　塑料窗生产程序

塑料窗的整个生产过程，包括设计图纸、开料、组装、检验直到运料到工地，都要由塑料窗承包商负起全部责任。除了要负责做好管理和测试之外，还要做好质量控制，包括不定期到工厂视察，培训技术员工和采用先进技术以减少人为的错误等。

（1）塑料窗放样图

塑料窗承包商一定要先根据工程师批准的施工图纸进行"拆图"，再出一份备齐了各款塑件的"母图"。按照1：1的比例列明塑料件的尺寸、厚度以及连接位置等，在母图得到工程师的批准后，就可以送到塑料制造厂下料。

（2）塑料测试

对于塑料测试，一定要特别注意。塑料窗承包商一定要按照工程师批准的验收标准进行抽样检查，绝对不能自定验收标准。

1）外观检查。要仔细看塑料是否有瑕疵，包括刮花、凹陷、凸起、残缺、弯曲或者扭曲等。

2）尺寸和色差检查。对塑料的长、宽、高以及厚度是否正确进行检查，还要利用150mm长的样板进行色差和光泽的比较。

3）现场检查记录。测试合格的塑料，要做上记号，而且要根据工地的需要分类储存在合格成品的仓库里面，留待下料时用；而不合格的就应该摆放在不合格成品的仓库里，而且要及时运走。

4）抽样测试。利用仪器进行包括焊角，强角的测试和抗冲击的测试等等。

（3）下料

1）要根据最新批准的图纸要求的尺寸下料。在下料之前，还要检查清楚保护胶纸有没有损坏，以免塑料在生产过程之中被刮花。

2）为确保塑料有足够的焊接位置，每根塑料都要预留6mm的长度作为焊接之用。同时为了避免影响焊接的效果，必须要保持切割口的干净。

（4）加工

塑料窗加工包括开排水孔、开多点锁孔，以及在塑料配件上加上热浸铅水钢槽等。还要依照图纸的要求把螺丝收紧。

（5）组装

1）加工好的塑料件经检查合格后，就可以进行组装焊接。首先将焊接机调节好，然后就可以把塑料配件按正确方向摆放好，焊接机就会自动把塑料配件焊接好。

2）为了确保质量，要每隔 20 次左右，就要做一次清洁工作。由于焊接机是利用热力和压力进行焊接的，焊完之后，就会留有焊渣，如果在清角机刨不到的地方，那就要用手工来处理。

3）组装好后，要检查窗的长度、宽度以及对角线是不是符合标准；还要检查塑料配件的表面是否平整，以及表面有没有焦黄或气泡的现象。若不符合规格要求，就要报废。

（6）安装配件

1）检查合格就可以逐一装上配件，包括防水胶条、窗的锁紧配件、窗扇支撑和定位垫片等等。要先把胶条装在窗页和窗框预留的槽位内，胶条的长度要符合要求。

2）安装多点锁紧装置的好处是可以不在窗框正面钻孔，这样可以加强塑料窗的防水功能。而加上定位垫后，就可以使窗页在运输期间和安装之后，不容易变形。

（7）全面质检

对每一扇窗都要接受全面性的质量检查。检查窗户的大小尺寸是否符合图纸批准的要求，包括所有的配件要齐备，安装位置要准确，螺丝要齐全及收紧，防水胶条要紧密，不反翘、不离缝；把手和窗锁要顺滑，窗页开关要畅顺，在关好窗之后，窗页必须紧贴窗框，而且没有任何的变形，同时还要搭配平均、没有移位、夹口要紧密、平滑而又平整，而且不会刮手。

一扇优质的塑料窗户，内外都应该没有任何损坏和刮花的痕迹，塑料面应该带有光泽。

（8）清洁

完成质检之后，就要用工程师批准的清洁剂做最后的清洁，清理干净后的塑料窗，要做到没有任何的污渍。

（9）保护

1）要用保护胶纸重新包好塑料窗。

2）在窗页的中横梁槽和底横梁槽一定要放上木条来作保护。

塑料窗由制成到安装玻璃的整个程序往往都会长达两年之久。所以优质的保护对一扇做好的塑料窗是相当重要的。

（10）临时支撑架

为了防止塑料窗在运送或者安装期间扭曲变形，凡竖框的宽度超过 1m，就要在其中间位置，装上临时的支撑架，直到安装窗框时才拆除。

### 24.1.4 塑料窗安装施工程序

（1）塑料窗进场验收

承建商和塑料窗承包商首先要核实材料的数量、尺寸、质量等是否符合规格、是否有足够的保护。对于受损毁的窗，就要及时运离工地。

（2）水平墨线

在安装之前，承建商一定要提供足够的并且准确的水平墨线，其中包括上下水平墨线、侧面墨线、两侧边距墨线、顶墨线和直角窗所用的十字墨线等等。

（3）混凝土外墙交接检验

1）塑料窗承建商、总承包商和工程师对混凝土外墙进行交接检验，要预先定下验收标准，应检验混凝土孔位是否符合安装的要求。

2）塑料窗承包商要根据承建商提供的水平墨线来检查混凝土孔位的大小、高低和墙身厚度是否妥当；同时还要检查混凝土孔位有没有露筋、蜂窝、砂眼、混凝土过高或者过低、残缺角、以及有没有清木板、板皮、铁皮等等。

3）在室内窗框脚，混凝土孔位和窗框之间，要有足够宽度的空位，用来抹水泥进行收口之用，而具体的尺寸要依照合约章程而定。

4）检查工作完成以后，塑料窗承包商要将遗漏或者问题所在位置记录在混凝土孔位检查报告上，并呈交工程师。

（4）样板房

在安装之前，承包商就要先在工地上做好样板房，包括窗配件的组合、安窗、打磨耳、或者钻孔收螺丝、混合防水水泥和抹水泥砂浆及进行试水等程序。

（5）工地窗配件组合

由于受到工地上运输的限制，所以较大的塑料窗一般都要一幅幅的在工地上进行组装。工地的环境不如工厂好，所以一定要由经验丰富的塑料窗师傅进行工地上窗配件的组合程序。

（6）工地安装窗框

1）首先承建商要用钻孔机或是菊花头钻将混凝土孔位表面打花，这样除了可以增加抹防水水泥的粘接力之外，同时可以检验到混凝土表面是否合格。

2）要注意在200mm范围以内，避免有任何暗灯管、水管或者排水管通过，要不然在安装磨耳时就会把它弄穿。

3）把装好符合规格磨耳的窗框放入混凝土孔位之后，承包商就要再次检查窗框位和水平位，确定窗框和混凝土之间有足够的宽度来抹防水水泥。根据图纸的要求，在指定的相隔位置，用混凝土钉打磨耳来把窗框装稳。另外一种方法就是要根据工程师审批后的设计，在窗框预留孔位，在混凝土孔位钻孔，用混凝土钉或者结构螺丝连接，要注意孔的深度和直径一定要和螺丝相配合，再加上螺帽，就可以减少漏水的机会，而螺丝间的距离应完全依照设计图纸的要求。

（7）抹窗框边的防水水泥砂浆

装好窗框之后，就要抹上工程师批准的防水水泥砂浆进行封口，要注意在混凝土孔位的抹水泥砂浆位置要清理干净，要用低碱性水泥砂浆，否则会影响防水功能的。所用的特殊工具包括有钢条、量杯等等。

1）首先把胶粘剂刷在窗框和混凝土之间，再根据生产商的产品说明，将防水水泥砂浆调好后，就可以开始抹了；用木条将窗框外边封死，然后用灰勺抹，除此之外也可以用手将水泥砂浆从窗框内外两边同时塞入并抹好。所选用的方法一定要先得到工程师的批准，而且要注意抹水泥砂浆的备用时间，因为时间一过就没法用了。

2）抹水泥砂浆封口一定要封得够密，不松散和没有虚位，之后用钢条压实，再用清水将水泥面清洗平滑，以方便内外墙身包角、贴砖、铺窗台等等工序。最后要清理干净整个场地，这样就方便下一道工序进行。

（8）抹水泥砂浆后防水测试

当完成窗框边防水抹水泥砂浆封口的48小时之后，才可以做防水测试，而它的程序和方法都要先得到工程师的批准才可以进行。

1）测试要由窗底开始向上射水，再等一小时后再做窗顶的测试。要以正确的水流量和试水时间，不停地向窗框外抹过水泥砂浆的表面喷水，试水后一个小时，要再次检查有无漏水的迹象，全部都合格了，就可以在窗框边、混凝土和水泥表面，涂上由工程师批准的防水膜，而防水膜的颜色必须和水泥砂浆的颜色不同，这样才方便监察和控制质量。

2）如果出现漏水就不能只铲走部分水泥砂浆，而必须要把整扇窗框边的防水水泥砂浆全部拆走，再重新补做一次。

3）要等其他工序做完后，才可以装上玻璃，那在这段时间窗很容易受到破坏，所以一定要做到足够的保护。

（9）安装后窗框的保护

1）承建商还要提醒工人，禁止在窗框上拖放过桥板、管线以及摆放推车，禁止用窗框边来刮灰勺等等，而且还要教育所有的工人采用适当的施工方法，以减低对装好的窗框造成破坏。

2）外墙瓷砖一定要离窗框边至少 5mm 而又不可以超过 10mm，以方便打胶，增加防水功能。

3）如果窗孔要用来作为出入口、或者垃圾槽的槽口，那承建商就要稍后处理这类窗孔的窗框安装，直到把运输机械和槽管拆走才进行安装。

（10）后安塑料窗

有时为了赶着验楼，就没有足够时间去依照正确的程序去安装塑料窗和抹防水水泥砂浆。而恰恰有问题的窗就是在这种情况下出现的。所以承建商一定要预留充分的时间进行安窗以及试水的程序。

（11）外墙窗框打胶

打胶之前，要先把胶纸取掉，承建商要依照工程师批准的清洁剂，彻底清除窗框和瓷砖之间的水泥砂浆和污渍，并要注意雨天或潮湿对打胶的影响。打好的胶就应该是整齐平滑畅顺、无空隙、无断口、不起空鼓，要完全填满窗框和瓷砖之间的连接位，宽度不能窄于 5mm，但是又不能超过 10mm，因为太宽的打胶就很容易反翘，这样就会进水。

（12）玻璃验收及储存

1）运到工地上的玻璃，最好是可以实时分派到各层，承建商必须提供一个空气流通以及干爽的地方来存放这些玻璃，还要用木板来承托，玻璃与玻璃之间要分隔存放，以避免玻璃发霉或者有云状物。

2）承包商还要选定玻璃，确保它没有被刮花或整烂，没有气泡或者"彩虹"等等。

（13）安装玻璃

1）在安装玻璃之前，承建商除了要先清洗外墙和窗台顶部的泥屑杂物之外，塑料窗和搭脚手架的承包商要互相配合，避免用来搭脚手架的竹枝影响到玻璃的安装。

2）在安装玻璃时，先要把每个窗锁的把手装好，同样还要把所有螺丝收紧。

3）把装玻璃的位置清理干净之后，就可根据施工章程装上足够的调整垫块（Setting Block），再检查清楚玻璃线上面的防水胶条是否安装稳固，就可以将玻璃坐稳在调整垫块上面了，然后小心拍上四边玻璃线，而力度要均匀。

4）最后就可以在塑料窗面上打上适当的玻璃胶，而打胶应该要整齐平滑畅顺、无孔、无断口以及不会起泡，玻璃线应该是长度正确、无鼓起、45°夹角紧密和平整。

5）玻璃安装完成后，就要进行试水测试了。而测试一般都会由高楼层开始做起，承建商和塑料窗承包商要和各专业配合，以确保在试水过程中不影响其他工程，并确定所有的窗都已经关好，以免试水时，弄湿了已完成的室内装修。

6）塑料窗承包商就要重新检验整扇塑料窗，确认做妥了打胶，无爆裂；窗锁能够将窗页锁紧在窗框上面，以及窗边胶条已经安装正确，而又没有松脱、离缝的现象。

7）试水的水管一定要接好，因为水管脱掉会导致浸水，损坏了装修就麻烦了。而试水时，塑料窗承包商就必须提供足够的人手，一般每组最少要有 2 个人，由每扇窗的低位开始，一路向上测试。对固定窗，特别是在通天位，最好在拆脚手架之前就要做好试水。承建商、承包商和工程师都一定要派代表到场验证。

8）如果发现漏水，承建商和塑料窗承包商就要清楚漏水的原因，再确定修补的方法，实时做好正确的记录，而修补工作一定要由经验丰富的工人来负责，修补完成以后还要试水并要达到合格标准。

（14）试水后清洁

在承建商将塑料窗工程交给工程师和业主之前，还一定要遵照工程师批准的方法，将所有的窗户和玻璃等部分再重新清洁一次。

（15）维修及保养

1）要做到每天都要查遍所有的窗是不是已经关好，尤其是在大风季节。

2）塑料窗承包商要和承建商配合，列出塑料窗的一般维修保养事项，例如不可以在窗上晒衣服和钻孔、塑料窗和窗扇要定时清洁等等，以方便管理处制定维修和保养的小册子给业主。

### 24.2　中国内地与香港在塑料窗制作与安装工序的比较

香港在塑料窗制作与安装工序包括了制作与安装的全过程，而中国内地塑料窗施工工序仅包括现场安装，对于塑料窗的制作一般是在加工厂进行。建设单位、施工总承包单位和项目监理部应对供选择的塑料窗制作厂进行必要的考察，对于塑料窗制作过程则不再进行监督。但要进行塑料窗制作质量的进场验收。《建筑装饰装修工程施工质量验收规范》GB 50210—2001 规定了塑料窗制作质量的进场验收和安装重量验收要求。其中，建筑外窗要进行抗风压性能、空气渗透性能和雨水渗漏性能的测试。铝窗工程验收是每 100 樘划分为一个检验批，不足 100 樘也应划分为一个检验批。每个检验批检查的数量应至少抽查 5%，并不少于 3 樘，不足 3 樘时应全数检验；高层建筑的外窗，每个检验批检查的数量应至少抽查 10%，并不少于 6 樘，不足 6 樘时应全数检验。《建筑装饰装修工程施工质量验收规范》对塑料窗制作与安装工程质量检验项目和方法列于表 24.2.1。

**塑料窗安装工程质量检验项目和方法**　　　　　　表 24.2.1

| 项目类别 | 序号 | 检验要求或指标 | 检 验 方 法 |
|---|---|---|---|
| 主控项目 | 1 | 塑料门窗的品种、类型、规格、尺寸、开启方向、安装位置、连接方式及填嵌密封处理应符合设计要求。内衬增强型钢的壁厚及设置应符合国家现行产品标准的质量要求 | 观察；尺量检查；检查产品合格证书、性能检测报告、进场验收记录和复验报告；检查隐蔽工程验收记录 |
|  | 2 | 塑料门窗框、副框和扇的安装必须牢固。固定片或膨胀螺栓的数量与位置应正确，连接方式应符合设计要求。固定点应距窗角、中横框、中竖框 150～200mm，固定点间距应不大于 600mm | 观察；手扳检查；检查隐蔽工程验收记录 |

续表

| 项目类别 | 序号 | 检验要求或指标 | 检 验 方 法 |
|---|---|---|---|
| 主控项目 | 3 | 塑料门窗拼樘料内衬增强型钢的规格、壁厚必须符合设计要求，型钢应与型材内腔紧密吻合，其两端必须与洞口固定牢固。窗框必须与拼樘料连接紧密，固定点间距应不大于600mm | 观察；手扳检查；尺量检查；检查进场验收记录 |
| | 4 | 塑料门窗扇应开关灵活、关闭严密，无倒翘。推拉门窗扇必须有防脱落措施 | 观察；开启和关闭检查；手扳检查 |
| | 5 | 塑料门窗配件的型号、规格数量应符合设计要求，安装应牢固，位置应正确，功能应使用要求 | 观察；手扳检查；尺量检查 |
| | 6 | 塑料门窗框与墙体间缝隙应采用闭孔弹性材料填嵌饱满，表面应采用密封胶密封。密封胶应粘结牢固，表面应光滑、顺直、无裂纹 | 观察；检查隐蔽工程验收记录 |
| 一般项目 | 1 | 塑料门窗表面应洁净、平整、光滑，大面应无划痕、碰伤 | 观察 |
| | 2 | 塑料门窗扇的密封条不得脱槽。旋转窗间隙应基本均匀 | 观察 |
| | 3 | 塑料门窗扇开关力应符合下列规定：<br>（1）平开门窗扇平铰链的开关力应不大于80N。滑撑铰链的开关力应不大于80N，并小于30N；<br>（2）推拉门窗扇的开关力不大于100N | 观察；用弹簧秤检查 |
| | 4 | 玻璃密封条与玻璃及玻璃槽口接缝应平整，不得卷边、脱槽 | 观察 |
| | 5 | 排水孔应畅通，位置和数量应符合设计要求 | 观察 |

<table>
<tr><td rowspan="2">一般项目</td><td rowspan="2">6</td><td colspan="4" align="center">塑料门窗安装的允许偏差和检查方法应符合下表的规定<br>塑料门窗安装的允许偏差和检查方法</td></tr>
<tr><td colspan="2">项次　项　　目</td><td>允许偏差(mm)</td><td>检验方法</td></tr>
</table>

| 项次 | 项 目 | | 允许偏差(mm) | 检验方法 |
|---|---|---|---|---|
| 1 | 门窗槽口宽度、高度 | ≤1500mm | 2 | 用钢尺检查 |
| | | >1500mm | 3 | |
| 2 | 门窗槽口对角线长度差 | ≤2000mm | 3 | 用钢尺检查 |
| | | >2000mm | 5 | |
| 3 | 门窗框的正、侧面垂直度 | | 3 | 用1m垂直检测尺检查 |
| 4 | 门窗横框的水平度 | | 3 | 用1m水平尺和塞尺检查 |
| 5 | 门窗横框标高 | | 5 | 用钢尺检查 |
| 6 | 门窗竖向偏离中心 | | 5 | 用钢直尺检查 |
| 7 | 双层门窗内外框间距 | | 4 | 用钢尺检查 |
| 8 | 同樘平开门窗相邻扇高度差 | | 2 | 用钢直尺检查 |
| 9 | 平开门窗铰链部位配合间隙 | | +2；−1 | 用塞尺检查 |
| 10 | 推拉门窗扇与框搭接量 | | +1.5；−2.5 | 用钢直尺检查 |
| 11 | 推拉门窗扇与竖框平行度 | | 2 | 用1m水平尺和塞尺检查 |

# 第 25 集  结 构 墨 线

### 25.1  香港结构墨线质量控制的主要内容

#### 25.1.1  墨线功能

墨线是建楼中最基本的程序，它的功能主要是将施工图纸上面各个工序的构件形状、尺寸、位置和水平高度，清晰准确的显示在工地上的正确位置，以便作为有关专业在施工时的依据。所以在每弹完一组墨线之后，还要进行复核的工作，来确保所弹出来的墨线不会出错。

同样，所用的弹墨线工具，也要在使用之前反复进行校核，直到准确度满足要求才可使用。

#### 25.1.2  弹墨线工具

弹墨线所用的工具相当多，比如有经纬仪或者全站仪、水平仪、墨斗、线秤、鱼丝线、钢尺、拉尺、水平尺、水平管、不同类型的笔，还有油漆、斧头和板锯等等。而且在不同的施工阶段，要使用不同的工具。

#### 25.1.3  施工前准备

（1）熟悉施工图纸

弹墨线除了需要借助这些先进仪器外，更重要的是在施工之前检查有关最新的施工图纸。例如建筑图、结构图，大样图和其他有关图纸的构件尺寸、水平和位置都要对照清楚，看看是否互相配合，如果发现有不符合的地方，承建商就要通知工程师，直到得到工程师的批准之后才可以开工。

（2）工地坐标确定

测量师利用全站仪，根据政府测量站的坐标数据来开出新工地的坐标。

1）假设在工程场地外面有三个政府测量站：位置1、位置2和位置3。测量员要将测试目标摆放在位置1上，而测量师就要将全站仪摆放在位置2，然后利用位置2复核政府测量站位置1和位置3，准确了，接着就可以在工地上标出新的临时坐标A点。

2）测量师就可以把全站仪搬到A点，然后再反过来核对政府测量站位置2和位置3，以此来证实坐标A的准确后，就可以标出新的临时坐标B点，跟着再将全站仪搬到坐标B点，用刚才已经复核过的两点位置3和临时坐标A点，来复核B点的准确性。

3）接下来利用B点标出十字通光线主轴线的第1点X1，第2点X2和轴心C点，然后再把全站仪搬到C点的位置上，以C点作为轴心，复核X1和X2，准确后再旋转90度来标出第3点Y1，标好位置后，就再旋转180度来开出Y2。再将X1和X2，Y1和Y2连起来，就标出了工地的十字通光线。

4）至于标水平线，要根据政府的水平点来测量出来。测量师要先复核政府提供的其中两个水平点BM1和BM2，利用水平测量仪由BM1向BM2，然后再由BM2向BM1进行复核。测量工人一般都会利用较近的水平点，也就是 BM2 在工地附近标出两个新的水平点 SBM1 和 SBM2，而且同样要进行双向复核，测量出来的三点的数据都准确了，才可以利用其中的一点来作为基准。最后测量工人就可以把水平仪摆放在工地上，对准 SBM1 取得水平点，然后就可以把它标在围街板上，为了保证测量出来的水平位准确，所以要向 SBM1 再进行一次复核，数据准确了就合格了。

### 21.1.4 基础墨线施工程序

结构墨线的施工，基本上就可以依照次序分为两大项目，那就是基础结构和上部结构。

（1）一座楼最重要的部分就是打地基了，在开始进行挖土工程之前，工人就要用全站仪在地面上，按照有关的坐标先标出十字通光线，以此来定出独立基础位，同时标出挖土工程所需要的范围。

（2）要在挖土范围的边角位置打上木尖或者铁棍，除了要用水平仪在这些木尖或铁棍上标出水平之外，还要标出有关的编号、尺寸和地面水平位，然后用白灰或者喷漆标清楚，经过工程监督复核之后，没有问题才可以开始进行挖土工程。

（3）当挖土工程大约做到基础底水平位时，要在桩头上标出基础底水平位和桩顶面的水平位，接着就可以根据这些指引进行打桩工序，之后测量工人就可以利用水平镜在这些露出的钢筋上标出水平参照线。

（4）测量工人可以再根据这些参照线，标出柱底面的水平墨线，接下来就可以根据这些水平标志，挖好底面，压实底面，然后在这些压实了的底面上打木尖或者铁枝，以此来标出垫层的水平高度，特别要注意的是，这些木尖或铁枝之间的距离要大约为 2m，而垫层的混凝土厚度一般要有 75mm。同时要在桩柱周边，标出至少 150mm 的位置，来预留给模板工人将来作施工之用，接着再浇筑垫层的混凝土。

（5）完成柱垫层混凝土面后，就要利用全站仪，重新在混凝土面上标出十字通光线，然后根据图纸的要求，利用这些十字通光线来开出柱的位置，供钉模板工人施工用。当作完柱模板后，就要在模板上弹出柱面的水平墨线和墙身墨线，供绑扎钢筋施工使用。

（6）等到绑扎完桩柱钢筋后，就可以按照这些模板上的墙身墨线和图纸，用鱼丝线在钢筋面上标出点，接着就可以弹出柱或者墙身位置了，经过复核之后，才可以扎墙身的垂直钢筋。

（7）绑扎好柱或者墙的钢筋后，就可以在墙身钢筋上标出水平参照线和柱面的水平线，同时还要根据这些水平线的指示，在柱模板面大约每隔 2m 的地方打上水平钉，这样混凝土工人就可以根据这些指引准确的进行施工。

（8）对于柱和柱之间的基础梁，其弹墨线方法与步骤，就和弹桩柱墨线是一样的。

（9）柱的混凝土完成后，就要利用全站仪在混凝土面上，标出十字通光线，然后再弹出柱头、墙身、电梯的墨线，并标出机电留孔位，写上组成体的编号、尺寸和水平墨线，供绑扎钢筋和模板施工使用。

（10）根据这些墨线进行柱至地面的墙身模板，然后在这些模板上面弹出水平线，就可以进行混凝土浇筑。

（11）在墙身混凝土拆板后，测量工人就要标出地面垫层混凝土和地面混凝土的水平线，接着就可以进行由柱至地面的工序，之后再进行地面垫层的混凝土工序，然后就可以绑扎地面钢筋，再浇筑地面混凝土。

25.1.5 上部结构墨线施工程序

基础做好后，就轮到上部结构墨线的施工程序。

（1）首先测量工人要用全站仪在做好的混凝土地面上，再次标出十字通光线。

（2）根据十字通光墨线，用一次过的测量方法标出柱头、墙身、梁位、楼梯、电梯、窗位、门口，还有机电、煤气等留孔位墨线，要清楚的写出构件的编号和尺寸，供绑扎钢筋、模板和机电施工使用。另外还要弹上墙边的比照墨线，以便将来复核之用。

（3）在做好单边模板后，测量工人要利用水平管或水平仪将预留的水平线带到楼内，要在单边模板上弹出通光平水线、门口位、窗口位、煤气孔位的高度，供模板、绑扎钢筋和有关的机电施工使用。

（4）绑扎完墙头或墙身钢筋后，再在垂直钢筋上标出上层楼面、楼底和梁底的水平线。

（5）当第一层楼面模板工程完成之后，就可以开出第一层的楼板墨线。首先用线秤把地面楼层的十字通光线引上来，并标出有关的模板墨线，然后利用模板墨线复核模板位置。

（6）如果没问题了，然后再绑扎上楼面钢筋，并在墙身钢筋处标出水平参照线。最后再一次性浇筑地面至第一层的柱，墙身和第一层的楼面混凝土。

（7）对于第二层首先要利用线秤，把地面楼层的十字通光线的四点引上来，然后利用这四点弹出该层楼的十字通光线。第二层到第五层同样都是由地面楼层引上来的，而第六楼到第十楼则改由第五楼引上来，在做完每五层，还要利用线秤对准下五层进行复核，如果利用镭射水平仪，那基本上都可以利用地面那层来引上来。

（8）为了使每层楼测量出来的十字通光线完全准确，无论采用那种方法，在做完十字通光线以后，一般都要利用尺进行 90°复核。弹完线后要不断进行复核，所以在每层楼没有浇筑混凝土之前，还要对所有开出的墨线进行全面的复核。

（9）弹墨线的技巧

1）通过放墨，墨线就可以飞掉多余的墨汁，这样弹在地上就会比较细和清晰。

2）若地湿则要扫一扫，等干了再弹。如果清扫还不行，则要撒水泥粉、吸水水泥粉来把水分吸干后再弹；如果还是不行，就要拉鱼丝线，把头尾用钉子固定好；如果仍然有水，就要用墨斗线，头尾用两枚钉连在一齐，供给其他工人使用。

3）一般墨线都会保持很久的，而重要的墨线，还要定期检查，如果发现模糊了，就应将它补上。

4）弹楼梯墨线要一次性将级数分好，这样就可以避免累积误差。并再检查每一级的尺寸，就可以逐个逐个的弹。

5）弹墙身模板的梯级墨线。要在头尾取一级的级位和水平位，而头尾级位一定要取齐三点才算准确。

6）取好了级位之后，再弹两条级位斜线，然后就可以利用这两条斜线来弹出楼梯底线，接着再将这块楼梯旁板与墙身模板上的阶梯墨线对齐，没有出入那才算是准确。最后再用水平管或者水平尺来开出级面的水平线，全部齐全了，就可以钉板和在楼梯上绑扎钢筋了。而另一边的阶梯位墨线和墙身模板的做法，都应该是一样的。

### 25.1.6 注意事项

除了上述工序外，还有以下特别要注意的事项。

(1) 弹线的时候，工人一定要备齐个人的安全装备，而且在超过 2m 高的地方还一定要配有安全的工作台。

(2) 墨线这个工序要做得非常准确，所以水平仪、全站仪和有关的测量工具，都一定要定期进行检定(校准)合格才能使用。

(3) 如果桩柱的端口要明挖(Open-Cut)，测量工人就一定要钉上斜水架，给开挖工人施工使用。

(4) 浇筑桩柱混凝土时，测量工人还要通过拉鱼丝线来检查混凝土面的水平，以方便混凝土工人将混凝土面弄平整。而弹出的参照墨线的尺寸一定要统一，并且要是整数。

(5) 每次开完墨线之后，例如十字通光墨线、墙位、柱位等等，都一定要再次复核，而且要和工程监督一齐验收，之后才可以进行钉模板和扎钢筋的工程。

### 25.2 中国内地与香港在结构墨线工序的比较

结构墨线对于建筑结构、构件尺寸满足设计要求是非常关键的。香港把其作为一个施工工序进行质量控制。上节介绍了该工序的准备、结构墨线工艺要求和程序以及校验方面的主要控制内容。在中国内地对测量放线工序的质量控制也是非常重视的。施工单位的测量人员必须具有上岗证，在测量放线过程中要进行复核和质量检查员的检查，监理工程师要进行旁站检查，必要时还要进行平行测量。在地基基础和主体结构施工质量验收规范中分别给出了结构墨线工序的验收的标准要求；如地面、基础、楼面标高和基础、结构轴线定位的偏差控制要求等。

# 第26集 装 修 墨 线

## 26.1 香港装修墨线工序质量控制主要内容

在建一座楼的过程中，墨线扮演了相当重要的角色，它的主要功能就是将施工图纸上各个工序的组件形状、编号、尺寸、位置以及水平等等，清晰准确的显示给各有关专业，以作为施工的依据。

### 26.1.1 装修墨线准备工作

（1）结构预留墨线

做混凝土结构时，就预留了有关的墨线，包括十字通光线，水平线和混凝土墙的参照墨线，装修墨线则要利用这些墨线作为基准。关于这些墨线的做法和要求已在第25集给出了说明，这里不再重复。

（2）墨线工具

1）墨线所用工具包括水平仪、激光水平仪、墨斗、墨汁、蓝粉、线秤、拉尺、鱼丝线、水平尺、水平管、不同种类的笔，还有油漆等等。

2）所用的工具要符合标准，以水平尺为例，把它放到墙上，水平珠校准好后，就可以画线，然后把尺反转，再次校准后，就可以再画线，画的都成一条直线并重叠，证明这把尺是平的；而垂直也一样，先把尺摆在墙上，校准水平珠，之后再反尺，然后再校对水平珠，经过正反尺的测试，如果两次都是在同一条线并且相重叠，那就可证明这把尺没问题，完全准确，这才可以使用。

3）水平管最重要的是要注重保养，保持水平管内干净，没油渍，同时没有气泡，因为油渍和气泡会影响水平管的准确度。在每次使用这些水平管之前，要再次测试，其方法是把水平管的两头对齐，看一看两边的水面是不是水平，然后上下移动再看一次，准确了才可以使用。

4）在使用线秤时，要把它保持在双眼的正中（单眼看时就要偏一偏头），并和线秤成一条直线。

5）使用水平镜前，必须要先检查清楚水平镜的准确度，通常会先调校镜位，然后转90°把水珠调到正中，再将水平镜转180°，重复调整一次。

6）还有激光水平仪、水平仪以及其他测量工具都一定要定期检查，不然量出来的墨线就会不准确。

（3）熟悉施工图纸

弹装修墨线前一定要检查有关的最新施工图纸，而且要清楚知道基础图、结构图、大样图以及其他有关图纸之间的构件尺寸、水平和位置是不是互相配合。

### 26.1.2 弹墨线工序的基本要求

（1）要弹一条又直又清楚的墨线，首先要用尺准确的测量出构件的位置和距离，再用笔清楚的标记出头尾两点，然后将两点之间需要弹墨线的范围扫干净，两位工人就可以用沾有墨水的墨斗线，一头一尾对准这两点，用手压实并且固定好，为了确保弹出的墨线够准确，必须要连续弹两次，这样弹出来的墨线除了更清楚外，还可以用来比较这两次所弹出来的墨线有没有重叠，如果没有重叠，那是出错了。

（2）其实弹线的工艺还有许多技巧，如果要在长距离范围内弹出准确的墨线，那就要用鱼丝线。首先要把鱼丝线缠在水平尺上几个圈，然后按照图纸，把它拉紧并固定在两头的位置上，用笔把头尾两点标好后，就可以根据鱼丝线，每隔一段距离就标出一个点位，然后再根据这些标出的点，一段一段的利用墨斗线弹出整条墨线来。要特别注意的是，每段弹出的线的墨尾都一定要重叠，这样弹出来的墨线才准确。

（3）对于圆柱型装修墨线，首先要根据预留的十字中心线，在圆柱的四边标出四点，再将这四点连接起来，弹出一个四方形，接着再将圆柱的模型拼上去。

（4）遇到大弧度线，就要先计算好。要标出弧度的头尾两点，然后在这两点中间取一条十字线，接着就要先计算出中拱位、也就是弧度最大的位置，并且在十字线上面标记好，然后再在十字线上画等分线，分段计算出不同段数的弧度位置，最后把所有的位置连起来，这就出现一个大弧形了。

（5）弹墨线的符号

1）两个三角符号叫做对标，中间还会标出数字，是用来指示出组件厚度的。而在转角位就要标记出这个转角标；至于收口标，是用来让工人们知道组件只到这个位置。

2）所谓中标是用来表示组件的中线，在靠边的位置就要标记出这个边标。这是相当重要的水平标，是用来给工人们知道组件的高度。

3）如果要标出与混凝土墙成直角的砖墙墨线，就要用到等腰三角形或者勾股定理的知识。

4）一般来讲，主体结构的弹线多数是用墨汁；而装修则多用蓝粉线，这主要是方便日后的清理工作。

（6）装修墨线的分类

装修墨线的施工可分为两个大项目，分别是楼内和外墙的装修墨线。

**26.1.3　楼内装修墨线施工程序**

所谓楼内，应包括楼梯、电梯口走廊及楼内的各个装修墨线。

（1）浴室墨线施工程序

浴室的工序的确比较复杂，要根据地面只有十字通光线和混凝土墙的预留参照墨线和大样图，弹出浴室砖墙所需的地面起砖墨线，三边砖墙墨线。

1）先要弹好浴室门口位的地面墨线，其中包括门框的厚度、门框脚方向，并标记清楚开门的方向，还要记得写上门的编号和尺寸。然后就是浴缸混凝土墩的地面墨线和洗手盆的混凝土墩的地面墨线。

2）地面所需的墨线都做好后，就要复核砖墙的厚度，检查砖墙墨线之间的距离，是否符合了图纸的要求。依照砖墙的地面墨线来弹出墙身起砖的垂直墨线和参照墨线，利用水平管把外墙或电梯口预留的水平线带进来，并在墙上弹好。水平线弹好后，就可以弹出窗口墨线。弹出洗手盆和浴缸混凝土墩的墙身垂直墨线。一般都是在浴帘杆的其中一边，选择接近水管的位置上标出十字标记，以便电器工人可以根据这条墨线安装电线。

3）根据暗角的参照墨线，在砖墙上弹出抹灰的参照墨线。抹灰工人们依照这种参照墨线来抹灰。抹完灰后，测量工人就可以根据抹灰工人留下的墨线预留孔重新在墙身处弹出水平墨线。

4）接着就可以弹出顶棚墨线、墙身起砖墨线、设计上所需的起砖腰线、洗手盆的铁架墨线和浴缸墨线。

5）可以根据水平线在墙身处弹出地面的斜水墨线。铺完地面的水泥砂浆之后就要在地面上弹出铺砖线。

（2）客厅墨线施工程序

1）在混凝土墙上撒完水泥砂浆及清场后，就可以弹门框墨线、墙身垂直及水平墨线。

2）窗位墨线。根据外墙的通光水平线弹出窗顶和窗底的水平线、窗面垂直墨线和窗边位墨线，要写出窗的编号和尺寸，如果有窗台，还要在窗台的混凝土面上弹出窗位墨线。

3）顶棚墨线。先要弹好水平线，然后依照水平线弹出顶棚墨线，弹好之后再经过复核。

4）弹出地面的水平参照线，作为铺地面水泥砂浆之用。铺好了地面后，在地面上自行弹出十字线，然后根据这条十字线进行铺地板工序。

（3）楼梯墨线施工程序

1）先在墙身上弹墙身水平线，然后再依照图纸的要求，弹出由混凝土墙留下的预留墨线，这条就叫做楼梯参照线。而楼梯两边的墙身，就要弹出楼梯上下两级的阶梯垂直线，作为楼梯面的扶手墨线、墙脚墨线、楼梯参照线以及楼梯的中线，弹完了以上的墨线，还要在墙脚墨线上分级标点，作为检查阶梯面，踢脚的混凝土门高度和宽度。

2）安装好扶手，并做好墙身抹灰和铺好马赛克脚扇后，就可以在墙身弹出楼梯级数线。

（4）电梯井、电梯口走廊墨线施工程序

1）要根据电梯井底的混凝土墙预留的参考线，标出电梯井中线和电梯门中线，电梯公司根据这些墨线，用线秤和钢线引上顶层来定出每层电梯门框的位置。

2）抹完墙身的灰后，在墙身再次弹上水平墨线、顶棚墨线、贴砖墨线和贴砖腰线，如果墙身贴不同颜色的砖，就要弹出每种瓷砖的图案墨线。

3）铺好墙身的瓷砖后，就可以在墙身上再次弹出地面砖的水平参照线。依照这些水平线铺上水泥砂浆后，再在地面上弹上不同颜色的地砖墨线。

26.1.4 外墙抹灰、装修墨线施工程序

（1）根据楼宇结构上预留的墨线，弹出每层楼的通光水平墨线，然后再弹出外墙明暗角的参照墨线和凹线。

（2）每层楼的窗台都要有窗台墨线，还要弹出窗边墨线，窗台通光中线。

（3）外墙底层灰做好后，要弹出分色石线、每层的通光水平线，还有窗台通光中线、凸线通光中线。

所有外墙墨线弹好之后，一定要联同工程监督进行复核，来确保墨线弹得准确。

26.1.5 注意事项

（1）工人要做好个人的安全装备，在超过 2m 高的地方工作时，一定要用安全的工

作台。

（2）在进行装修工程前，要根据施工图纸，做好复核工作，以保证弹出来的墨线准确，并且符合建筑条例的要求。包括对混凝土框架，楼梯的宽度和高度、公共走廊的宽度、梁底、楼底、窗台和栏杆的高度，以及室内、室外和台阶的高差等的复核。

（3）在依照墨线抹灰时，一定要预留墨线孔位，方便根据这个预留墨线再弹出所需的墨线。

（4）在弹明暗角的垂直墨线时，一定要弹到顶棚顶，每次弹完墨线之后，一定要自己先进行复核，然后再和工程监督一起进行验收。

### 26.2 中国内地与中国香港在装修墨线工序的比较

装修墨线对于建筑装修尺寸和装修质量满足设计要求是非常关键的。香港把其作为一个施工工序进行质量控制。上节介绍了该工序的准备、装修墨线工艺要求和程序以及校验方面的主要控制内容。在中国内地对测量放线工序的质量控制也是非常重视的。施工单位的测量人员必须具有上岗证，在测量放线过程中要进行复核和质量检查员的检查，监理要进行旁站检查，必要时还要进行平行测量。在建筑装饰装修工程施工质量验收规范中给出了装修墨线工序的验收的标准和要求。

# 第 27 集　竹脚手架(竹棚架)

## 27.1　施工工序

### 27.1.1　主要构造及功能

#### (1)主要构造

竹子本身就够坚韧，而且轻便，容易切割，用途很广。

一个基本的竹棚架，主要结构包括柱和横担、底下粗些的叫打底。

中间垂直的三支就叫做垂直杆，两根交叉的杆叫做斜撑。要搭一个优质的棚架，要由正确的基本工序开始。绑扎的方法都有好几种，最普遍的一种是在头绑 3 个圈，不要迭在一起来绕，让绑扎位置可以宽些，接着再多绕 2 个圈，打个结，再把尾部穿过绑扎圈后，拉紧再把它藏起来。

第二种打戒指，因为新竹会收缩，所以要在直立的竹子上打两个戒指，然后再把它绑好，以避免横竹向下滑。

#### (2)搭棚的目的和功能

搭竹棚架主要是用来提供安全通道，比如楼宇的外墙，通天位等等。还可以利用棚架，加上附设的工作台，来进行建造和保养工作，甚至还可以用来拆楼和其他临时的工程。

### 27.1.2　准备工作

#### (1)材料及主要机具

1)主要材料：竹子。优质的竹子要够长、够粗、够老的、并且顺直和富有手感，通常选用的竹子，都要有三年的生长期，颜色带浅棕色。竹子主要可以分为"茅竹"和"蒿竹"两种，而一般茅竹竹头的直径大概是 100~150mm，壁大约为 10mm 厚，由于它比较粗壮，所以多数会用在主干部分，例如柱、斜撑和打底等等。而蒿竹竹头的直径大约为40~60mm，壁厚约 5mm，多数用在垂直杆和横担等。工地上一般用的竹子长度多数约7m 左右。

其他配套材料：除了竹子之外，还需要尼龙带、防火帆布或者帆布、安全网、环保网、锌铁皮、连墙杆或锚栓用的元铁枝、绑扎用的铅水线、用来做承托的角铁架以及安装角铁架或者转连墙杆用的爆炸螺丝等等。

2)工具

有竹锯、大刀、折锯、弓锯、电钻、水泥枪、切割机、剪钳以及凿连墙杆时用的锤和凿。另外搭棚架属于高空作业，是很危险的。所以一定要备齐手套、安全带和安全帽。

### 27.1.3　建筑棚架的基本搭设方法

首先要根据实际环境，先把柱放在正确位置上，接着打横搭，上两条临时阶梯，然后就搭打底和横担，横担之间的距离大约为 660mm，在两支柱的中间的位置，均衡的加上三支垂直杆，以此来托住横担，最后加上斜撑，来固定整个棚架。并用连墙杆和撑杆来固定棚架与墙身之间的距离。一个大棚架，通常用约 10m 长的斜撑来稳住，数目多少就要根据工地的实际情况和搭棚架师傅的经验而定。外墙棚所用的连墙杆，大多数都会用每层混凝土墙所预留的 2 分元铁来做，之间的距离大约为 3m。建筑竹棚架的连墙杆不能缺少，施工期间也不能随意拆走。所有建筑竹棚架都要用双层棚架，内层也就是内层架，离外墙大约 200mm，它是由分层架柱和横杆组成，分层架柱的疏与密是基于分层架本身的承重能力而定，密一点当然会好些。外层架离外墙大约 700mm，内外两层之间的分层架是由短竹相连接，由于至少要摆放 2 件 200mm 宽的跳板作为工作台，所以分层架的宽度不得少于 400mm，而且记住在每边都要放 200mm 高的踢脚板，防止材料配件不会跌到下面去。

如果工作台宽度超过 900mm，就需要做双横杆。一个大的竹棚架，竹子是需要连接的。连接时，柱和柱及垂直杆和垂直杆之间的连接长度一定要超过 3 条横担的距离，也就是说有 1.5m，还至少要有 2 个绑扎点，上下一定要扎实，而且要将尾部收好。横担和横担的搭接长度，最少要有 2 条垂直杆的距离，最少也要有 2 个绑扎点。在转角的地方，要把横担与横担之间的十字位绑好。一个优质的竹棚架，应该是工整、有条理、柱要垂直、横担要扎得平稳、不可以有弯曲和大肚的现象出现，而且每格柱子、针、横担之间的距离要上下平行。另外优质的棚架外围挂网，驳网方法要正确，不能有缺口，还要依照法例规定，由一名符合资格的人员负责检查棚架，合格后签发棚架合格证明书。

施工过程中必须要有良好的管理，每隔 2 个星期检查一次，定期的修棚，棚架上面不可以放一些过重的建筑材料，确保安全稳固。

### 27.1.4 竹棚架的种类及特点

竹棚架大致上可分为四大类，第一类是在起楼期间所用的建筑工程棚架，包括有抹灰分层架、车子桥架、电梯井棚架以及顶棚棚架等。第二类是一般楼宇常用的工程棚架，包括大厦的维修棚架、吊架、拆楼棚架等。第三类是其他工程用棚架，有斜坡棚架、招牌架。第四类是非建筑工程用棚架，例如戏棚、神功棚、花牌架以及供观赏用的艺术棚架等。

（1）建筑工程常用棚架

1）抹灰分层架

抹灰分层架是围着楼宇外墙所搭建的棚架，主要用于混凝土墙施工和外墙抹灰，建筑法例规定，无论是混凝土或是抹灰棚架，一定要用双层棚架，并要有工作台。施工早期的抹灰分层架，大多数在地面上临时搭建的，到楼房起到 2~3 层高的时候，就改用角铁架来承托，这样就可以将竹棚架的力度，转到混凝土的外墙上，同时还不会妨碍低层施工。在混凝土墙施工期间，竹棚架一般都是支模板用，每一层都会在平楼面高度搭一行临时工作台，这个工作台，在做泥水工程的时候，根据需要进行修改。之外，通常每隔 6 层就要用竹子搭建斜篷，它伸出排架大约 1.5m，最低的斜篷要宽些，一般伸出大概 3m 左右，用来阻截泥上砂石向外跌落用的。每隔 10 层楼，在工作台上搭建一层运身桥（是指在工作台上加铺竹竿和白铁皮），它的作用就跟斜篷一样，是用来栏截垂直下落的砂石碎片的。在排架上都要挂上安全网，同样是用来防止砂石碎片掉下去，所以安全网一定要扎实，搭接位通常要有 300mm 宽，而一般的连接方法，就是将两层网的指定接口绑实，或者用织网的方法来连接。要搭好一个优质的竹棚架，必须做好搭棚架工程与其他行业之间的配合，特别是和钉板以及扎筋工程的配合。

2) 车子桥架(马道)

当楼宇起到天棚(屋顶)时，一般小屋面都离开楼边，与货梯就有一段距离，所以就要搭车子桥架(马道)作为槽口到落混凝土位置的运输桥梁。如果塔吊还没拆，就不需要搭车子桥架。

3) 电梯井棚架

电梯棚是搭建在电梯框架(井道)里面，它主要是用来安装电梯轨、电梯门和电缆或者其他附设的墙身配件。所用的图纸一般都由电梯公司提供，这样可以配合不同的安装要求。另外还要特别注意，楼宇的混凝土在盖顶之前，要将大部分用来搭电梯棚架的竹子预先存放在电梯框内，以备日后所用。

搭电梯棚架时，一定要靠"撑力"来顶住混凝土墙身。横担必须搭得够平，因为要在上面铺跳板。另外由于楼层一般都比较高，通常都采用支撑架和在半腰加承托的方法。

在拆棚架的时候，先将过长的竹枝锯短以后，才可以运出电梯门外。

因防火要求，竹棚架不能用在已经入住的楼宇里面做维修之用。

4) 顶棚棚架

顶棚棚架一般适用于楼层较高的室内顶部施工而搭建的，例如顶棚板抹灰或者吊顶等等。

顶棚棚架是给轻型工作用的，不能摆放过重的东西。一般的顶棚棚架都要搭建安全和平稳的楼梯，给工人上下之用。

(2) 楼宇常用工程棚架

1) 大厦维修棚

维修棚架的搭建方法，和抹灰分层架大致相同，多数都是直接在地面或承托的角铁架上搭建，所不同的是需要在外墙上打爆炸螺丝上连墙杆。如果搭棚架时，遇到有凸出外墙的设施时，例如：晾衣架、热水器等，都要根据实地情况来处理。

维修棚架柱不能直接搭建在悬臂檐篷上面，应该用角铁架将承托力转移到混凝土墙上才行。搭工作台时，要避开窗位，另外维修棚架一定要有足够的照明灯光作为防盗和安全之用。

在搭建大厦维修棚架之前，应先和业主立案法团和住户沟通好，尽量减少对住户的干扰和不协调的问题。

2) 吊架

主要用来维修大厦外墙个别地方的吊棚架，如窗户漏水、换窗、修理管道等等。大多数是用角铁架来承托，大小多数在 609mm 至 1219mm 不等。其做法：先要在室内窗口的位置，用爆炸螺丝将角铁架稳固在外墙上，然后用它作为连接架，安装其他支撑架来搭建吊架，吊棚上面都要铺上帆布来阻截砂石材料掉下去。搭建吊架一般都尽量就地取材，并靠搭棚工人的技术和经验。

3) 拆楼棚架

先要把工程图交给香港屋宇署批准。根据法例规定拆楼棚架一定要用双层棚架，它的搭建方法和建筑棚架的排架大致相同，只是横担要向外，以方便安装安全网和帆布。排架要靠撑杆和拉杆相对拉紧稳固在未拆的外墙上面，千万不能只图方便而扎在窗或者晾衣架上，因为这个地方通常都会在第一时间内拆走。拆楼棚架要用帆布封密。为了减轻棚架受风力的影响，拆楼棚和帆布要随着楼宇一层一层往下拆除。但通常拆楼棚的高度要保持高于将要被拆的楼层，才算符合安全要求。另外拆楼棚架同样要搭建斜篷以便承接外跌的砂石。

如果拆楼的工地处在繁华的闹市的话，通常要依照专业人员的设计，在围街板上加设一个由工字铁和木板搭建的斜篷来加强保护。如果是要拆高楼的话，由于拆楼的棚架损耗比较大，通常利用角铁架，分段搭建拆楼棚架。所以在拆楼工程进行中，一定要特别注重经常维修棚架。同时为了确保棚架的优质和稳固性，一定要从监管着手，以避免拆楼机械在拆楼的时候破坏棚架。

优质的拆楼棚架必备条件：

① 用来遮盖拆楼棚架的帆布一定要长期保持紧密，不可以穿孔、破烂或接口被揭开等情况出现。

② 棚架一定要稳固，外观要工整并有条理，没有弯曲和大肚等现象。

③ 要有良好的监管，确保拆楼棚的稳固性，例如，连墙杆不允许被打断，防止棚架向外倾斜，还要防止拆楼棚受到人为或机械的破坏，一旦发现就要马上进行修补。

④ 经常清理堆积在拆楼棚和斜篷内的泥头垃圾以及修补被打穿的帆布。

（3）其他工程棚架

1）斜坡棚架

适用于在不同地形或者斜坡上面施工时所搭的工作台和通道。一般用杉木搭设，杉木的直径一般有 100～200mm，但承受力比较强，所以多数都会用来搭台。在斜坡上搭棚，其搭设技巧和稳固性多数是凭技术经验。斜坡棚架通常有两种，一种就是杉台，作为斜坡上的工作平台，用来承托座钻探机或小型桩机，杉台的底部横杆一定要扎得够实，不能够走位，不然整个棚架就会塌了。

2）山棚架

它是根据斜坡的斜度来搭建的工作台，主要是为加强或者修补斜坡用，例如：喷浆、打泥钉等等。山棚架的搭建方法必须是双层棚，也就是内外排栅，还要靠撑杆斜压在山坡上，并且保持同山坡面的距离。山棚架的柱、横担、垂直杆，一般都是用篙竹，内外排架之间距离大约 1.5m。山棚架虽然是斜的，但工作台一定要搭得平稳，这样工人在上面工作时才会安全。

3）招牌架

招牌架通常用一拉一撑的方法来搭建，如果是较大的棚架，它伸出的长度和高度也要相应增高，那就需要用二拉二撑的方法来搭建，这样才可以做到力度平衡。拉杆和撑杆用茅竹来搭。

一个优质的招牌架，它的连墙杆一定要坚固，绑法要朝墙而且要在同一方向，这样工人在上面工作时，不但不会松，还会愈踩愈实。

但要注意的是，架子离地面要有足够的高度，要能够让车通过。

（4）非建筑类棚架

1）戏棚

它的搭建和一般建筑常用的棚架有所不同，所以搭建的时候，一定要请对搭戏棚有丰富经验的工人来做。

戏棚的柱和斜撑通常采用杉木，柱的位置要预计好，不要遮住人的视线。戏棚顶，有龙船脊和拢颈金钟。另外在搭戏棚的时候，先要搭建临时的竹撑，等到整个棚搭好之后才可以拆走。虎牙斜撑和风斜撑要坚固并且要扎稳，不然就很容易塌。铺锌铁皮时，要依照顺序铺，防止积水。

说到神功棚，它也分为好多种，比如有办事棚、神棚、米台、大衣棚和大士棚等等，它们的主要分别是在棚顶、高度、大小，它是一种传统工艺，很有艺术价值。

2）花牌架

花牌架的搭建方法比较简单，搭好排架面之后再挂上花牌，这就成了花牌架。它是靠斜撑来稳住整个棚的，所以要凭经验在现场找到可以借力的地方。

3）看台棚

看台棚是用杉、顶撑住的，斜撑也要搭得够稳固，让它的表面不会摇晃，由于看台棚是临时搭建给观众坐的，所以安全问题最重要，因此事先一定要由香港屋宇署和消防署检查，合格以后才可以开放使用。

4）年宵棚

过年时，用来摆卖应节物品的棚架，因此要特别注重它的承重能力和安全。

其实大大小小的竹棚架，还有很多，它们各有各的特色和用途，它们不单有独特的风格，还有艺术价值。

### 27.1.5  棚架的拆除

（1）在拆建筑棚之前，首先承建商要呈交一份"拆棚安全施工建议书"给工程师审批，经工程师批准后才可以拆棚的。同时在拆之前一定要先清走抹灰桥板架。

（2）清走拆抹灰架

承建商要先和泥水管工商议好，如何运走跳板的方法。一般的跳板都会经过每个区域下层的窗口运入楼内，锯短之后，再经过电梯运走。在清走跳板时，不要破坏已经安装好的窗。

（3）拆运身桥

在拆运身桥之前，要先清理好运身桥上面的泥土砂石垃圾和铁皮，运到楼内然后再清走。清拆运身桥的次序，应该由高层到低层，一层一层的拆走。为了完成外墙的泥水工程，连墙杆也要被拆走，但在拆之前，要在适当位置在楼内架竹或者用打螺丝锁棚的方法来稳固棚架，切割之后的铁枝要刷上防锈漆，由泥水工再抹平收口，然后就可以拆网。

（4）拆棚应注意事项

先清理好粘在棚架上面的泥土垃圾之后，才可以拆网拆棚，要按照批准的工序进行，拆高楼层棚架通常都会分段进行，拆出来的竹子要利用绞车（winch）机吊下的，低层的竹子一般用手工传下去，但千万不可以乱扔。

另外，拆棚的时候，要保护好已经安装好的装置，包括窗、玻璃、水管等等。棚架的短竹都会经过窗口传到楼内并且运走，但尽量不要经过浴室或厨房的窗，避免破坏已经安装好的洁具和厨柜。

27.1.6 棚架的安全

（1）棚架的安全很重要，首先要做好个人的安全，安全带要扣在稳固点，不可以随意的扣在棚架上面。

（2）千万不要为了个人的方便，而破坏了棚架的任何装置。

（3）承建商还要做好监察管理工作，定期修棚。

现在经常用钢架搭棚架，但是竹棚架还是有它先天性的优越，搭起来方便快捷，所以仍然会继续发挥它的独特功能。

### 27.2 中国内地脚手架与中国香港棚架搭设工序比较

27.2.1 架子的种类

（1）在架子所用的材料方面

内地各地方不尽相同，南方也不少采用与香港相同的竹架子，而北方基本不用，多数采用金属脚手架，而金属脚手架较多见的有扣件式脚手架和碗扣式脚手架。少量采用木脚手架。

（2）在架子形式方面

外脚手架：双排架的形式内地与香港基本相同。但内地分结构用承重脚手架和装修脚手架。除此之外，内地的高层建筑采用的外架子还有爬架、外挂架、高层外装修的吊篮等。多层建筑外墙有时采用单排脚手架，还有上料用的井架。

内装修如吊顶，内地通常采用满堂红脚手架。

（3）对架子的要求

1）香港要求有足够的照明灯光，既安全又防盗。内地对脚手架的照明没有严格要求。

2）香港要求拆楼棚架在搭建之前，要把工程图交香港屋宇署批准，内地没有要政府批准的规定，但要求结构承重架子、工程较大的装修架子和防护架都要编制施工方案，由技术负责人审查批准，审批的范围各施工企业也不尽相同。

3）对看台棚，香港要求在搭设完后，要经香港屋宇署和消防署检查。

而内地，对于这类非工程用架子，不同情况不同对待，一般情况不用政府部门参与。

（4）对架子的管理

内地与香港基本相同。架子搭设完后，内地一般都有经上级公司的安全部门验收后才能使用。

# 第 28 集　消　防

消防装置在整个楼宇里面发挥了很重要的作用，它可以熄灭、扑救、防止或者控制早期的火患，同时发出警报通知并协助逃生，而且还提供通道给消防员进入楼宇内扑救或控制火灾。

整个消防系统装置是根据现行的"消防装置及设备守则"来设计的，主要分为四大类。第一类，通道及逃生设施配套，包括紧急车辆通道图路牌、紧急照明以及逃生指示、楼梯加压系统、防火卷闸、水幕系统等。

第二类，火警侦察及警报系统，包括自动烟雾或热力感应侦察及警报系统、手动警报系统、视觉火警警报系统、声响及视觉警报系统以及直线连接消防通讯中心。

第三类，消防联动系统，有紧急发电机、制停空调及通风系统、排烟系统及消防电梯。

第四类，消防灭火系统，包括手提灭火设备和固定灭火水系统。而固定灭火水系统装置又包括消防街龙头、消防龙头、消防栓自动洒水系统，泡沫喷淋及 FM200 系统等等。现在我们集中讲解一般楼宇中较常用的消防系统装置的安装工序。

固定消防灭火系统介绍

固定消防灭火系统装置是怎样运作的。

街水是通过街水压力直接打入地下或低层的水缸；或经过消防水泵加压输水到天棚或高层的水缸里，再经过消防泵和水管将消防用水连接到各个固定的消防龙头、消防卷盘、自动喷水系统等等。必要时还要装上减压配置。当发生火灾时，这种固定消防灭火水装置就发挥它的作用了。而其他辅助设施就有相连的消防接水开关，它是给消防员连接楼外水源救火用的。

另外，如果楼宇超过 60m 高的话，就要装置中途泵。中途泵的开关按钮、操作显示以及警铃都要装在消防进水开关旁，以方便消防员操控。所有的中途泵一经启动，就必须持续运行，直到人为关上为止。

其他消防水系统，如有需要的话，都要配备中途泵用来维持足够的水量和压力把水输入天棚或高层水缸里。其他的消防系统装置又是怎么运作呢？

再逐一讲解消防系统安装工序的同时，也逐一讲解它的运作。

## 28.1　香港消防工程施工工艺和质量控制的主要内容

### 28.1.1　消防系统安装

（1）施工前准备

整个安装工程必须雇用符合资格的消防承建商来做。首先要准备好最新批准的施工图纸：包括工程顾问批准图纸、结构图纸，机电综合图纸，并根据施工章程制定"消防装置施工程序建议书"，也就是 Proposed Method Statement，列明施工方法、材料种类、验收标准，上面列明施工方法，材料种类和验收标准。施工前，还要和总承建商及各行承建商互相配合，并安排施工细节及材料、机械的运送。还有，施工图纸必须要事先得到香港屋宇署，消防处和水务署三方面的确认才行。下一步就要准备好已经批准使用的材料和配件。核实所有送到工地的材料是否符合工程顾问批准的要求。特别要留意管道的号数，厚度，牌子和来源。如发现不符合要求，就要将这些材料送离工地。这些都要细心的处理。材料的储存也很重要，例如管子要架起来，配件要分门别类的储存在适当的地方，以免受到破坏。管工还要依照批准的图纸放"大样图"，并做好样板工序。

施工地点一定要清晰准确，并且有齐全的水平墨线。完成准备工作后，就可以开工。那就先讲灯管的安装工序。

（2）电线管安装

穿线管分明管和暗管，明管要用镀锌钢管。装明管的时候，要注意接线盒和管接头的位置。

管接头之间的距离要依照章程规定，接线盒之间的距离要短于10m，两接线盒之间连接的线管不能多过两个直角弯曲。要避免穿线管起"之"字或者屈曲。线路穿过伸缩缝时，伸缩缝两边的穿线管要安装有伸缩作用的配件作为连接。如果穿线管需要上漆，就要先上好底漆和面漆再进行安装。

（3）暗管安装

暗管一般采用塑料管。在作业之前，要把所有的暗箱、盒用发泡胶和胶纸封好。第一步，根据施工图纸用钉子和铁丝，将暗箱和接线盒牢固地收紧在楼面板上面。

第二步，再把线管套入连接位。平行的线管之间，至少要有20mm的距离以便倒混凝土。遇到伸缩缝时，两边同样都要安装具有伸缩作用的配件，或者采用暗管转明管的方式跨过伸缩缝。要注意楼面暗敷的管道必须装在底面的钢筋之间。

（4）留孔工序

留孔要根据已批核的综合留孔图来作了，即（Combined Builder's Work Drawings）。

当套管准备好以后，再配合扎钢筋工序，用铁钉和钢丝将套管稳固在梁或楼板里面。而经过楼面的位置要做好留孔箱。并且同时检查套管的高低、水平和开线的距离。

同时还要留意套管经过楼面时露出的长度。经过梁和墙身时，出口也要一样整齐。

（5）镀锌钢管安装

安装镀锌钢管的工序和其他部分的消防工程一样，要装在适当的位置，并检查有关的建筑是否完成基本的收口工序，如抹灰、油漆、贴砖等。如果未完成就要通知总承建商将其做好。安装时要注意图纸上显示的水管尺寸。

先用鱼丝线，在吊顶和墙身处，为水管路线做上中线参考，要注意和各行业互相配合。然后再按照施工章程，装足管接头。并清洁管子外壁，将管子和接头漆上底漆和面漆。

然后按照施工图纸，将管料铰牙、选择适合的配件。这个时候要将水管开牙部分涂上批准的防锈漆。再用麻根和水管胶布，包好上牙位置，接上合适配件，用标准法兰或牙嘴配件将管子连接好。如果连接吸铃水管，就要裁定合适的水管，按照连接位的挖槽，深浅要依照厂方的指示；将胶圈套上，再把它收紧。

整个工序要注意管接头、配件和镀铅钢管的稳固性以及法例规定和设计的净高，也就是 Headroom 要求，特别是顶棚梁底和吊顶高度的要求。不同用途的管道，必须加上合适的色带作为分类指示，并且加上指示水流方向的箭头，以方便日后维修。

（6）地下水管及消防街龙头安装

安装地下水管的工序，按照设计的要求，藏在地下的水管分为镀锌钢管和球墨铸铁管。

开工前一定要检查垫层是否做好。必须注意法例规定的深度要求。

要准确依照施工章程进行连接，例如用承插连接、法兰连接或者卡箍连接。所有安装要求都要准确依照厂家的指示。

所有连接位要有足够的承托架。转角的地方，要安装混凝土座来稳固管路。而消防龙头的安装位置一定要根据消防处批核的建筑图纸来安装，那样才行。要注意所有安装深度不可以超过 500mm。

（7）楼内消防龙头安装

当安装楼里面的消防龙头之前，首先要检查已经做好的消防垂直管道及其配件的位置是不是正确。

安装的时候要牢记以下口诀。龙头要装得够稳固；龙头的位置和角度，特别是暗角位；不可以阻塞消防车道所需要的空间。龙头高低要符合法例要求；离开墙的距离要足够。

而消防龙头系统，要连接一个独立的消防进水开关，也就是 F. S. Inlet。而且进水开关和地面距离也有规定。

（8）消防卷盘管安装

安装消防卷盘时，也要准确依照已批准的图纸，利用合适的爆炸螺丝收好消防卷盘。然后接上 30m 长的胶管、射嘴和射嘴箱。

装消防卷盘时要注意：第一卷盘够稳固。闸开关掣和射嘴箱的高度，不可以高于完工地面 1.35m。如果是内藏或者隐闭的消防卷盘，闸开关就不可以深于 500mm。无论是固定或者配有摇台类型的消防卷盘，都要能够畅顺的拉出胶管并且运作正常。另外在消防卷盘附近显眼的地方，要贴上使用消防卷盘的指示。

（9）消防自动喷水系统安装

安装消防自动洒水头的优质工序，要先检查洒水头的类型和温度是否正确。安装时用麻根和水管胶布包好洒水头的牙位，再用扳手将洒水头收紧在已做好的水管上。

记住如果在有吊顶的地方，顶棚洒水头要预留接口，等到吊顶架完成之后，再在吊顶下面进行安装洒水的工序。顶棚封好之后，才装上洒水头杯碟。

安装消防洒水头时要注意：洒水头距离要符合有关的消防条例；洒水总管和洒水头之间要有足够的管接头，并且够稳固；要分阶段进行水力试验以确保接口不漏；还要在花洒头容易受到碰撞和损毁的地方加装保护罩。

整个系统要连接一个独立的洒水头进水开关，进水开关和地面的距离也有规定。

（10）水幕系统安装

水幕系统，是利用水喷洒成帘状来防止火焰蔓延到楼宇内部或外墙及有大缺口的地方。较常用的地方是避难层。

这种系统是配合热力侦测器和喷水头启动运作，整个装置要准确依照批核的图纸和条例的要求来安装。

(11) 消防水泵房内工序

消防水泵房里面的工序，分为电力供应和消防水泵安装。

电力供应方面，要和水泵用电量相互配合。电箱位置要靠近泵房门口，以方便维修和操作。同时不能靠近所有带水的管道，以防漏水而损坏电箱。电箱内的电线要准确依照批核的线路来连接，并且要有标签以作辨认。电箱旁要挂上已审批的线路图。

消防水泵包括消防泵，自动洒水泵，上水泵，中途泵和街龙头泵。工程顾问和承建商先要查核水泵的型号和规格是否符合已批核的要求，例如有生产商提供的"出厂前测试合格记录"；同时还要查核泵房是否符合安装要求，例如地面是否有足够的斜度来供排水等。如果有不符合要求的项目，必须立刻通知总承建商和工程顾问进行补漏和适当处理。

(12) 消防水泵安装

在进行水泵安装工序时，总承建商先要做好水泵基础。然后在水泵基础上装好已经批准的避震弹簧或者避震胶。安装水泵时，要确保马达和泵轴，必须通光在同一轴在线。

当其他配套管件、开关等的安装都接近完成时，就可以装水泵控制箱、并且联机到马达上等候测试了。

(13) 消防水缸

消防水缸，包括抽水缸、消防水缸、洒水水缸、街龙头水缸、水幕水缸，它的优质工序又要注意些什么呢？

开工之前，要与各行业配合，查核最后批准的水缸施工图纸，特别要留意结构图纸。核实水缸容量是否足够。水缸的维修入门应该尽量在水缸上方的位置，要容易到达，要注意维修空间，浮球伐和浮球开关要靠近维修入门，可以方便维修工作。

至于水缸内外，要有维修用的梯子，即 cat ladder。超过 2m 高的梯子部分，要外加防护网。

工人进入水缸工作时，必须依照劳工处发出的密闭场地施工安全守则，例如要提供临时的通风系统。水缸入口和封盖要避免靠近楼边，如果因为设计所限，入门和封盖要接近天棚缸边及楼边的地方，应该加上围栏或者矮墙，以保障工人安全。在水缸面上要用油漆或显示牌清晰标明水缸的类别和容量。

过缸筒，也就是炮筒。开工前必须备妥已批准及测漏合格的炮筒。然后按照批准的图纸和水务处的条例指示，将炮筒稳固的收在水缸内。

倒完混凝土并拆板后，总承建商要尽快安排水缸试漏，当发觉有问题的时候，就要进行补漏和处理。

(14) 防火卷闸安装

防火卷闸的作用是用来将火场分隔开，当侦测器感应到火源时，讯号就会将防火卷闸降落，并形成指定的抗火墙。

防火卷闸的滚动条、路轨、马达、手动控制装置和卷闸箱的安装位置和要求一定要准确的依照批核的图纸和条例的要求来安装。

(15) 手提灭火设备安装

至于手提灭火用具，它是在紧急时用来扑救或控制小型的火灾。一般常用的手提灭火用具类型有 4.5kg 的二氧化碳灭火筒，9L 的水剂灭火筒，砂筒和灭火。

它的安装工序并不复杂：在离地面 700mm 到 1m 高的范围内，用合适的爆炸螺丝，将挂件收紧在墙身上，再挂上手提灭火用具就行了。要注意摆放的位置必须和建筑图纸相吻合。

特别类型的灭火装置，例如柴油缸房内的固定灭火剂，就要依照厂家的安装指示来安装。

（16）手动及自动报警系统安装

安装手动及自动警报系统，是将这种系统装置，包括消防控制箱、手动火警铃按钮、火警探测器、警铃、视觉火警警报器，直接连接到消防控制中心。当遇到火警时，可以打破火警铃按钮的玻璃或由火警探测器引动大厦警铃以及自动警报系统。

（17）警铃及按钮安装

警铃及按钮安装工序就是把电线接到按钮上，然后把按钮收紧在暗藏的接线盒里。之后再将连接警铃的电线，接在警铃的接线位置上。再将警铃收紧在暗藏的接线盒中。最后再检查安装是否到位。

（18）火警探测系统安装

安装火警探测系统工序。首先所选用的系统一定要符合消防处的条例要求。系统包括烟雾探测器、热力探测器、警铃和消防控制箱。遇到火警时，探测器就会自动感应火警讯息、控制箱发出警报讯号并且启动警铃。

要注意探测器的安装位置：探测器要装在容易更换的位置上，不能装在太热或者潮湿的地方。在装好了探测器而未进行测试之前，要加上胶盖作为保护。

（19）视觉火警警报系统安装

视觉火警警报系统要依照图纸指定的高低尺寸来安装；"FIRE ALARM 火警"的字样要写在视觉火警讯号附近的指示牌上，或者刻在灯罩上。

紧急照明、逃生和方向指示的位置和高度，也要符合批准的图纸要求。

（20）声响及视觉警报系统安装

声响及视觉警报系统一般都装在大型商场里。当消防控制箱接到有关火警讯息时，系统就会播放逃生的广播，接着警钟响 10 秒，同时还会引动有关的逃生的指示讯息。施工作业前，首先要检查喇叭和闪动灯型号是不是批准的型号，然后再把它挂上去。最后，把讯号线接到指定的位置上，并收紧螺丝。

（21）与其他系统相接

整个消防系统还要和其他系统相连接。分别是紧急发电机、制停空调和通风系统运作、消防电梯、楼梯加压系统、抽烟系统。当发生火灾的时候，火警讯号就会自动启动相连的联动系统。

整个消防系统安装完成之后，下一步的工作是进行测试。

28.1.2 消防系统测试

整个消防工程的测试，必须由工程顾问联合总承建商、消防承包商以及其他有关人员一齐进行。

（1）测试工具

首先要备齐测试所需的工具包括：水尺，帆布管，磅表，Y 叉；吹烟雾头器，吹风机，定时器和插手动测试匙。

（2）水泵测试

水泵测试步骤就有很多要讲的。事前完成的所有管道都要先通过水压测试并合格；要完成泵房的所有施工（builder's work），例如临时或永久门、地面排水等等。开泵前，要检查清楚各部分和所有的指示牌是否安装正确并符合规格。

首先按照图纸上的管路，将相关的管闸开关打开或关闭，检查止回阀的方向是否正确，测试手动和自动开关水泵是否正常；接着再测量马达起动时，星和角转动的时间，起动的电流量，然后测量水泵在稳定状态下的电流量。

特别要记住检查水泵马达转动时的方向是否正确，同时测试放气开关以确保水管系统内不会有空气。还要测量水泵马达转动的速度要符合有关规格的标准。

另外，还要测试以下的操作是否正常，包括水泵交替转换操作；测量水流量和水压；水位浮球开关的操作；水泵水压控制系统的操作；还要测试供水水龙头的水压是否正常。

（3）水泵控制测试

如果主水泵因为故障，在启动讯号 15 秒后还没有开动的时候，就要启动后备水泵。要在水泵控制表板和消防控制室表板上，同一时间显示每个主水泵或者后备水泵的操作情况，包括电力供应中、操作中和发生故障等提示。

（4）消防街龙头、龙头及消防卷盘测试

在测试消防街龙头的时候，各项测试都要符合有关标准，如果建筑物范围内有超过一个街龙头的，就要测试离街龙头泵最远的一个。

测试固定或者中途消防水泵时，消防龙头出水口的压力必须达到规定。所有装上射嘴的消防卷盘必须能够射出最少 6m 长的水柱，才能称之为合格。

（5）消防花洒系统测试

自动洒水系统的测试部分包括：洒水缸、洒水泵、洒水总开关、花洒进水表、各种洒连接管道、水流开关和压力开关。

测试时，模拟发生了火警，将热力提升到一定的温度，此时洒水头就会自动爆破，引动相关楼层的水流开关和压力开关，消防总控制箱就会显示哪一楼层或分区有火警，而火警讯号还会起动花洒水泵将火扑灭。

洒水泵是由主水泵、后备水泵和补压水泵组成的。洒水泵的操控测试基本上和先前的消防水泵是一样。

（6）水幕系统测试

而水幕系统的测试，基本上和先前的洒水系统测试相类似。只是要记住量度水缸的容量必须符合有关的规定。

（7）手动及自动警报系统测试

手动和自动火警警报装置的测试，是用手动测试钥匙插在任何一个火警铃按钮上，并用加热的方法或用吹烟雾头器，模拟启动手动和自动火警警报系统。系统启动之后，警铃长鸣，视觉火警警报闪灯同时运作，此时固定消防水泵开始运作。

消防总控制箱显示出被按动的警铃按钮或者探测器在哪一楼层、哪一区，同时发出火警讯号，启动其他相连的联动系统，并直接传送到消防通讯中心。

声响及视觉警报系统开始自动播放实时疏散的录音讯息，并配合警钟联动交替运作。闪动灯号也会正常运作。

（8）防火卷窗测试

测试防火卷闸时，首先进行手动测试，按动控制箱上的按钮将卷闸放下、停止和卷上。接着吹烟雾头器启动任何一边烟雾侦测器，做自动测试，确保卷闸会自动放下。然后按控制箱上的向上开关将卷闸回卷至顶部，同时测试卷闸在有火警讯号之下，卷闸会不会自动放下，直至讯号取消。

（9）其他联动系统运作测试

与消防系统相连的其他系统，都要测试它们的运作是否正常。测试内容包括：紧急发电机的启动和运作状态；报警系统动作时，有关的空调/通风系统必须停止；防火卷闸，楼梯加压和排烟系统要启动运作；消防系电梯必须着陆到装有消防员操控的主楼层。以上各个系统的运作状态必须要显示在火警控制室的消防总控制箱上。

28.1.3 操作及维修手册

最后，还要整理好以上各项的测试记录，并且集齐各个系统设备的数据和有关装置的完成图，来制定一份操作及维修手册，以方便日后保养及维修时供参考之用。工作做得充足，验收自然合格。

所有设备的安装和测试都合格了，又取得有关方面的合格证。所有完成的消防装置必须要有完善的保养和维修，以确保系统能维持良好及正常的操作状况才行。

## 28.2 中国内地与香港的差异

28.2.1 电线管安装

安装明管部分参考第 17 集中 17.2.2(6)的内容。

28.2.2 暗管安装

参考第 17 集中 17.2.2(1)的内容。

28.2.3 警铃及按钮安装

（1）手动火灾报警按钮，应安装在墙上距地（楼）面高度 1.5m 处。

（2）手动火灾报警按钮，应安装牢固，并不得倾斜。

（3）手动火灾报警按钮的外接导线，应留有不小于 10cm 的余量，且在其端部应有明显标志。

28.2.4 火警探测系统安装

（1）安装位置

1）探测器至墙壁、梁边的水平距离，不应小于 0.5m。

2）探测器周围 0.5m 内，不应有遮挡物。

3）探测器至空调送风口边的水平距离，不应小于 1.5m；至多孔送风顶棚孔口的水平距离，不应小于 0.5m。

4）探测器在宽度小于 3m 的内走道顶棚上设置探测器时，宜居中布置。感温探测器的安装间距，不应超过 10m；感烟探测器的安装间距，不应超过 15m。探测器距端墙的距离，不应大于探测器安装间距的一半。

5）探测器宜水平安装，当必须倾斜安装时，倾斜角不应大于 45°。

（2）操作要求

1）探测器的底座应固定牢固，其导线连接必须可靠压接或焊接。当采用焊接时，不得使用带腐蚀性的助焊剂。

2) 探测器的"＋"线应为红色,"－"线应为蓝色,其余线应根据不同用途采用其他颜色区分。但同一工程中相同用途的导线颜色应一致。

3) 探测器底座的外接导线,应留有不小于 15cm 的余量,入端处应有明显标志。

4) 探测器底座的穿线孔宜封堵,安装完毕后的探测器底座应采取保护措施。

5) 探测器的确认灯,应面向便于人员观察的主要入口方向。

### 28.2.5 手动及自动警报系统测试

(1) 一般规定

1) 系统测试应在建筑内部装修和系统施工结束后进行。

2) 系统测试前应具备规定的相关文件。

3) 系统测试负责人必须由有资格的专业技术人员担任,所有参加测试人员应职责明确,并应按照测试程序工作。

(2) 试前准备

1) 按设计要求查验设备。

2) 按照相关规定的要求检查系统的施工质量。

3) 检查系统线路,对于错线、开路、虚焊和短路等应进行处理。

(3) 测试要求

1) 应先分别对探测器、区域报警控制器、集中报警控制器、火灾报警装置和消防控制设备等逐个进行单机通电检查,正常后方可进行系统测试。

2) 对报警控制器进行下列功能检查:

① 火灾报警自检功能;

② 消声、复位功能;

③ 故障、报警功能;

④ 火灾优先功能;

⑤ 报警记忆功能;

⑥ 电源自动转换和备用电源的自动充电功能;

⑦ 备用电源的欠压和过压报警功能。

3) 检查火灾自动报警系统的主电源和备用电源,其容量应分别符合现行有关国家标准的要求,在备用电源连续充放电 3 次后,主电源和备用电源应能自动转换。

4) 应采用专用的检查仪器对探测器逐个进行试验,其动作应准确无误。

5) 应分别用主电源和备用电源供电,检查火灾自动报警系统的各项控制功能和联动功能。

6) 火灾自动报警系统应在连续运行 120 小时无故障后,填写调试报告。

# 第29集 钻孔灌注桩

## 29.1 香港钻孔灌注桩工程施工工艺和质量控制的主要内容

钻孔灌注桩，就是行内叫的钻孔桩，它是要用重型机械，钻一个直径大于800mm以上的孔，直到钻到能够承托的岩层后，再绑扎钢筋浇筑混凝土作为楼宇的承重柱之用，孔的直径还有3m的。

### 29.1.1 钻孔灌注桩的优缺点

（1）钻孔灌注桩的优点

如果工程场地的地质有较多的散石及岩石层面且又不太深的情况，用钻孔灌注桩的方法，比起其他同类形的基础，不但建造费会便宜、还环保而且还可以减少噪声和震动，这对周围楼宇的影响也会少一点；但桩帽位置的准确度要求较高。

（2）钻孔灌注桩的局限

用钻孔灌注桩的方法有它的局限性，比如它需要用一些重型的机器，所以就需要比较大的工作空间，又因为钻孔桩的面积比较大，所以加桩就比较困难，如果在斜坡上做钻孔灌注桩的话，还需要建造工作平台，这样费用就会比较昂贵，而且还需要预先钻孔，排出的污水和泥砂都要经过处理，不然的话就很容易污染周围的环境。

### 29.1.2 钻孔灌注桩施工前的预备

在施工之前，一定要收集齐有关的施工文件，例如：香港屋宇署批准的图纸、最新的打桩施工图纸、工地勘察报告、工地和周围的公共设施图纸，另外还要收集齐政府批准的有关工地安全监督计划书和基础工程质量监督计划书以及工地周围环境的注意事项，例如是否接近地铁；有没有架空电缆等等。

还要备齐工程师批准的施工章程；政府条例，工地测量报告，工地监测站记录，要做好现有的邻近建筑物及设施的测量报告，还要用闭路电视录像工地周围排水管里面的状况。而且要向香港水务署申请水源；向环保署申请排污牌照；最重要的是要得到香港屋宇署颁发的钻孔灌注桩工程开工许可证和围街板许可证等。

### 29.1.3 钻孔灌注桩所需的机械设施

钻孔灌注桩所需的机械设施如履带式起重机、磨盘钻孔机、震锤、反循环钻石机、各款钻头、钻杆、垂式抓斗、钢管、锤、大底钻头、水泵、发电机、风机、水泥斗、导管、过石钻、小飞机（安装于钻杆上部的机械配件）和小露宝（安装于钻头部位的机械配件）、沉淀缸和环保隔滤缸等，还有可以长到100m的吊尺。

### 29.1.4 施工程序

（1）首先工地周围要有围街板，而且还要检查清楚工作边界的坐标有没有错。开出桩柱的中心点以作为预先钻探，其实每根钻孔桩都一定要做预先钻探来确定每根桩的深度，不过有关的操作都要由注册的专门承建商来进行，这属于现场土质勘测工程类别。

（2）预钻探的工序。将探土机装在桩的中心点，并调校好垂直度和水平位置，然后把钻杆加上适当的钻头，用冲洗钻探的方法进行钻探。预先钻探的深度至少要比设计的承托岩层的水平位深 5m 以上，以此来确定承托岩层的深度。取到预先钻探岩石之后，工程师就会根据香港土木工程署出版的岩土指南，去评估岩石的性能，通常岩石必须达到等级 3 或以上，而岩芯总长就要在 85％以上，这样才可称之为合格的承托岩层。所以钻探工序要一直钻到取得符合合约要求的岩石层为止。

当抽取承托岩层的岩石和测量深度时，都一定要在工程师现场监察之下进行，并要有足够的工地安全监管、基础工程的质量监管等等。而抽取到的岩石就要根据深度、次序妥善的存放在岩石储存箱里面，而且岩石的数据也都要清楚的写在储存箱上。在每天收工之前，还要将岩石箱锁好、放好，以防被人破坏或者更换。如果收工的时候，还未完成钻探工作的话，就要按程序在工程师的监督下将钻杆封好，之后才可以收工。每根桩柱的预先钻探完成以后，岩石样一定放在锁好的储存仓里面，并且要闲人免进。

### 29.1.5　钻孔灌注桩岩石样测试

要把岩石样送往认可的实验室进行测试，例如做单轴抗压强度测试和定点装载测试，试验的结果要尽快呈交给顾问工程师审核。而勘探土层的结果就要由专门勘探承建商准备好并呈交给顾问工程师审核。

### 29.1.6　钻孔灌注桩施工工序

（1）首先平整灌注桩的地面，并要压实，特别是在桩和座机的范围之内，要完全平整，以确保钻成孔后的灌注桩垂直。然后进行桩的定位，用先前定出的桩柱中心点画出桩周，但最少要用二点去确定桩的圆周，其尺寸必须在容许的误差之内。

（2）先用履带式起重机把磨桩机准确的安装在适当的位置，而履带式起重机要进行有效的验证和足够的负载能力。在整个钻孔灌注桩的工程当中，要定时测量并分析监测站的数据，以避免工地周围出现较大的沉降。

（3）下套管之前必须核实套管的尺寸和完整性，并确保套管的连接位螺丝没有变形或者损坏，每条套管都要有长度的标志，以确保套管深入地下的深度。下套管时工人们要把钢管的水平位和垂直度准确的调校好，以确保没有倾斜，这样才可以用磨椿机把套管钻入地下层。

（4）对较深的孔，一个套管是不够的，就需要连接，其连接方法有两种：包括用螺丝连接和电焊连接。其中用螺丝连接要注意，所有的螺丝都一定要收紧；虽然电焊连接是临时对接两条套管，但是要注意整个连接位都要磨斜边和烧全焊。

（5）在每条套管钻入的过程中，需要及时复核中心点和垂直度是不是正确，如果发现误差大于容许的范围时，就要马上纠正。当钻挖的地层为泥土时，就用抓斗抓走套管里面的泥土。并记录每天移走泥土的数量和钻入深度。

（6）在遇到大块石时，有 3 种处理方法：第一，如果大块石至地面 4m 以内，就可以用履带式挖土机和风炮去打碎并夹走；第二，如果位置比较深，就要用吊锤打碎然后用泥夹夹走；第三就是用循环钻石机，再加上过石钻将石头磨碎，而过石钻的直径就必须调到大于套管的直径才行。

（7）还有一种情况是遇到岩层面是斜面，有两种办法处理。第一种就是用吊锤将斜石面锄平，然后再继续钻；第二种就是通过倒入混凝土将斜石面填平，让套管可以坐实在水平位之后，用循环钻石机和过石钻执平斜面，再继续钻。

（8）当套管钻到岩石层时，就要用循环钻石机接上钻头进行钻挖，当然钻杆还要装上符合尺寸的小飞机(安装于钻杆上部的机械配件)和小露宝(安装于钻头部位的机械配件)使钻杆保持垂直状态钻入地层。

（9）抽出来的污水还要经过沉淀缸和环保隔滤缸过滤后，才可以排放出去。

（10）当钻到设计的承托岩层深度时，就要由工程师收集钻出来的岩石样进行测验。认可之后要按合约的要求来扩底，用扩孔钻头安装在循环钻石机上面进行钻孔，而扩底的型号要通过循环钻石机的钻杆向下移动的垂直距离来控制。

（11）做好扩底后，就可以拆走循环钻石机了，跟着就要清洗桩柱的内壁，通常都是用吹水的方法来清洗。

（12）测量桩孔的深度和直径。测量用的吊尺要经过校核认可。

（13）还要利用超声波的测试方法，来检验扩底的尺寸，桩的直径、深度和垂直度。检验合格后就可以按设计的要求放波型管，要注意放波型管的尺寸，两条管的接口，内外两层之间的软垫、托位以及斜纹等等。

（14）绑扎钢筋架的场地一定要平坦、整洁、没有积水。钢筋要有认可的来源证并且测试合格。应准确依照批准的图纸来绑扎钢筋，钢筋架的环形箍筋和主筋要用U形箍锁紧，每12m长的主筋最少要用5个环形箍筋来承托。

（15）钢筋架的主筋要有足够的保护垫，架脚要有底座，以确保混凝土保护层符合标准，混凝土保护层至少要有75mm。而钢筋架里面还要加装临时的三脚架，以确保吊钢筋架时，结构可以保持稳固。同时要有足够的搭接长度。如果合约有要求进行超声波测试，就要绑扎声波导筒，交界面钻探导筒，所有导筒的顶部和底部都要密封。

（16）绑扎好钢筋架再经工程师检验，包括钢筋的大小、排列、钢筋架的直径、长度、搭接长度、U形箍要锁紧，隔离杆和底座要足够，所有导筒必须到位，顶底部必须密封妥当，同时临时支撑架也必须够稳固。

（17）检验合格后就可以放钢筋架，在连接钢筋时，搭接一定要够长度，每条连接的钢筋顶底都要用U形箍锁紧，搭接位要套上足够的箍筋。再将声波导筒接好，接口一定要烧焊密封。而后就可以做第二次清洗套管了。

（18）浇灌混凝土之前要用带有铁头的吊尺去检查桩底是不是有泥。如果测试结果合格，就可以浇灌混凝土。如果不合格，就要继续吹水洗桩，直到检验合格。

### 29.1.7 浇筑混凝土注意事项

（1）浇筑混凝土的时候要特别注意浇筑混凝土的时间，是需要在香港环保署许可的时段内进行，而每根桩的浇筑混凝土工序都要一次性完成。

（2）将工作台挂在套管上面或者座在磨桩机上面。工作台必须要有有效的检验证书。

（3）混凝土到达时，都要验收混凝土送货单。

（4）还要做混凝土塌落度测试，一般来说，大约在175～225mm之间，混凝土一定要可以自由流动，也就是说不使用振捣。同时还要制作混凝土试件进行压力测试。

（5）浇筑混凝土之前，必要时还要放适量的水泥浆来疏通导管，而这些水泥浆还会有分隔桩内水和混凝土的作用。

（6）混凝土里面不可以有混凝土球，必须要滤掉所有的混凝土球，不然就会阻塞导管。当履带式起重机把混凝土斗送到工作台期间，上面的工人一定要配带安全带，并扣上独立的救生绳。

（7）倒完每一车混凝土后，管工都要检查桩内混凝土面的水平、导管底的水平、套管底的水平，以确保浇筑混凝土工序可以符合预先的计划。

（8）在倒混凝土期间，无论任何时候，混凝土面的水平都要比套管底和导管底高出最少 2m。而且拔套管的时间和速度要适当。通常磨管在倒混凝土管脚 3m 之后就需要把管子向上移 300mm，才能确保套管顺利抽起。每次抽完套管之后，都要测量混凝土面的水平，再把导管拔起适当的长度。每次拔高套管和导管之后，混凝土面的水平位都起码要高于管底和导管底最小 2m。成桩混凝土面要高出 1m 左右。

（9）当桩的混凝土凝固后，过一段时间就要将剩下的套管抽走和在适当的时候回泥。浇筑后 24 小时之内，通常在桩柱指定的范围内，都不能挖泥或者进行其他打桩工程。而承包商就要尽快将打桩的建造记录交给顾问工程师。

（10）当桩的混凝土浇筑 7 天后，就可以对桩进行桩身完整性的超声波测试，交界面钻挖测试，来确定连接面是否完整和良好；28 天后就可以做足尺钻芯测试。而这些测试均要在香港屋宇署工程师的监督之下进行。在测试之前，承建商必须要呈交给工程师桩柱建成后的记录图，混凝土的测试报告，钢筋的来源证和测试报告以及打桩的最后报告给屋宇署审核等。

这些测试的桩是由香港屋宇署工程师选样，其数量大约是占总数的 5%，或者最少两根桩，而抽取混凝土和岩层样本，就要到达桩底下 1/2D（D 为桩柱扩大直径）或者最少 600mm 的深度。而抽到的混凝土样本就一定要完整，例如没有蜂窝，混凝土和岩层的连接面，就必须没有泥砂或者其他杂质。岩层样本也同样要完整，而且石质要是等级 3 或者更好，最后要把所有的孔用灌浆方法回填好。

### 29.1.8　其他钻孔桩的护坡工程

其他的钻孔桩的护土坡工程，比如钻孔桩护土坡，就是建造在斜坡上面的。它是用来承受斜坡的侧面力的，因为在斜坡上面建造，所以就要搭建临时的铁平台，通常用磨桩机做钻孔桩。

为了加强整个桩柱在斜坡上的稳定性，所以在做钻孔桩的时候就已经预留了钢筋或者采用连接管（Coupler）来连接桩柱之间，施工方法是要分段挖掘和浇筑混凝土来建造，钻孔灌注扩土墙的深度应按设计要求来定，不一定要达到岩石层面。而它的顶部通常都是用桩顶梁来加以牢固，除了稳固之外，还可以作维修口用。

### 29.1.9　海上钻孔桩

海上钻孔桩，它是深入海床下面岩层，是用来承托海面上的建筑物，例如桥梁、码头或者楼宇等等。做海上钻孔桩时，一定要在海面上先做临时的铁台，用邻近固定的建筑物的参照线来固定桩的坐标，并用货船来装载临时抽放的海水沉淀物以保护海洋生态。

海上钻孔桩必须要用永久性的套管，用振锤把它一节一节的打入海床。在钻挖海上钻孔桩同样是用泥夹和循环钻石机来进行钻挖深度，那出来的泥必须存放到在适当的大型泥斗，等候处理以避免污染环境，接着就可以放铁笼清洗干净后，就可以浇筑混凝土。做的时候，要注意参考潮水表以确定潮水涨退时对桩管的影响。如果桩管因为潮水退下而露出水面，那就要特别注重防锈处理，通常会加上混凝土包着的"外套"，这样才可以防止海水的侵蚀。

### 29.2 中国内地与香港特区的主要区别

中国内地的钻孔灌注桩应用相当广泛，除本工序介绍的螺旋钻孔灌注桩外，还有泥浆护壁钻孔灌注桩。

中国内地对钻孔灌注桩的质量控制与验收，也是以桩位放线检查桩位偏差和材料进场验收、孔底持力层岩石性能、钢筋笼质量以及桩身质量检验等方面。并在《建筑地基基础工程施工质量验收规范》GB 50202—2002 中给予了明确规定。

#### 29.2.1 中国内地桩位的质量要求

(1) 桩位的放样的允许偏差为：群桩 20mm，单排桩 10mm。

(2) 灌注桩桩位偏差不得超过表 29.2.1 的要求。

灌注桩的平面位置和垂直度的允许偏差 表 29.2.1

| 成桩直径 D | 桩径允许偏差 (mm) | 垂直度允许偏差 (%) | 桩位允许偏差(mm) | |
|---|---|---|---|---|
| | | | 1～3 根，单排桩基垂直于中心线方向和群桩基础的边桩 | 条形桩基沿中心线方向和群桩基础的中间桩 |
| D≤500mm | −20 | <1 | 70 | 150 |
| D>500mm | | | 100 | 150 |

注：桩径允许偏差的负值是指个别断面。

#### 29.2.2 材料进场复验

应对钻孔灌注桩所用的钢材进行进场复验。对现场搅拌混凝土所用的水泥、砂、石等原材料进行复验。

#### 29.2.3 施工过程和验收质量要求

(1) 施工中应对成孔、清渣、放置钢筋笼、灌注混凝土等进行全过程检查，人工挖孔桩尚应复验孔持力层土(岩)性。嵌岩桩必须有桩端持力层的岩性报告。

(2) 混凝土灌注桩钢筋笼质量和灌注桩质量检验标准表 29.2.2 和表 29.2.3。

混凝土灌注桩钢筋笼质量检验标准(mm) 表 29.2.2

| 项 | 序 | 检查项目 | 质量要求或允许偏差 | 检查方法 |
|---|---|---|---|---|
| 主控项目 | 1 | 主筋间距 | ±10 | 用钢尺量 |
| | 2 | 长度 | ±100 | 用钢尺量 |
| 一般项目 | 1 | 钢筋材质检验 | 设计要求 | 抽样送检 |
| | 2 | 箍筋间距 | ±20 | 用钢尺量 |
| | 3 | 直径 | ±10 | 用钢尺量 |

混凝土灌注桩质量检验标准 表 29.2.3

| 项 | 序 | 检查项目 | 质量要求或允许偏差 | | 检查方法 |
|---|---|---|---|---|---|
| | | | 单位 | 数值 | |
| 主控项目 | 1 | 桩位 | 见本章表 29.2.1 | | 基坑开挖前量护筒，开挖后量桩中心 |
| | 2 | 孔深 | mm | +300 | 只深不浅，用重锤测，或测钻杆、套管长度，嵌岩桩应保证进入设计要求的嵌岩深度 |

| 项 | 序 | 检查项目 | 质量要求或允许偏差 | | 检查方法 |
|---|---|---|---|---|---|
| | | | 单　位 | 数　值 | |
| 主控项目 | 3 | 桩体质量检验 | 按基桩检测技术规范。如钻芯取样，大直径嵌岩桩应钻至桩尖下50cm | | 按基桩检测技术规范 |
| | 4 | 混凝土强度 | 设计要求 | | 试件报告或钻芯取样送检 |
| | 5 | 承载力 | 按基桩检测技术规范 | | 按基桩检测技术规范 |
| 一般项目 | 1 | 垂直度 | 见本章表29.2.1 | | 测套管或钻杆，或用超声波探测，干施工时吊垂球 |
| | 2 | 桩径 | 见本章表29.2.1 | | 井径仪或超声波检测，干施工时用钢尺量，人工挖孔桩不包括内衬厚度 |
| | 3 | 泥浆比重(粘土或砂性土中) | 1.15～1.20 | | 用比重计测，清孔后在距孔底50cm处取样 |
| | 4 | 泥浆面标高(高于地下水位) | m | 0.5～1.0 | 目测 |
| | 5 | 沉渣厚度，端承桩　　　　　摩擦桩 | mm mm | ≤50 ≤150 | 用沉渣仪或重锤测量 |
| | 6 | 混凝土坍落度，水下灌注　　　　　　干施工 | mm mm | 160～220 70～100 | 坍落度仪 |
| | 7 | 钢筋笼安装深度 | mm | ±100 | 用钢尺量 |
| | 8 | 混凝土充盈系数 | ＞1 | | 检查每根桩的实际灌注量 |
| | 9 | 桩顶标高 | mm | ＋30 －50 | 水准仪，需扣除桩顶浮浆层及劣质桩体 |

（3）对桩身混凝土强度进行检验测试。

（4）对灌注桩的桩身完整性进行检测和对工程桩进行承载力检验。

# 第 30 集 空 调 系 统

## 30.1 香港空调系统施工工艺和质量控制的主要内容

大型的中央空调系统是包括空调和通风两个部分。一般来说,空调系统主要是通过制冷机,也就是冷水机组把水的温度降低到 6~7℃后形成冷水,或者通过制热机把水温提升到大约摄氏 80 度左右后形成热水,再经过水泵和水管网络,将水循环传送到室内的空调风机处,在这里,经过过滤后的空气和温水就会产生热能交换,制成冷风或者暖风,再经风管传送到室内的各个地方。整个系统需要配合自动化的操作控制及监测系统来一齐运作,同时因应室内环境的要求,系统会自动调节机组的开关,以维持舒适的需求,同时达到节能的效果。

至于通风系统,它就是利用风机或者空调风机经风管和风口,把新鲜的室外空气抽进室内,同时将室内的空气排出室外,以维持特定的换气要求。在这里,就集中讲一下冷气空调和通风这两个部分的安装工序。

### 30.1.1 施工前准备

整个安装工程必须雇用符合资格的冷气工程承建商来做。首先冷气管工要备齐机电工程顾问批准的施工图纸,其中包括平面图、结构图、顶棚图、机电设备综合图,同时还要根据施工章程来制定一份施工方案。上面列明施工方法,材料种类以及验收标准等等。

所有的材料当然就要经机电工程顾问批准后才能使用。当材料运到工地之后,冷气管工就要根据批准的资料互相核对,如果有不符合要求,就必须将材料送离工地。之后就要将材料分门别类的储存在合适而又干爽的地方。

在做任何安装之前,冷气管工一定要检查清楚施工的地方是否备齐足够的水平墨线,混凝土基础已按要求做好之后,就要尽早和总承建商及各行的承建商相互配合,安排好施工细节。

### 30.1.2 施工作业

（1）制冷水机安装

冷水系统一般较常用的制冷机(Chiller)有水冷式和风冷式两大类。水冷式制冷机组合除了制冷主机之外,还要配合水塔或者水热能交换器的运作,来散走制冷时所产生的余热。而风冷式制冷机,是利用户外空气作为散热媒体的,所以无须另配额外的散热装置。现在就用风冷式制冷机的安装为例讲解它的主要安装工序。

首先冷气管工安排起重装置,将制冷水机吊运到临时支架上,以便安装避震设备,然后把机身慢慢放下。记住要校正避震弹簧的高低位置,来确保它的避震功能没有问题。之后,再检查机身的表面、各部分的仪器、管道的连接口、电器设备等等有无损坏,有问题就要立刻通知供货商来维修或者更换。而其他冷水系统的组件在未做好接驳前,一定要做好机身的保护工作。

（2）水泵安装

在进行安装工序之前，要先按批准的泵房设计图纸，复核泵房有足够维修空间才行，而泵房门口的混凝土挡水台阶，就一定要做好，门口位置要足以让水泵搬过，同时还要有适当的通风装置。

水泵机组连同底座，应该固定在混凝土的减震板上，同时减震板也要用避震弹簧承托在混凝土基础上。减震板的重量至少是整个水泵组件运行重量的 2 倍。

在安装水泵的时候，首先要检查水泵、活接，并确定泵叶轮能够自由转动，用千分表校正马达和泵轴成一轴线。所有外露的泵轴和活接，都要用坚固的金属保护网覆盖好。

至于水泵出入水的连接口，就必须装上压力表和避震伸缩配件。在入水口的旁边，还要装上隔离闸开关和过滤器，并且要注意维修空间的要求。而出水口边，就要安装调节阀门和单向阀，另外两边水管的高位都应该装有排气阀。

（3）冷水管安装

一般冷水管是用中级无缝钢管的，在安装冷水管之前，首先要依照批准的图纸在顶棚或墙身上标好管支架的位置，水管的直径一般是 32～50mm，支架距离不能超过 3m，如果是 65mm 以上直径的水管，就不能超过 4.5m。至于机房内的水管支架，就要按照合约的规定使用避震支架或承托。

水管要安装平直，不能起之字或者弯曲，如果改变管口的大小，就要用斜大小头来连接。这样才不会憋气。如果水管要转变方向或者分叉的话，就要采用标准的配件。不过在连接过滤器，闸阀，阀门和水泵的时候，就要用法兰接头，这样才方便日后的维修工作。要预留足够的空间来安装保温材料才行。如果是承托架上的冷水管部分，要包上高密度保温材料，同时还要在保温材料底加上锌铁片来减轻所受的压力。

管道之间如果要用焊接方法来连接，那所有焊接的工序就一定要由认可的焊工来操作。而且烧焊的时候，必须注意安全，并记住带上适当的护盾，同时要有灭火筒配备，并在干爽而又通风的地方进行。

关于烧焊方法。首先要把焊接的管道两边磨平并打上斜口，接着把两边校正在同一直线。焊接时，要先点焊四面来稳固接口，以防止烧焊后变形。焊接以后，再用手锤清理焊口。所有直管的焊接都要采用坡口焊的方法。当和法兰碰口的时候，就要采用铁角焊缝（Fillet weld）的方法。另外所有的焊口都要抽样做或者磁粉测试，以此来检定焊口的完整性。如没问题了，还要在焊口位漆上防锈漆。

当焊接水管工序完成之后，就可以进行管道试漏了。首先将管道充水加压到工作压力的 1.5 倍，或者至少 10 个大气压，经过 24 小时之后，水压变化不超过 5% 才算合格。

（4）水管保温安装

要当冷水管试漏合格，同时所有的接口位置都符合图纸要求之后，才可以进行水管保温的安装。较常用的保温材料有管状的玻璃棉、酚醛发泡、橡塑和管闸（cock）加石棉灰四种。

包保温材料之前，先要将冷水管表面的污渍清理干净，同时并漆好防锈漆，然后在水管表面和保温材料的开边位刷上厂家建议的接合剂，跟着再将保温材料套在冷水管上面；之后就可以用力轻轻的将保温材料压实，以确保它没有空隙出现那才行。

而保温材料之间也必须要紧密连接，首先贴上铝铂来定位，然后检查四周没有虚位之后，再贴上铝质粘贴纸来封口。

至于闸阀，过滤器和水泵位置，就要用同类型的保温材料遮盖住。有时还要根据施工章程的要求，在保温材料上加上金属的保护外壳。

保温材料一定要包好，不然就很容易发生水结露的现象。除了水管要包好，工人做好安全防护，戴上口罩、手套和穿上长衣长裤。这样才不会给保温材料缠在皮肤上面，而引起皮肤过敏。

(5) 空调风机安装

空调送风系统主要分为固定风量和可变风量两大类。固定风量系统指的是采用定速空调风机，因应室内环境的冷量转变要求，自动调节空调风机的冷水量，及输出固定的空调风量。而可变风量系统是采用变速空调风机，配合自动化的操控及监测系统，因应室内环境的冷量转变要求，自动调节空调风机的冷水量和送风量，两者都要配合自动化的操控和监测系统来维持一个舒适的环境。

首先要依照批准的图纸，在混凝土面的正确位置，把空调风机安装稳固。不过要预留足够的维修空间。

之后再将空调风机出入冷水的连接口接好，同时留意排水管要有足够的坡度和隔气。出入风口和风管之间，要用至少50mm长的避震接口(flexible Connector)连接。在空调风机入风口的位置还必须装有符合规格的过滤器。至于控制线路箱通常会安装在靠近机房入口的侧边墙身上，而且要离地面至少600mm同时不可以靠近所有带水的管道。而所有空调风机的电控水量调节阀、感应器以及控制器等，就要按批准的施工图纸安装好。

(6) 风机盘管安装

至于小型的空调风机的风机盘管(即 Fan Coil Unit)。在安装之前，要和各行的承建商互相配合，同时根据施工图纸，顶棚图以及机电设备综合图，来确定回风嘴和风机盘管的安装位置。

确定好风机吊挂位之后，就要利用合适的爆炸螺丝和丝杆，将吊挂码收紧在顶棚上，并且要将过长的螺丝杆锯走，同时清理尾部的"毛刺"。

再将风机盘管套在螺丝杆上面，然后装上避震胶垫、垫圈和螺丝帽，再收紧丝帽，并把它调校到适当的高度。

在安装时，风机盘管要向水盘的排水位稍微倾斜一点，这样才方便倒水。最后再装上另一颗螺丝帽，以此来将之前的螺丝帽逼紧，以防止滑脱。

至于在连接风机盘管的出入水管时，就要用铜水管连接到黑铁冷水管上，其长度不能超过1.5m。

电源和电控水量调节阀就要和风机盘管的水管连接在同一边，还要留有足够的空间，以方便维修。风机盘管的出风口要配上外隔热的风管，回风口要配上回风箱和过滤器。最后再按照批准的施工图纸安装好温度及风速操控。

30.1.3　通风系统

通风系统主要包括送回风百叶、风机、调风闸、消声器、风管、防火闸以及风嘴。整个通风系统的安装，一定要符合建筑及消防条例的要求。当风管穿过机房和防火区时，一定要装上适当的防火材料以作保护，或者在过墙或楼板位装上防火闸和维修口。而停车场的风管也要有足够的高度。外墙的出入风防水百叶要装在适当的高度，同时还要相隔一定的距离。

入风口千万不能接近垃圾房、水塔或者废气排放的地方，不然就会把臭气和病菌抽进去了。

当发生火灾时，火警讯号就会自动停滞有关的空调及通风系统、而且会自动启动相连的消防电梯、楼梯加压系统、以及抽烟系统等等。

(1) 风机安装

风机安装首先要依照批准的图纸，在顶棚板的正确位置，安装避震弹簧吊码。之后，就可以将风机装上去。在风机的出入风口和风管之间，要用至少 50mm 长的避震接口加以连接。

(2) 风管安装

至于风管就分有方形、圆形和椭圆形三种。一般都是参照有关国际认可的标准来制造和安装。而香港常用的是英国标准 DW144 来做。首先按照施工章程选用适当厚度的镀锌钢板，然后再依照批准的图纸开料制造。当每段风管造好之后，就需要按施工章程的要求，采用合适的连接方法，例如角铁、德国法兰或者采用其他批准的方法。

一般来说，趟骨方法是用型号较小的风管，在每段风管之间依靠嵌入锌铁骨来进行连接的。而法兰方法多数是用于型号较大的风管将其连接在防火闸的位置。它的做法是，先用锚钉或钢牙螺丝将风管固定在法兰里面，而锚钉或钢牙螺丝之间的距离不可以多于150mm！至于锌铁管里面的接口与锌铁管和法兰之间的接口，以及锚钉或钢牙螺丝之间的位置，就要用符合防火规格的风管密封胶来进行封口。

两个法兰之间，就要用防火胶条封口，用夹或者螺丝收紧。螺丝或者夹之间的距离，一般是不可以超过 150mm 和 400mm，这样才不会漏风。

在每段型号比较大而且长的风管中间都要加上单边法兰，或者采用其他批准的方法来加强它整个的稳固性。

然后就要在风管两边，用丝杆角铁吊架，将水平的风管承托在建筑结构上面，此时要记住角铁和丝杆的尺寸；同时吊架的距离也要参照有关批准的规格。有时候会用风管来作为设计特色的一部分。

(3) 风管试漏测试

当完成整个风管工程之后，就要作风管的试漏测试了。一般来说，低压的风管系统，可以不做试漏测试，至于中压和高压的风管就要参照有关国际认可的标准。而香港一般都是依照英国标准 DW143 来做的。

(4) 风管保温安装

当传送冷风的风管试漏合格后，就可以进行风管的保温工序。所用的保温材料有玻璃棉、酚醛发泡和橡塑。如果采用玻璃棉的话，一般密度都是 $32kg/cm^3$，厚度在 $25\sim50m$ 之间不等。玻璃棉是不可沾水分的，所以要用胶袋包好并存放在干爽的地方才对。

在安装之前，首先要将风管的表面清洁干净，如果风管的宽度大于 450mm，风管的四面就要贴上足够的铁钉了，如果是横平面，钉和钉的距离大约就应该是 300mm，而垂直面大约是 400mm。然后在风管表面涂上胶水，将裁好的玻璃棉先用铝质粘贴纸固定在风管上面，然后将玻璃棉包在风管四周，再轻轻用力将玻璃棉铺平，再用铁钉固定好位置。

玻璃棉的连接位至少要重叠 50mm，同时还要贴上铝质粘贴纸并封好口才行。之后检查四边，以确保没有空隙，最后就可以套上铁钉扣，将钉尾弯平了。

铁钉扣面和玻璃棉的连接位，都同样要封上铝质粘贴纸，以确保不会有利口，以及玻璃棉不会外露。另外，凡是风管经过底支架时，都应该在风喉底加上防火木块的锌铁片，或者垫上高密度玻璃条棉，以减轻玻璃棉所受的压力。如果要用酚醛发泡和橡塑，那具体的施工程序就要参照有关生产商所建议的方法了。

（5）风嘴安装

最后就要安装风嘴了。确定好风嘴的位置和安装高度以后，就可以安装风嘴风管。

不过要注意，风嘴和风管的连接处，一定要刷上风管胶水以防止漏风。之后就可以将调风百页（即系 VCD）以及风嘴稳固好。如果遇到假顶棚，就要依照顶棚图纸，并和总承建商及各行的承包商互相配合安装。

当所有的空调和通风设备都安装好之后，就要在整个系统的适当位置加上清晰的显示、色带以及方向指示的箭嘴了，这样才算真正的完工。

（6）冷气供电总制柜安装

安装好有关的空调和通风设备之后，还需要有电才能使用的，这就要靠冷气供电总开关柜。在出厂之前一定要核实它的装嵌是否合乎测试证书"Type-test Certificate"模式的要求，是否已经做妥绝缘测试、高压耐压测试、机械测试、一次性注入法测试、第二次注入法测试以及铜巴接驳位的阻值测试等等。一切都没问题之后，才可以运到工地上进行安装。在连接开关柜之前，还要重新做几次出厂前的所有测试，以确保所有都没问题后才算合格。最后，将电缆连接在掣柜里，但一定要符合电力公司的供电图纸的要求。

30.1.4　空调系统测试

当所有安装步骤完成之后，还有一个重要的程序，就是调校和测试。那么才可以使整个系统达到设计上的要求。

（1）测试仪表

在测试之前，先要备齐所需要的测试仪表；包括：奥姆表，电流表，风速表，干湿球温度计；转速表，流量计以及噪声表。

（2）电路测试

首先所有连接好的电缆都要做绝缘测试，而马达也要做控制线路的测试。包括量度角转动时间；电流过载保护；起动和运行电流等等。

（3）水泵测试

接着就要测试冷水系统的水泵了。首先按照图纸的管路，将相关的管闸开关打开或关闭，来检查止回阀的方向不会错误，马达的转向和转速是否正确，跟着再测量出入水磅表的压力差。

（4）水质处理及测试

之后就可以进行水质的化学处理了。做法是，先将冷水管网络注满清水，加入稀释到适当浓度的药水系统里面，清洗管道。

为什么水管也要用药水来清洗？因为施工期间水喉出现铁碎和油脂污染的现象。所以要用适当的药水来清洗水管。

然后启动循环水泵要至少运行 24 小时，不然就洗不干净管道里面。然后将系统里面的水放出来，之后再重复注入清水，将整个冷水系统至少清洗两次，每次都要清理干净水泵位的过滤器。

多次可以将水喉洗干净。还有两个步骤要做，就是抽水办送去化验室检验水质。再加入防添加剂药水到水喉里面保护水喉。

因为水是整个系统的供冷媒体，好像人体的血液一样，而水质的好坏对整个系统运作、能源效益和设备的寿命都有影响。

（5）制冷水机功能测试

接着就要测试制冷机了，它必须要由生产商的技术员来负责，先要检查各机械部分，看看有无损坏，要做控制线路的测试，以及各项压缩机安全设备的模拟测试，包括高低油压停机、高低雪种压力停机和低水温停机等等。之后，起动水泵和制冷机，测量出它所产生的噪声对附近环境有没有造成影响，如果超过环保局所定的标准，那就要安装上减声设备。

（6）空调风机，风机盘管，风机功能测试

轮到空调风机、风机盘管和风机的功能测试了，首先检查风扇转向是否正确和畅顺。如果风扇是带动型号的话，就需要校正风扇皮带的宽紧度，并修定转速，之后再测量风扇的转速、出风速度、风量。至于空调风机，风机盘管呢，就要测量和调校每部空调风机、风机盘管的出入冷水量和温度以及出风速度。

（7）风量调校

接着就要按批准的施工图纸来调校整个空调及通风系统的风量分配，还要测量一下室内干湿球的温度，直到符合设计要求为止。这就避免有些地方热，而有些地方冷的现象。

（8）与消防联动系统运作测试

测试当有火警讯号时，有关的空调/通风系统是否自动停止，而楼梯加压和抽烟系统等与消防联动的系统是否启动运作。

30.1.5　操作及维修手册

最后整理好以上各项测试的记录，集齐各个系统设备的数据和有关装置的完成图，以此来制定一份操作及维修手册，以方便日后保养以及维修的参考之用。

## 30.2　中国内地与香港作法的主要差异

香港执行英国标准 DW143，DW144

内地执行：

（1）《通风与空调工程施工质量验收规范》GB 50243—2002

（2）《制冷设备、空气分离设备安装工程施工及验收规范》GB 50274—98

（3）《压缩机、风机和安装工程施工及验收规范》GB 50275—98

# 第31集 拆 卸 工 程

## 31.1 香港拆卸工程操作和安全控制的主要内容

### 31.1.1 拆楼的种类和拆卸方法

拆楼也一样，工序做得不好，就很容易发生意外。在拆不同建筑物的时候，其注意点又有不同。但是一定要遵照屋宇署的建筑物拆卸作业守则。

工业楼宇的楼层高度和梁柱的跨度比较大，在拆的时候就要仔细的处理。公共的建筑物，比如天桥，对人们的安全有很大的影响，需要多做一些安全措施。

至于戏院、商场、酒店等等，也都要按照它的设计，并做好适当的安全措施后才可以拆。大多数的拆卸工程是住宅和商用楼房，它们的结构一般都是框架结构或者是承重墙结构。这些建筑物的组成部分，包括有楼板、梁、墙壁、柱、楼梯、外墙等等，拆的时候就要按照已批准的次序来拆。还有一些预制件结构。在拆的时候，必须依照建造时施工程序的相反次序来拆卸以及在原来的起吊点吊走构件。而另一种预应力结构，必须用临时支撑来将组件支撑好，对那些有灌浆的结构就要检查灌浆的情况，拆卸时要留意除去拉力。无论是怎样做，都一定要依照拆卸图纸来施工。

拆卸下来的材料大致可以分为砖、混凝土、木材、钢材等等，而不同的材料要用不同的方法去处理，最好可以循环再用。砖、混凝上块就可以用作填海，木材、钢材可以循环再用。

拆卸的方法，大约有 7 种之多。第一种，就是用压锤，也就是把油压锤安装在挖土机的摇臂上面，将建筑物的组成部分打碎、切断和切割。第二种，就是用手动工具，例如手风炮、电炮、风机等等。第三种就是锯割，也就是用钢丝来切割，不过在施工的时候要用大量的水，来减少砂尘和降低热力。第四种就是先在建筑物上钻孔，再将膨胀剂放在封闭的孔里面，利用它的膨胀力来逼爆混凝土。第五种是用撞击球，把准备拆卸的建筑物由上至下的撞碎，不过这种方法只适合于一些矮小的及远离公众的楼盘。第六种方法是用油压夹碎机，从外面将物体夹碎，但是这种方法至少要在楼高一半的距离才可以运作，这种方法最适合拆卸一些高度较低或者一些不太容易进去的楼宇。最后一种拆卸方法是向内爆破，但在施工前要做一个有关附近环境的风险评估，然后再制定爆破计划。有时会用以上几种的混合形式，比如切割后的混凝土吊落地面上再加以打碎。现在香港建造业最常用的拆楼方法，就是用压锤或者用手动工具的方法来拆。而撞击球、油压夹碎机和内向爆破这几种方法要详细考虑其可行性。但是无论用那一种方法都必须先得到屋宇署批准才可以施工。

### 31.1.2 拆楼的审批及防护设施

（1）在开始拆楼之前，负责工程的认可人员要详细的去检查整栋楼的结构，看看有没有非法建筑物，在设计拆卸步骤方案中，要考虑到安全及环保对附近环境的影响。形成拆卸图纸，拆卸方法计划书，结构稳定性报告以及预防措施计划书要呈交给屋宇署批核。

对于地下楼层，很多时候都留待到造地基的时候才处理。但是清拆地下室时要小心。要有足够的桩顶来支撑。

挡土墙对于斜坡有一定稳定的作用。所以在拆楼房时，不应该和楼房一齐拆。如有需要，可加一些临时支撑，在清拆挡土墙时，楼房不至于受到损伤。而拆挡土墙时，首先要做好工程加固，然后要小心清拆。还要向有关机构要求截断所要拆卸的整栋大厦的水、电、煤气、通讯以及排水等公共设施。至于升降机或者电梯，承建商要联同注册升降机承办商，并通知机电工程处注销之后才可以拆卸。而且要聘请石棉顾问检查楼宇里面有没有石棉，拟准备报告呈交环保署审核，经批准后再由认可的石棉拆卸承建商拆除。如果有油渍污染的泥土，都要按照要求事先清理好。

（2）围板、有盖行人通道及坠台

在围板施工之前，一定要申请获准建立围板、有盖行人通道和门架的许可证，以及挖路许可证。另外所有围板，有盖行人通道和门架都要按照屋宇署已经同意的图纸做好。而行人通道都至少要有 1.1m 宽。而且所有的许可证及技术监督都要张贴在围板的适当地方。有盖行人通道的盖顶就一定要向内倾斜。同时要注意有盖行人通道要设置好临时的照明系统。如果要拆卸的建筑物是接近行人通路，必须在有盖行人通道顶加装坠台。它的外围，设置铁板来截住跌落来的泥石，以进一步保障行人及车辆安全。

（3）棚架和护网

拆卸工程一定要使用双排竹棚架或者金属棚架。如果棚架的高度超过 15m，就要由专业工程师来设计，并且就要由符合资格的人员检查验收。

在拆卸到剩下三层，每层都要在棚架上面设置工作桥板。同时还要在它的外围设置踢脚板。一般在每隔 4m，就应该把竹棚架绑在坚固的锚钉上。如果棚架高度超过 15m，最多每隔 15m，垂直的加上角铁架，用来承托棚架的重量。同时还要在棚架上面铺设两层保护网，首先铺上一层厚的尼龙网，再在外面铺上耐燃帆布，将整栋建筑物围住，以此来截住灰尘和砂石。棚架上的两层网，无论是水平或者垂直方向，都要不少于 2m 就进行固定。而重叠的连接位至少要有 300mm。耐燃帆布一定要符合标准。

（4）斜水架

斜水架一定要在距离工作楼层不超过 10m 以下的地方安装。斜水架应该要向棚架外面水平伸出 1.5m。而较典型的倾斜角度就要离水平面 20°～40°之间。斜水架还必须要坚固的绑在外墙和棚架上。另外还要在斜水架上面铺放耐燃帆布、尼龙网和铁片，用来截住砂石。而且铁片的厚度不应小于 0.5mm。耐燃帆布、尼龙网和铁片也要绑在斜水架上。

（5）临时支撑物

拆卸的位置一定要依照批准的施工图纸安装临时的支撑。而且不能随便拆走这些支撑。悬臂式构件一定要依照批准的图纸安装临时的坠台或者支撑。

（6）安装废料槽

要按照批准的图纸，从顶层到地面安装废料槽。废料槽可以利用电梯槽或者采光井来做。如果开楼面作废料槽那面积就不应大于 900mm×900mm。废料槽的顶部和底部，除了要安装洒水设备之外，还要按照劳工法例安装上围拦。在任何时间，工地里面的紧急通道都要保持畅通，并有足够的临时照明系统。

(7) 拆楼摄录

为了记录整个拆卸过程，注册的专门承建商就要利用摄录机在楼盘里面进行视像摄录。每个楼盘要按照图纸要求，最少安装一部摄录机，摄录机要妥善保护，并一定要把整个拆卸工作，包括运送泥石和整个拆卸工序都拍摄下来。而这些录像带最少要保存 14 天。

### 31.1.3　楼宇拆卸的施工工序

目前香港建造业最常用的拆楼方法，就是用机械和手动工具的拆卸方法。通常所用的机械和工具都包括有：挖泥机、油压炮、风机、风炮、水泵、水管、钢缆、大锤、气焊、铲泥机、吊机、临时支撑等等。对这些机械和工具要每天进行检查，以确保各种工具保持良好的状态，钢缆也要保证没有损坏。并要加上有效之合格证书。而且所有机械，例如手风炮，风机都要用低噪音类型。

(1) 拆卸楼宇施工队伍资历的要求

机械操作员的技术要求也是很重要的，而且不同种类的机械操作员需要的技术要求也不同，比如要有挖土机操作员证书；拆卸楼宇机械操作员证书；气焊操作员证书；推土机操作员证书以及起重机械操作员证书。

管理人员根据清拆楼房的复杂程度，认可人士、注册结构工程师和注册专门承建商要制定一份安全监工计划书。而在这个监工计划里面，应清楚列明适任技术人员的职份和人数。当拆卸复杂的物体时，比如悬臂式或大跨度的梁，甚至一些预应力的结构。注册的专门拆卸承建商还需要委聘一名属于结构、土木或者建造工程级别的注册专业工程师，到工地进行监督拆卸的工作。

(2) 用压锤(炮头)拆楼的工序

首先要检查好所有的钢丝绳、塞古(U 形铐)以及其他起重用具是否符合标准。然后再用起重机将符合图纸上注明重量的压锤吊上顶楼。

在拆卸期间，任何时候压锤的位置下面都要有支撑，千万不能把支撑拆走；同时压锤不能移近离建筑物边缘 2m 或者离开口位 1m 的范围内，而且不能在任何悬臂式构件上移动。并且还要用红白带、油漆或者其他适当的方法，规定出压锤可以活动的范围。所有拆卸过程中，要不断向工作位置洒水，以避免尘埃四处飞扬而影向周围的环境。至于拆卸的次序，应该由顶楼拆起；先要围绕地盘的外墙，加装临时挡板，以防止碎石跌落；然后就可以手工拆去非结构的间墙、假顶棚和门窗杂物等等。如果整栋楼的外墙是非受承重砖墙，就要用手工先拆除，可以用大锤从外至内将非砖墙拆走。然后再将悬臂式构件拆走，在拆的过程中，绝对不可以将临时支撑物拆走。总之要从外向内拆，先拆楼板，后拆梁。

(3) 拆地面楼板

在拆地面楼板时压锤下面的支撑一定不能拆走。然后用压锤将地面楼板的中间打开裂口，再向四面伸延至混凝土的梁边，直到全部打碎为止；剩下的钢筋，再用氧气焊把它切断。

(4) 拆内梁及内柱

拆混凝土内梁的方法，是用逐步打碎混凝土的方法来拆。而拆内柱，在柱脚离地大约 500mm 的位置用压锤打开缺口，用气焊将外面的钢筋切断，然后用压锤将它推倒，再将它打碎。

(5) 拆混凝土外墙

当拆外墙连框架时，要用钢缆拉紧，按照图纸要求分块；通常按两条柱为一块的间距来分，从楼宇角柱边的外墙，由上至下，打开一条垂直缺口，相隔两条柱再打一个缺口，形成一个龙门架的形状，然后把它与其他墙身、柱分离。在这时，可以用压锤抓住顶部，以防止向外倾斜，以免发生危险。然后，就用压锤在柱脚离地面大约 500mm 的位置打开缺口，露出钢筋，用气焊将外墙边的钢筋切断。在切时要注意方法，只可以切断外面的钢筋，因为这样墙身在倾倒的时候，里面的钢筋仍然可以拉住外墙。当所有外面的钢筋都切断之后，就可以用压锤将墙身和支柱向楼内拉倒。最后再打碎。要在工作楼层面和槽口洒水，以防止泥尘到处散播。而废钢筋就要吊到地面；而且在任何时候，渣土和废料临时存放的高度都不可以超过图纸上批准的高度限制。

地面的渣土就要定期从工地清走，尽量保护环境。废料最好可以循环再用。另外棚架和桥板一定要定期进行保养，桥板上堆积的碎块一定要清理干净。棚架的拆除工作应该要和楼层拆卸工程的进展配合一致，并确保无支撑部分的高度超过离开最近的高度 2m。

（6）用手动工具拆楼的工序

因为有些楼宇太旧，承受不了重型的机械，或者整栋建筑物的地点位于车辆不能到达的地方，不能把重型机器运到目的地，所以就要用手动工具来拆。

首先要计算出各种构件的重量，以决定用哪种吊重工具来施工。而每层的拆卸次序是：是同压锤拆卸一样，都是要将非承重砖墙和悬臂式构件先拆走。

1）楼板拆卸工序

当拆楼板的时候，要将楼板中间打开裂口，然后向四边伸延到混凝土梁边，然后全部打碎，剩下的钢筋，再用气焊将钢筋切断。然后就可以拆混凝土梁了；拆梁时首先要确保混凝土梁上面没有任何负荷，然后就可以将梁尾的钢绳固定在外墙的混凝土梁上面，另一边用滑轮组锚固在楼板或者对面的结构物。接着将梁口两端的混凝土打走，使钢筋外露，之后再将梁尾上面和梁头上下的钢筋切断，把混凝土梁头吊链放到楼面，最后就可以再将梁尾下部的钢筋切断。

2）拆外墙

外墙就要用钢绳锚固在墙身，按批准图纸的要求进行分块，劈出一道垂直槽，留下钢筋支撑结构，同时在楼板上装上垫层，之后在墙脚 500mm 左右处打开缺口，用气焊将外钢筋切断，再用钢绳和吊链以受控制的动作将墙向内拉倒，并且打碎。拆混凝土柱和拆外墙工序一样，都是要用钢缆牢固好，以受控制的动作将柱拉倒。无论是用手动工具拆或者用机械拆卸，在施工期间，如果发现结构构件和图有不符合，就要立刻停工并且通知认可人员和注册工程师，看看有没有补救方法。

如果要拆的这栋楼两边又有其他不拆的楼。在拆楼之前，建筑师和结构工程师，通常都要去翻查这些楼宇左右两边房屋图。也需要去工地，做一个安全的评估。通常对邻近的楼，做一些桩或支撑。假如有一边的墙留下，都会在拆掉的楼宇那边的工地，用一些斜撑来巩固。也可能需要造一些螺丝栅，通过楼宇的梁或者柱来加固。

31.1.4 飓风、暴雨情况下的紧急应变措施

如果拆楼时，遇到暴雨，要做好应变措施，清理好排水系统并且对电气装置给予防水保护。如果台风预报，就更加要加强棚架并拉紧，把布拆下，以减轻棚架所受的风力，同时要把没卸的构件稳定好，并且把松散的物品缚好或者盖好。

### 31.1.5 拆卸后的防护措施

拆卸工程完成后，在任何挖掘的地方都一定要稳固和支撑好，并且立刻平整地面，同时清除所有的碎块，还要有充足的排水系统。

如果新的项目还不能立刻动工，就要把工地完全围住，防止闲杂人等擅自进入，以免除任何会对公众构成的潜在危险。

## 31.2 中国内地与香港在拆卸工程的比较

上节介绍了香港在拆卸工程操作和安全控制以及拆卸工程中的环保要求的主要内容。到目前为止，中国内地还没有制定有关拆卸工程操作和安全控制的规范和规程。在中国内地的既有建筑越来越多，会出现达到使用寿命或危机建筑结构安全的建筑工程。对于这类建筑应当经有资质的检测鉴定单位确认其达到使用寿命或危机建筑结构安全的，应当给予拆除。在拆除工程中，以上介绍的中国香港在拆卸工程操作和安全控制的内容是具有重要参考价值的。

# 第32集 防　水

## 32.1　香港防水工程施工工艺和质量控制主要内容

### 32.1.1　防水工程目的

一幢楼宇的其中一项功能：就是用来阻挡风雨、防止渗漏，而防水工程就是用来确保这项功能的。比如平台、阳台等，都会接触到雨水，地面以下的车库和电梯槽底等，也会有地下水渗入，用来装水的水缸和泳池也不能有水渗出；还有住宅单元内的浴室、厨房的地面也会经常接触到水，这些位置通常就要做防水工程，以防止有渗漏的现象出现。漏水严重时还会引起混凝土中钢筋腐蚀而影响到楼宇的结构安全和使用寿命，而且防水层是在装饰面下面，很多情况都要拆掉装修才能进行返修。

### 32.1.2　各类防水材料

建筑防水材料大至可以分为四大类：第一类就是防水添加剂，就是在搅拌混凝土或者水泥砂浆时把防水添加剂加进去一齐搅拌；第二类就是涂在混凝土面上的渗透式防水剂；第三类是液体状的防水膜；第四类就是卷材防水膜。每一种都有它的优点和局限性，所以都要按照工程师设计要求施工。

所谓防水的正反面又称内外防水，正面防水即外防水是施工面直接遇到水的地方，比如地下室、阳台、水缸和浴室等。而背面(内防水)是指遇水的地方在施工面的背面。

### 32.1.3　施工准备工作

(1) 制订防水施工程序建议书

当设计和材料都确定后，就可以做其他的准备工作，呈交所需的材料、样板和有关数据的试验报告给工程师批准，再参照最新的图纸，以及施工章程，制定出防水施工程序建议书，要写明施工方法，验货标准和验收程序，同时还要呈交防水大样图，并列明防水和各工种的配合。

(2) 材料进场验收及储存

每批运到工地上的材料，都要有"制造商证书"，证明该批材料符合标准规格、有效日期等。而且在搬运时也要特别小心，不能整坏材料，同时要储存在指定的地方并做好保护。

(3) 混凝土搅拌站的质量控制

做到优质的防水混凝土，首先就要做好混凝土搅拌站的质量控制，而最重要的就是防水添加剂加入混凝土后，不但不应影响混凝土的强度，同时还要增加混凝土的防水性能。所以在搅拌站内要做防水混凝土的抗压力测试和吸水测试，来确定混合配方是否符合设计要求。

(4) 浇筑防水混凝土的准备工作

浇筑防水混凝土前，还要作好相应的配合：所有混凝土的接口都要装上止水带，穿墙套管要有法兰，模板要用防水穿墙螺栓。所有和防水施工表面有接触的设备，在浇筑混凝土前就要预先留好，比如贯穿地面的管道洞、排水槽和定位螺丝等，以避免以后安装时破坏防水层。

### 32.1.4　防水施工工艺

（1）防水混凝土

1）要根据已经批准的施工程序来执行当日浇筑防水混凝土的先后次序，最好是一次性完成，这样可以减少混凝土接槎的漏水机会，比如水缸、泳池、地面和墙身等。对于水缸会有过墙洞，大构件会有混凝土接槎口，而在混凝土的接口位应该预留止水带或者膨胀胶条。另外在浇筑混凝土时，还一定要将混凝土振妥，这样才不会有蜂窝，才不会漏水。浇完混凝土之后必须要及时做好养护，以免使混凝土产生裂痕而导致漏水。

2）其他防水工程会在混凝土面或者找平面上施工，如果有凹缝时，就要检查清楚位置是否正确，防水三角线是否做妥，这样可以确保封住地面与墙身的接槎，而且可以防止防水层产生折角。如果要在混凝土面施工，要先做混凝土结构的蓄水测试，如果发现有渗漏，承建商就要呈交修补建议书给工程师批准。

3）无论在混凝土面或找平面上做任何一种防水工程，都要确保施工面清洁，清除尘埃，无油，无养护剂。混凝土至少固化28天，而新的找平层至少要固化7天。

（2）防水找平层

防水添加剂可以和水泥、砂混合，来做防水水泥砂浆找平，通常是用在水缸、泳池、浴室和厨房地面等的位置。

蓄水试验完毕后就可以做防水找平，要在墙身处淋足水，把防水剂加水拌匀，混合水泥浆并用机器搅拌好，将防水水泥浆抹在施工面上，再用压尺压平，然后用木磨板拉平顺。所有的包角、出柱、硬底都要用同样的防水材料来做。地面也都要抹上防水水泥浆，做好斜水泥凸线。等墙身和地面都做好防水水泥浆后，做防水三角线，这个时候要按批准的样板把防水水泥浆抹在墙脚与地面之间，再用压尺压平。该工序完成后，就要做好护养和测试。渗漏测试都合格，就可以做铺砖工序。

（3）渗透式防水剂

渗透式防水剂是由表面渗入混凝土里面，而此类防水剂遇到水就会形成晶体，要把施工面的孔完全填塞好来防止渗漏。施工工序是把施工面淋湿，以没有积水为准；防水材料加水并用慢速搅拌机搅匀。用宽油扫把拌好的防水料涮在施工面上，先全面的横刷一层，再直刷一层，这样可以确保有两层的厚度。渗透式防水工序完工后，做打底找平工作，一定要注意胶水和水泥的使用，确保防水面和打底装饰面之间的附着力不会受到影响。

（4）液体防水膜施工程序

液体防水膜的好处是附着力好，延伸性强，富有弹性，但需要有适当涂层厚度，才可以发挥防水的功能。它的施工方法有三种，第一种是冷涂防水膜，第二种是喷式防水膜，第三种是热溶胶防水膜，无论是用哪一种，如果在室内施工，就一定要设置通风系统，工人要佩带防护手套、口罩、眼罩，避免接触到化学品。施工工具主要有刮铲、镘刀、喷枪、低压高流量喷涂机、湿度测量仪和测厚度仪。施工面要干燥，应注意施工当日天气相对湿度是否符合施工要求。

1）单组份冷涂防水膜

排水渠口和地面的套管或者管道都要涂上防水底漆。至于施工面是否涂漆,那就要根据工程师的批准而定了。要沿着墙脚线全面的涂上冷胶,而墙脚地面大约就要涂300mm宽,要及时用厚度仪来检查防水膜的湿膜厚度是否符合要求。如果验收合格,就可以由地面开始一直向出口方向涂上冷胶,然后再检查湿膜厚度。

检查防水膜厚度应有一定程序,不是厚了就一定好。要根据设计的要求来做才可达到最好的防水效果。如果要求铺上纤维布,就要在冷胶干固之前做,在纤维布面上擦一层冷胶,这样就可以加强防水膜的伸缩性。当完成了防水膜工序后,就要围好保护栏并贴上告示。至于墙脚的凹柳线,就要用防水料将它填满,凹柳线内不可以用胶条来填补。当防水膜凝固好后,就要做联合验收,检查有无气泡、破裂,并用测厚仪检查防水膜的厚度。做好测试后,要补好被检验的位置。当渗漏测试合格后,如果工程师要求铺保护卡纸,就要全面铺设。最后再清理好场地,并且围好保护栏和贴上告示。

2) 喷式防水膜施工程序

喷式防水膜的施工,要先把底漆按生产商的比例混合均匀并拌好,用油辘、油扫在施工面上漆上底漆,撒上水泥浆以加强底漆和防水层的粘贴力。等固化到用手触摸感到底漆干时,就可以把防水膜料根据产品说明均匀的搅拌好。由于喷涂机需要调校,所以先要喷在胶纸上,来测试所喷出的厚度是否符合要求,这时枪手和控制员一定要互相配合才能达到施工厚度要求。喷在施工面的面积就要在1.5m×1.5m,而且要顺方向来重复喷3次(喷二横一直或二直一横),厚度大约2mm。在做防水膜的接口位置时要先涂上底漆,然后才可以喷防水膜,接口位置要有足够的宽度,同时要注意重涂的时间。如果发现机器和涂料有水分,那就要立即停止喷涂。不然就会使涂料产生大量的气泡。当防水膜固化后,就要用测厚仪来检查厚度,用火花测试仪器检查防水膜有无气泡;以及做拉力测试,一般以不少于2MPa为标准。而手涂式较适用于修补程序。

3) 热熔胶防水膜施工程序

热熔胶防水膜分为直接式熔胶和间接式熔胶。不管用那种都要根据材料产品说明来做。施工面涂上底漆,使其固化。把固体状的防水胶放入熔炉里面,加热使防水胶熔化成液体状,热熔胶熔化之后,就可以直接倒在施工面上。用油扫先做墙脚,同时用宽的刮耙将热熔胶均匀的分布。再及时铺上一层纤维布,并用测厚仪检查热熔胶的厚度,以确保其符合要求。如果设计上需要做两层,则要在已铺好的纤维布上面,再多铺一层热熔胶和纤维布。

(5) 卷材防水膜施工程序

卷材防水膜的好处是防水层的厚度不变,质量有保证,适合大面积的防水工程,但弹性较差。卷材防水膜包括火烧防水膜、热熔防水膜、自粘性防水膜,还有膨润土防水胶膜。所有运到工地上的卷材除了抽样检查它的质量外,还要特别注意它的厚度,及任何的破损。铺的次序要根据大样图,先铺墙脚的三角线位,然后铺地面,最后才铺墙脚。

1) 火烧防水膜

把卷材按实地尺寸预先下料并裁剪好,再沿着三角线位与地面全面铺设,用喷枪把底漆和卷材熔接,从排水位一直向高处铺地面,喷枪要由左至右将底漆和卷材熔接,两边的卷材一定要有熔胶溢出,这样才可以确保卷材完全熔接在底漆里。最后再全面铺墙脚。所有搭接口都要符合大样图的要求。

2）热熔防水膜

在施工面和排水位涂上底漆并使其固化，把固体状的防水胶（沥青）放入熔炉内，再加热使防水胶熔化成液体状。根据墙脚尺寸裁剪适合的卷材，把沥青倒在卷材上，用镘刀刮平顺，要及时把卷材铺在三角线位后才铺地面，墙脚和地面卷材之间要有足够的搭接长度。而其他工序就和火烧防水膜差不多。

3）自黏性防水膜

另外一种快捷容易的方法是用自黏性防水膜。在施工面和排水位涂上底漆并使其固化。裁出适当长度的卷材，铺好墙脚后再铺地面，要由底位向高位铺。要预留足够的搭接面。在展开卷材的同时，要用滚筒紧压卷材面，把施工面和卷材之间的空气挤出。而其他卷材都用同样的方式铺。要注意的是，末端搭口的宽度要根据产品说明做妥，并用滚筒压实。

4）膨润土卷材防水膜

膨润土卷材防水膜的特性是遇水会膨胀而变成胶状，来形成防水层，通常是用在地下库房的，膨润土卷材一面是高密度聚乙烯胶膜，另一面是织布，而织布面一定要是向着需要做防水的混凝土面。施工前，所有穿过混凝土墙身的套管和管道都要涂上胶粘剂并放上止水带。而且要在膨润土卷材的裁剪口涂上防水胶浆，安装时要以品字形排列，避免有十字形的接口出现。所有的搭接位的长度都不能少于产品要求。再用水泥钉来固定膨润土防水胶膜。安装完成后要尽快进行结构混凝土，或者在平面加上一层 50mm 厚的混凝土作为保护层。

（6）防水工程测试

除膨润土卷材防水膜外，所有的防水工程检验后，一般都要做 48 小时的蓄水测试，以确保无任何渗漏。如果工程师要求，在蓄水测试完成之后，要及时由独立的专业承建商做红外线测试，其做法是先用温度计测试当时温度，再将温度输入红外线测温仪，检查防水膜有无温度相差，如果发现荧光幕显示有色差的话，那就表示防水膜有损破，会有渗漏，那就要根据产品说明书来修补。当所有的测试完成之后，就要把测试报告呈交给工程师批准。

还需要各专业的配合。例如喉码（管卡）不可以打在防水层面。

32.1.5 注意事项

防水施工程序还有一些注意事项。例如做水缸和泳池时，防水材料的化学成分不能影响水质的，所用的材料要根据批准的要求做好质量检查工作。而在要种植树木的地方，要选用可以防止树根破坏防水层的防水材料。

要做到优质的防水工程，需要各专业的配合。防水施工前后的工序质量应满足要求，比如浇好混凝土后，要做足养护；防水工程施工后的装修工程也要小心，不能破坏做好防水膜的完成面等等。

## 32.2　中国内地与香港在防水工序的比较

中国内地与香港在防水工序的施工准备、材料验收、施工工艺和工序验收方面的主要控制内容是一致的。中国内地的新型防水材料品种相对比较多，有些施工工艺还要依据产品的要求。中国内地的防水施工是要有资质的专业公司来承担。由于防水特别是地下防水的重要性以及渗漏后的处理较为困难等因素，所以中国内地在材料进场验收和工序验收等方面的规定更为具体和带有强制性。表 32.2.1～表 32.2.4 列出了《地下防水工程施工质量验收规范》GB 50208—2002 中防水混凝土、水泥砂浆防水层、涂料防水层和卷材防水层的有关施工质量的验收要求。

**防水混凝土施工工序质量检验项目、数量和方法**　　　　　表 32.2.1

| 项目类别 | 序号 | 检 验 内 容 | 检验要求或指标 | 检 验 方 法 |
|---|---|---|---|---|
| 主控项目 | 1 | 原材料、配合比和坍落度 | 必须符合设计要求 | 检查出厂合格证、质量检验报告、计量措施和现场抽样试验报告 |
| | 2 | 抗压强度和抗渗压力 | 必须符合设计要求 | 检查混凝土抗压、抗渗试验报告 |
| | 3 | 变形缝、施工缝等 | 防水混凝土的变形缝、施工缝、后浇带、穿墙管道、埋设件等设置和构造，均须符合设计要求，严禁有渗漏 | 观察检查和检查隐蔽工程验收记录 |
| 一般项目 | 1 | 结构表面质量 | 防水混凝土结构表面应坚实、平整，不得有露筋、蜂窝等缺陷；埋设件位置应正确 | 观察和尺量检查 |
| | 2 | 表面裂缝 | 防水混凝土结构表面的裂缝宽度不应大于 0.2mm，并不得贯通 | 用刻度放大镜检查 |
| | 3 | 防水混凝土结构厚度 | 防水混凝土结构厚度不应小于 250mm，其允许偏差为 ＋15mm、－10mm；迎水面钢筋保护层厚度不应小于 50mm，其允许偏差为 ±10mm | 尺量检查和检查隐蔽工程验收记录 |

**水泥砂浆防水层施工工序质量检验项目、数量和方法**　　　　　表 32.2.2

| 项目类别 | 序号 | 检 验 内 容 | 检验要求或指标 | 检 验 方 法 |
|---|---|---|---|---|
| 主控项目 | 1 | 原材料及配合比 | 水泥砂浆防水层的原材料及配合比必须符合设计要求 | 检查出厂合格证、质量检验报告、计量措施和现场抽样试验报告 |
| | 2 | 各层之间的结合 | 水泥砂浆防水层各层之间必须结合牢固，无空鼓现象 | 观察和用小锤轻击检查 |
| 一般项目 | 1 | 防水层表层质量 | 水泥砂浆防水层表面应密实、平整，不得有裂纹、起砂、麻面等缺陷；阴阳角处应做成圆弧形 | 观察检查 |
| | 2 | 施工缝留槎 | 水泥砂浆防水层施工缝留槎位置应正确，接槎应按层次顺序操作，层层搭接紧密 | 观察检查和检查隐蔽工程验收记录 |
| | 3 | 防水层厚度 | 水泥砂浆防水层的平均厚度应符合设计要求，最小厚度不得小于设计值的 85% | 观察和尺量检查 |

**涂料防水层施工工序质量检验项目、数量和方法**　　　　　　　　表 32.2.3

| 项目类别 | 序号 | 检验内容 | 检验要求或指标 | 检验方法 |
|---|---|---|---|---|
| 主控项目 | 1 | 所用材料及配合比 | 涂料防水层所用材料及配合比必须符合设计要求 | 检查出厂合格证、质量检验报告、计量措施和现场抽样试验报告 |
| | 2 | 涂料防水层及其转角处、变形缝、穿墙管等细部做法 | 均必须符合设计要求 | 观察检查和检查隐蔽工程验收记录 |
| 一般项目 | 1 | 涂料防水层的基层 | 涂料防水层的基层应牢固，基面应洁净、平整，不得有空鼓、松动、起砂和脱皮现象；基层阴阳角处应做成圆弧形 | 观察检查和检查隐蔽工程验收记录 |
| | 2 | 防水层与基层粘结 | 涂料防水层应与基层粘结牢固，表面平整、涂刷均匀，不得有流淌、皱折、鼓泡、露胎体和翘边等缺陷 | 观察检查 |
| | 3 | 防水层平均厚度 | 涂料防水层的平均厚度应符合设计要求，最小厚度不得小于设计厚度的 80% | 针测法或割取 20mm×20mm 实样用卡尺测量 |
| | 4 | 防水层保护层与防水层粘结 | 侧墙涂料防水层的保护层与防水层粘结牢固，结合紧密，厚度均匀一致 | 观察检查 |

**卷材防水层施工工序质量检验项目、数量和方法**　　　　　　　　表 32.2.4

| 项目类别 | 序号 | 检验内容 | 检验要求或指标 | 检验方法 |
|---|---|---|---|---|
| 主控项目 | 1 | 卷材及主要配套材料 | 必须符合设计要求 | 检查出厂合格证、质量检验报告、和现场抽样试验报告 |
| | 2 | 防水层及其转角处、变形缝、穿管道等细部做法 | 均须符合设计要求 | 观察检查和检查隐蔽工程验收记录 |
| 一般项目 | 1 | 卷材防水层的基层 | 卷材防水层的基层应牢固，基面应洁净、平整，不得有空鼓、松动、起砂和脱皮现象；基层阴阳角处应做成圆弧形 | 观察检查和检查隐蔽工程验收记录 |
| | 2 | 卷材防水层的搭接缝 | 卷材防水层的搭接缝应粘（焊）结牢固，密封严密，不得有皱折、翘边和鼓泡等缺陷 | 观察检查 |
| | 3 | 保护层与防水层的粘结 | 侧墙卷材防水层的保护层与防水层应粘结牢固，结合紧密、厚度均匀一致 | 观察检查 |
| | 4 | 卷材搭接宽度 | 卷材搭接宽度的允许偏差为 −10mm | 观察和尺量检查 |

# 第33集 斜 坡

斜坡工程的目的是用来巩固斜坡的，斜坡工程可以分为天然斜坡和人造斜坡两种。要在天然斜坡上建楼的话，那就要按照地形和设计，将工地平整到适当的水平面，也就是说，要先将部分的天然斜坡移走。而这些经过改造的斜坡，就要做稳固工程，那就是人造斜坡。包括有削土斜坡、填土斜坡、岩石斜坡以及在斜坡脚建造的护土墙，虽然不同的斜坡，有不同的稳固方法，但是工程的程序都是差不多的。以新造楼宇工程为例，一般牵涉到的斜坡工程就包括工地平整、斜坡稳固、斜坡表面的保护、美化工程和维修保养等等。

## 33.1 香港斜坡工程施工工序和质量控制的主要内容

### 33.1.1 施工前准备

(1) 熟悉图纸和工程现场情况

施工前，一定要收集有关最新批准的施工图纸，有关工地斜坡的土质勘察报告，地面沉降和地下水位监控记录，工地外围坐标，以及工程师批准施工计划书等等。在工地开工前，一定要检查清楚现场的状况，视察工地周围的环境，包括现有楼宇、路面、天桥、护土墙、地下管道、雨水明槽、砂井和所有其他地下公共设施的实际情况、树木的数量和树干直径的大小，还要确定哪些树木需要搬移或者保留，以达到环保的要求。安全和环保设施是一样重要的；首先要建造围街板或者安全围栏，为了避免污水流到街道，要预备足够的帆布和砂包，把围街板缝封好，必要时还要用砂包将污水引到适当的地方处理。同时要做好临时的排水系统，洗车池以及隔砂池等等，以免影响公众的安全和卫生。

斜坡的排水系统要确保所有雨水能够正常地排走，斜坡不积水，就不会有不稳定的情况出现。斜坡的排水系统，可分为地下排水槽和地面排水槽，地下排水槽包括排水管，排水隔滤垫。而地面排水槽包括 U 形排水槽，梯级型排水槽和砂井，或者是隔砂井。

(2) 施工工具

斜坡工程所需要的工具；包括有泥钉钻孔机；液压锤；灌浆机；喷浆机；隔尘屏障，例如帆布；铁通架；挖土机；水泵；发电机；起重机和空气压缩机等等。

(3) 斜坡巩固工程

如果新建的楼宇坐落在不稳固的斜坡上面或者旁边。就要在开工前后，做好斜坡的巩固，以保安全。

其次，一般在做大型的桩帽的时候，很多时候都会用无支护开挖的方法来挖泥，这个临时斜坡也要做好巩固和保护。

### 33.1.2 斜坡工程施工工序

(1) 削土坡工程程序

施工前，一定要先做好工地的测量记录。清理场地、除草、标线、做斜度架的数量和准确性都要满足要求。要按照施工的次序和驻工地工程师的指示来削土，同时要注意施工的安全。而且千万不能过度开挖山坡，不然会引起山坡倒塌。

工程进行到中期阶段，要进行中期测量和计算泥土数量，并定期安排清泥工作，因为在山坡上面不能积存过量的泥。例如从山坡顶上挖出来的泥和石头，可以用多部挖土机连续运送到倒泥处或者储存地点。已开挖而又未施工的斜坡是最危险的，所以一定要先用帆布盖好，以免因为下雨而影响山坡的稳定性。最后还要分期将已经完成削泥的地区，进行最后修整和表面保护工程；要做好削斜坡后的测量记录以及计算削泥的数量。削完泥后，就可以钻孔、插铁做土钉了。土钉钢筋当然是用来巩固斜坡的，而香港的斜坡多数都是用土钉钢筋。用土钉来巩固斜坡，可以使斜坡直一点，而且不必做大量削平斜坡的工程，在香港这个空间不足情况下，泥钉很适合香港的实际情况。

1）土钉安装工序

做土钉前，首先就要呈交土钉安装施工章程给工程师审批，同时要呈交材料样板，包括镀锌土钉钢筋、置中器、灌浆管、钉头铁板、螺丝头、螺丝帽和水泥。经审批合格，才能开工。开工前，必须要有工作台，包括有符合规格的楼梯，围栏和踢脚板；再由符合资格的人员按法例要求检查核证。根据施工图纸来标线和确定土钉的位置，才可以进行钻孔的工序。

工程监督检查核对好钻孔机的位置、角度以及孔的直径和深度。其中，深度可以由钻入泥土的钻杆长度来控制。机手和管工都要做好钻孔记录，包括土层数据，钻入速度和测量钻孔深度等等，还要注意观察有没有不正常的现象，也就是要注意有没有阻碍物或者地下洞穴等等。钻孔时，要做好临时保护设施和防尘设施。工人也要做好安全措施，包括带防护眼罩、口罩以及耳塞等等。

钻好孔后就预备入土钉钢筋，这个时候要确保没有任何外来物体在孔里面，要用风机吹干净这个孔。而工程监督就要检查土钉钢筋的类型、直径和长度。所有土钉钢筋一定要经过热层镀锌处理，同时还要检查土钉钢筋头螺纹的位置是否有足够的长度，之后再包好胶布。还要检查土钉上面的小灯笼是否足够和用铁丝扎紧稳固，中间到中间的距离是否适合，灌浆管是否接近土钉的尾部。

置中器，是用来固定土钉钢筋在孔的中心位置，这样灌浆后就可以完全包住钢筋，而灌浆管绑到接近钉底，是为了确保浆液由孔底开始灌浆直到填满整个孔为止。做完检查，合格后就可以安装土钉钢筋。如果要用连接装置来连接土钉钢筋，就一定要用符合规格的扭力扳手把连接装置扭紧。

2）灌浆工序

土钉钢筋安装好就要预备灌浆，这时要使用符合规格的水泥、水和混合剂，要确保水泥没过期、浆体的成分一定要符合合约要求。每次灌浆之前，就要做浆体测试，测试内容和相识方法有三种：第一种是浆体流动性测试，以确保浆体有适当的黏度；第二种是浆体水分流失测试，测试要在规定的时间后，来检视浆体水分的流失量；第三种浆体试件。完成浆体测试后，要将测试记录呈交工程师审批。安装土钉钢筋和灌浆一定要在同一天进行，而且还必须在工程监督的监察下才可以进行。一定要用已经被认可的灌浆机施工，灌完浆后，就要将土钉孔口做临时的封口，浆体收缩后，要再灌满到孔顶。

3）土钉头建造工序

根据施工图纸的要求安装土钉头，而钉头铁板、螺丝、螺丝帽以及钉头泥坑的尺寸要符合要求。在喷钉头混凝土前要再检查土钉头及钢筋状况，合格以后才能进行喷混凝土工序。

在大面积正式做土钉前先要做拉拔测试，整个测试程序都要由工程监督监察。首先要在指定的位置做好土钉，其方法和前面的差不多，不同的是不需要灌满浆，只要灌到指定的深度。当浆体试件达到规定抗压强度后，就可以用仪器做拉拔测试。做完拉拔测试后就要把结果呈交给工程师审批。

（2）填土斜坡工程

填土斜坡工程要按照施工图纸来进行，要一层一层的回填，一层一层的压实，每层泥的厚度要满足要求，同时要用压实机压实到要求的密度，同时要实地取泥土试样检验，以确保每层泥土都符合密度要求。

香港以往的灾难性塌坡事故，多数是填土斜坡经过长时间的大雨后，土质疏松而发生的；所以只压实填土还不够，还要做好的排水系统，包括排水隔滤层，排水管和排水槽。另外，为了控制好回填土的含水量，要尽量安排在旱季施工。

（3）岩石斜坡的巩固工程

香港常见的岩石斜坡巩固工程包括：清除松石、石钉、石锚、修补石缝、混凝土扶墙、以及保护网。每个岩石斜坡的巩固工程都要由土力工程师在工地勘察，收集数据和石纹等数据，再决定巩固设计方案，而且还要在实地定出每种不同巩固石坡的细节。

1）清除松石

做岩石斜坡的巩固工程时，斜坡上的松石须尽快清除，但千万不可以用爆破方法，否则就会使岩石面进一步松脱。

岩石斜坡也会有不巩固的石体，但又不可以随便移走它，其中一个方法，就是用石钉来扣住这些不稳固的石体。

2）石钉

石钉的做法是在岩石斜坡上面的指定位置钻孔，然后将孔彻底灌满浆。

3）修补石缝

修补石缝就是把岩石斜坡上的软弱夹层除去，再填适当填料，在表面上做钢筋混凝土保护层。再做好适当的排水孔，来使夹层得到充分的排水。

4）石锚

石锚是利用预应力的原理来拉住斜坡上的岩石，使它更加稳固。石锚的做法是：先在岩石斜坡面上钻孔，然后装上镀锌钢筋，而钢筋先要套上适当的胶塑套，是为了要分隔浆体的作用，接着就可以灌浆和做混凝土保护层，在锚头上面再装上镀锌钢板和镀锌螺丝帽，锚头和螺丝帽都要套上保护胶套使之具有防锈的功能，装上镀锌钢盖，喷上混凝土保护层。

（4）混凝土扶墙

混凝土扶墙的作用，通常是用来支撑一些不适宜修砌或者去除的悬垂岩体。做混凝土扶墙时一定要依照认可的施工图纸，在扶墙的背后和底部做适当的排水暗槽、排水孔，并用榫杆来固定墙身。同时还要有足够深度的地基，扶墙内要配置足够的钢筋网，扶墙前面还要设置排水槽等。

（5）保护钢丝网

建造保护网的目的就是要防止碎石由斜坡掉到街外。所以保护网一定要坚韧、稳固的收紧在斜坡上面。主要是由镀锌钢筋榫杆牢固地勾住在岩石斜坡的面上。榫杆数量和植入岩石面的深度一定要满足要求，而网与网的接口就必须用符合规格的镀锌钢线来稳固捆缚住。护土墙的种类比较多，例如有钻孔桩护土墙、石块护土墙、混凝土重力墙、钢筋混凝土墙、石笼墙以及加筋填土墙。施工工序和使用的材料会根据不同的种类而有所不同。

（6）斜坡表面保护及美化工程

保护斜坡表面和景观美化的方法包括喷草和喷浆。

1）喷草

喷草也就是以喷雾方法悬空撒播指定的种子、肥料和纤维所制成的混合物。

要提交施工计划书给工程师审批。清理好坡面的松石和垃圾，铺上可作生物分解的防侵蚀材料也就是防侵蚀网，为斜坡面提供临时的保护，让这些植物可以健康的生长。防侵蚀网要有足够的搭接面，可以用锐钉把网稳固钉在泥面上。测量准备喷草的地区，计算种子和其他成分所需要的数量。在这些种子和其他成分混合之前，一定要核对重量，通常会在混合物里面加入绿色或蓝色的染料，这样可以帮助操作人员将植草混合物均匀的喷在坡面上。喷了植草混合物之后，就要立即铺上表面防侵蚀保护层，同时要钉好。要定期检查喷草表面的冲蚀情况，如有需要的话还要进行修补工程。同时还要检查草长的情况，来确定是否需要重新喷草。

2）喷浆

另外一种方法就是喷浆，这是硬面斜坡保护措施之一，它的强度和耐用程度较高，主要作用是减少雨水渗入以及防止构成斜坡的材料被冲蚀。

喷浆前，一定要提交施工计划书给工程师审批。施工前要清理坡面上所有的松石和垃圾，然后铺上铁网。要确保钢筋网的混凝土保护层满足设计要求，要检查清楚钢筋网没有生锈、表面没有油污和泥迹，而且排水孔的大小和距离都要正确，要保护好排水孔出口，防止被阻塞。施工前要确定现存的树干、街灯、路牌、栏杆和水龙头的保护措施。根据图纸在斜坡上提供伸缩缝，而每部分喷浆面的接缝都要用模板稳固，同时要用模板为要保留的树木留植树圈。先用高压风来清理坡面和网，再用水喷淋湿坡面。喷浆的混合成份和类型必须正确。喷前要做喷浆混凝土的取芯测试。喷浆的时候要一层一层的喷，要平均覆盖整个斜坡，直至达到要求的厚度。而后要清除多余的混凝土浆和阻塞的疏水孔。为了来美化斜坡面，有时喷浆斜坡面要刷油漆。

（7）斜坡维修及保养

斜坡工程完成后，业主要依照由土力工程处出版的斜坡维修指南 GEO Guide5，定期进行适当的保养和维修。

要定期巡察斜坡，每年最少要进行一次，如果下大雨的话，例如暴雨后，业主就要安排视察和清理排水槽。要经常维修破裂或者已经损毁的排水槽和路面，修补更换破裂损毁的斜坡保护面，清理淤塞的疏水孔和出水管，清除斜坡表面导致严重裂缝的植物，光秃的土坡面要重新种草，要清除岩坡上面或者散石附近的植物和碎石，同时要定期检查土坡或者挡土墙附近的地下水管等等。所有维修和保养都要做好记录。保存全面而准确的记录，对良好的维修管理和斜坡的稳定性是非常重要的。

### 33.2 中国内地与香港在斜坡工程的比较

香港的斜坡工程包括有削土斜坡、填土斜坡、岩石斜坡以及在斜坡脚建造的护土墙等。在中国内地对于在高低不平的场地建造房屋建筑工程，一般涉及到场地平整、斜坡稳固、斜坡表面的保护等。对于这些工程在《建筑工程施工质量验收统一标准》中为室外工程的挡土墙工程。对于挡土墙工程在建筑工程施工质量验收应根据结构的类型而采用相应的专业验收标准。香港对斜坡工程工序的介绍，并不是针对某一种具体的斜坡工程类型，而是斜坡工程施工工序的共同程序、要求和方法。所以对于中国内地从事挡土墙工程的施工以及公路等斜坡工程的施工都有较高的参考价值。

# 第34集 保 护

## 34.1 香港建筑工程保护的主要内容

保护是优质工序过程中一个很重要的环节，工人除要懂得怎样来保护自己完成的工序外，还要懂得怎样爱护上一个工序或其他已完成的工程才对。有了好的材料、优质的施工，还要加上细心的保护加以配合。这样才可以保持整体的优质直到交楼为止。

### 34.1.1 保护的目的

如果各项保护工作都做好，除了不需花时间去翻修外，还可以确保楼宇的优质，当然也就不会影响到整个工程的进度。但是建造工程涉及的工种多，时间又长，要做到全面都不受到损坏，真是不容易。所以要有完善的管理，来协调各项和各专业工程。

对成品保护不好的翻修，有时不只是某个工序的翻修那么简单，还会牵涉到周围已经做好的项目。例如更换窗框时，就要把有关的内外墙的完成面敲开，才可进行更换，重装的窗框还要再进行抹灰并重新铺上外墙马赛克或者瓷砖，如果拆了脚手架，还要重新搭脚手架，而且新铺的瓷砖和旧的瓷砖可能有色差问题等。翻修之后也未必能做到第一次的安装效果。所以保护好已经完成的装置是相当重要。

### 34.1.2 保护的原则

对工程的成品保护，不只是对完成品要进行保护，而在设计阶段就已经要为施工时可能遇到的问题给予了安排。比如选料时，就已经考虑到如果完成的项目，意外受损时是否能轻易搞好而不需要更换。还有材料送到工地的时间要和整体工程进度配合，不能太早或太迟，比如机房未做好内部装修就不能太早把机器送到机房里去。容易受破坏的对象要尽量安排晚一点安装，比如住宅，除了大门和厨房门外，其余的门就尽可能在工程后期才安装，这样受损坏的机会就少了。

### 34.1.3 保护的类别

保护的类别可以分为临时性和永久性的保护。

（1）临时性保护

1）建筑材料的保护，包括在加工厂和运输期间的保护，然后就是施工期间和完工之后的全面保护。好的保护必须从保护材料开始，现在很多材料是在内地生产或者加工的，因此在工厂内加工过程中就要开始做好保护。例如有色的铝窗料要先包好胶纸后才可进行加工。另外在运送过程中也都要做好保护，必须要把这些材料做好包装，例如选用适当的瓦坑纸、卡通纸等，搬运时要小心轻放。运输的货车要有盖，这样就算在途中遇到大雨也不会遭到损坏。至于运到工地的材料，就要分门别类、整齐的储存在工地上指定的储料区。而储料区最好有盖并且保持地盘干爽。尽可能远离车辆和人流多的地方，还要用木枋或木板垫高，来防止被水浸泡。

2）施工期间的保护

在一个工种完成后，而没有交给第二个工种进场前，做好的项目都要先做好保护。例如浴室里面，在安装好浴缸后，承建商就要将浴缸包好并盖上夹板，才可以交给瓦工工人来铺瓷砖，工作时要特别小心的爱护别人之前已完成的项目。

这些在施工期的临时保护，可使在完工期就做得美观一些。

3）完工期的保护

所有工程完成后，在业主入住前，所有容易受损的项目都要做好临时的保护。例如电梯大堂的大理石地面、墙身、电梯门框、电梯内、每层电梯大堂墙身的明角位都要做适当的保护，以免住户搬东西时撞烂。

（2）永久性的保护

在设计的时候就已经把保护的概念融入到项目中，最常见的就是停车场，都会安装防撞角铁来保护柱角位。而车位附近有管道的地方都会安装防撞架，以免遭到碰撞而损坏。这种防撞角铁和防撞架就属于永久性保护的设计。

34.1.4 各项工种的详尽保护

（1）窗框

首先是来料保护，除了要用厚型、耐用的胶纸包住窗框外，所有窗框、窗扇、中横梁槽和底横梁槽都要放上木条，木条的高度就要高于窗横梁。其他突出的部分，比如窗锁、拉手、窗角等等，就要加上厚垫加以保护，其作用就是避免在建筑期内，工人出入窗口时，而损坏窗框。要注意保留窗框的保护胶纸，如果在建筑期内，见到保护胶纸受损的话，就要及时补上，直到其他工程完成之后才能把保护胶纸撕掉。

（2）防水

在工程施工期间和完成后都要有足够的告示牌和围栏，以避免遭到践踏。在完成防水工序后，要尽快做好保护层，比如铺上隔热砖和预制混凝土砖等。如果保护不足遭到破坏，翻修所涉及到的工程就大了，而找到漏水的原因和地点是很难的。

（3）木门框

早期安装又容易受损的材料是木门框。所以要做好保护。建筑期内门框是要用夹板来作保护，钉孔要尽量小并在封口线内，当然要封到一定的高度。要尽快砌砖来固定门框位置。

（4）地面

施工的地面在未干透时，要设足够的告示牌和围栏，要被人踩上去，就会留下一个个的脚印。在做住宅面时要尽量小心谨慎，以免水泥浆弹到墙上，留下污迹。做好地面之后，要能达到足够的承载力才可以上料。尽量不在完成的地面面上搅拌水泥砂浆，如果真的要在地面面上施工，那一定要铺帆布或夹板。

（5）墙身瓷砖

在铺砌墙身瓷砖前，要先用指定的水盆来浸泡瓷砖，不能只贪方便而在浴缸里浸泡。在建筑期内人流多的通道处，做好内部的墙身瓷砖，所有明角都要做好保护，不然就会很容易被撞裂。

（6）地面砖

千万不能在做好的砖面上切割瓷砖。铺砌好的地面在没有达到有足够承载力时，要有足够围栏和告示牌，以阻止任何人进入或放置重物，不然地面砖沉陷下去就很容易积水。

要在清理干净地面砖后盖上夹板，以免被砂石搞花砖面。

(7) 大理石和花岗石

大理石和花岗石工程完成后，要及时清理干净，铺上胶纸再盖上夹板或者透明胶板来作保护；所有的墙角、凸出的大理石角边和窗台大理石边要包上厚垫或软垫层进行保护。大理石和花岗石比较容易损坏，更换时就需要整件整块换，而且要小心可能还会整烂相邻的那块。

(8) 油漆

通常都在较后期才做油漆，尤其是外墙喷漆时，必须做好已完成的所有工程的保护。例如窗框、管道要封好孔。如果要在完成的工程面上刷油漆，要铺好帆布才能开始，这样油漆才不会滴得到处都是。在完成油漆的地方，要挂上"油漆未干"的告示牌来提醒工人，不要把已漆好的油漆面弄脏，同时还要保持空气流通，遇到下雨或收工前，要关好窗。

(9) 窗用玻璃

窗用的玻璃运到工地的储存，要用木板木枋垫起，把每件玻璃都分隔好，储存在通风的地方，不然就会发霉起"彩虹"。同时要尽量安排在拆棚架之后才安装，这样玻璃受损的机会就会少一些。要用正确的方法清洁玻璃，例如用"水洗"，如果用布来抹玻璃，就要注意，不可有砂石，以免把玻璃刮花。

(10) 厨柜

出厂之前就要做好足够的保护。工地上要有合适的地方临时摆放厨柜。安装好的厨柜，要用胶纸、软垫层和夹板保护，并贴上通告，敬请其他专业不要践踏厨柜面，比如装灯。厨柜门以及五金等，要等到最后才安装以减少受损机会。如果真的要更换损坏的厨柜，那就要拆掉很多外围的装置，比如洗水盆、水龙头等，所以适当的厨柜保护相当重要。

(11) 木地板

木地板是比较容易受损。这样要等单元内的窗都装好玻璃之后才做地板。打磨地板之前，厨房、浴室的门要关好同时用布封好门的隙，这样木渣就不会进入粘住砖隙了。地板完成之后，当然尽量不要让人踩，但如果一定要进去做事的话，首先就要用纸皮垫住。而踢脚还要套上胶套或用布包好，以免损坏地板。

(12) 木门

在出厂时就必须用胶纸包好，特别是套装门。装好门之后还要垫好门底，以免被大风吹而撞烂。安装门锁的时候要用软垫层来摆放五金，以避免损坏五金的表层。

(13) 假顶棚

无论在建筑期安装假顶棚，或是在日后要在假顶棚内进行施工，都要戴上干净的手套，这样才不会在假顶棚板上留下手印。

(14) 机电装置

如配电箱、发电机、分体机、冷冻机、水泵、电路控制箱这些机电装置。要等到相关的机房做好全部的内部装修，才可以将机电装置送来安装的。而较大型的机电装置在出厂时，就要做好足够的保护，例如：用厚型的胶纸包好，以免运送途中遇上下雨或其他原因而损坏材料、设备。工地上的材料、设备要存放在室内干爽的地方，特别是玻璃棉保温材料，更加要用胶袋封好，而管子就要分层的摆放。所有材料都要用木枋或卡板垫高。在墙面砖上安装机电装置，必须要先把墙面砖清洗干净后才安装，完成安装后，还要用胶纸做好保护。靠近或者是穿过地面孔的机电装置，例如：电缆、配电箱、线码、总线箱、管道等都要用纸皮和胶纸包好，以免封孔的时候，泥浆会粘在装置上，难以清理。在安装期间，所有管道的开口位，都要用适当的材料遮好，以避免其他材料进入管内。所有机电的仪表都要有适当的保护，以免受到破坏。安装于停车场车路或车位附近的机电装置，要考虑安装防撞架作为保护。

（15）消防

安装在低位的消防花洒龙头要用金属外罩保护，以防止撞烂。在建筑期间，安装完成后的烟雾、热力等侦测器，要用塑料盖封好，以避免灰尘污染；消防龙头的开关要有适当的保护，避免酸蚀或被撞击以至轴芯变形。紧急逃生的指示标志，包括出路灯，紧急通道牌等，要有胶纸保护，避免被油漆或水泥弄脏。

（16）电器

当配电箱安装并测试完毕后，要用瓦坑纸或塑料泡沫盖好，以免仪表受损。未连接的灯箱、刀制、配电箱等电缆线头，要适当的扎好，以避免被破坏。装在灯柱基石上的螺栓，在未浇基石混凝土前就要用胶纸包好，以免混凝土粘在螺栓螺纹上。已经带电的电器装置，例如：电缆、配电箱、总线箱等，要有明确的"有电"警告标签。

（17）冷气机和空调系统

在搬运和存放室内空调机时，不要在上面放置过重材料，以避免压烂机身。安装完成了室外散热器后，其散热片要做好适当的保护，以免弄花或变形。

（18）升降机

要等机房做好有关的水泥装修工程后，才能安装机器并要用较厚的胶纸包好。当升降机的机身做好内部装修及验收后统统都要做好保护，通常是用较厚的透明胶板作保护。每层升降机门框都要用夹板或厚型胶板作好保护，以免在业主搬东西时碰撞而受损。

保护装置是不能妨碍正常的操作，比如电梯内的照明，通风设备，闭路电视系统以及紧急通道信号都不能被遮住的。另外，门的开关要保持畅顺，所有按钮都要能够操作，并且不能妨碍机身机件维修。

（19）水管

水管的材料要按不同的性质加以适当的保护；送到工地上的材料数量应与实际的工程进度配合。要分门别类的储存在工地上适当的地方。

水管工人要和其他工种联系，比如装木门框的工人以及安装厨柜的工人等，以免打钉或钻孔的时候把暗管打穿。所有水管的开口位都要有适当的盖子封好，以避免外来物体跌入管道内造成堵塞。如果有管道在低位处横穿人行通道，就要安装适当的脚踏保护横管，以免被人踩烂。外墙胶管比较容易碰烂，要小心处理。适当的施工程序是非常重要的，最好先装管码，然后贴外墙的瓷砖，清洗外墙后安装管道，否则就要用厚型胶纸包好已完成的胶管，以免被其他水泥或清洁剂腐蚀而整烂胶管。清拆外墙竹棚架时，应首先清理积聚在竹棚架上的泥土，以免在拆竹棚架的时候，泥土跌下而扎穿已经做好的胶管。

（20）洁具

应按工地的实际进度运到工地，而在运送过程中要小心轻放，工地上要有干爽的临时货仓来储存这些洁具。在施工过程中非常容易被破坏或弄花，所以适当的保护不可忽视。装好浴缸后，要用耐用胶纸包好并用夹板盖上保护。也可以用"级索"塑料泡沫来保护浴缸，马桶安装好以后要用胶纸包好，而坐便器的坐板则最好安排到最后等交楼时才安装，以减少受损坏的机会。

（21）排水系统

所有开口的排水管都要用适当的盖子封好，以防外来的物体掉到管内。已经做好的砂井，在没有安装井盖时，就要用铁板临时盖好，防止发生意外和地盘的垃圾等塞住砂井及水管。而砂井盖要用塑料布包好，以免泥砂等把砂井盖花纹填满，以致日后很难清理。埋在地底下的道管，如果因保护不足而导致严重的堵塞，就可能需要更换的话，所涉及的工程就非常大了。至于所选用的保护材料除了要提供适当和长久性的保护之外，还要在其他项目施工期间加强保护。

在保护中，选用保护材料要小心，就像盖木板之前要先清理干净已做好的面并确保木板上无砂石，不然就会刮花。又或者所用的胶纸会在完成面留下胶纸痕渍，其保护就失去了意义。

## 34.2 中国内地与香港在保护方面的比较

香港的保护工程分为临时性保护和永久性保护。包括在加工厂和运输期间的保护以及施工期间和完工之后的全面保护。并对窗框、防水、木地板、墙身瓷砖、大理石、花岗石、油漆、木门、橱柜、假顶棚、机电装置、消防、电器空调系统、水管、洁具、排水系统和升降机等的保护提出了要求。在中国内地对于保护工程也是非常重视的。在各地和施工企业编制的施工工艺标准中均有成品保护的内容和要求。中国香港对保护方面集中起来进行介绍，即能增强对重要性的认识又能形成了较系统保护概念和操作要点，体现了对建筑工程施工过程中的已完工程和工序成品保护的重视，值得内地借鉴。

# 第 35 集　外墙拆棚架前验收

## 35.1　香港外墙拆棚架前验收的主要内容

### 35.1.1　外墙拆棚架前验收的目的

每个工序都已经有了自己的验收程序，为什么还要有个外墙拆棚架前的验收呢？

这主要是为了确保各项外墙工程都已经根据批准的施工图纸妥善的做好，无任何遗漏和损坏。如果当外墙的大棚架被拆走以后，才发现有遗漏，或者有缺陷，则要再想翻修，那就很费事了。

### 35.1.2　拆棚架前验收程序

如果所有外墙工程都是优质工序，则问题就不会太多。外墙拆棚架前要验收需要得到各专业的配合。承建商就要和各专业商议，明确验收的程序和细节；包括验收的时间、方法、项目以及人员的安排等等。另外承建商还要制定验收检查表，来确保不会有任何的遗漏。然后承建商就要和各分包单位、工程师或者顾问工程师的代表，进行各项有关外墙的验收和测试，直到工程师或者顾问工程师满意为止。虽然这个时候多数外墙工程都到了尾声，但是有可能外围还有一些工程正在进行，所以验收的时间就要灵活，可分阶段进行，最好配合清洁和拆棚架的程序，通常会从顶楼逐层向下验收。

### 35.1.3　外墙拆棚架前验收范围

外墙拆棚架前分阶段验收包括有：清洁前对混凝土、窗、水管、渠槽以及煤气工程的检查，清洁后对油漆工程、外墙伸缩缝打胶、窗边混凝土接口打胶等等的验收。最后，验收后做的工程，其中包括拆卸了的垂直升降机、电梯位和临时垃圾槽等这些位置未完成的外墙工程。

### 35.1.4　棚架的稳固和安全

要确保它的稳固和安全，所以要先进行修棚架。拉棚架和锁棚架的方法，要以不会影响其他工种的施工进行为原则。

在拆稳固棚架连墙杆之前，就会用其他方法来固定棚架，例如用楼内架竹或者用楼内打螺丝锁棚的方法。

"架竹"的绑扎点不能够绑在窗上面，这样会破坏扇窗；用螺丝锁棚方法是要利用外墙的窗孔来打螺丝，棚架管工要和承建商、窗管工商讨，以确保这些绑扎点不会被破坏，否则，棚架结构就不安全了。

承建商还要和棚架、混凝土分包商明确换连墙杆的责任。要有经过工程师批准切割铁管后的修补程序和方法，切割的铁管要漆上防锈漆，交给瓦工工人抹平表面进行收口。

### 35.1.5　外墙拆棚架前的分项验收

（1）外墙面

要按图纸的要求检查外墙，全面检查各工序，包括外墙砖有没有空鼓、裂、崩、烂、凹凸不平、以及爆裂等等，砖的对缝且缝位距离是否均匀；所有的伸缩缝、檐口、窗顶窗边的"斜水"以及顶部的"滴水"线是否做好；砖与窗边的凹坑里面的泥渣是否刮清；还要确保做妥接口，扫口也要均匀无孔；还要按之前的外墙验收记录，来检查所有未完成检修工程是否已经修补好，不能有任何遗漏。另外，承建商还要预留同一批砖或者油漆，供以后拆角铁架后修补之用，还要注意，不要把外墙的晒衣架的墨线覆盖住。

检验窗是否有任何损坏，保护胶纸是否遮好等。

（2）水管与管道

要确保所有外墙的管道的连接和试水都已经做好，同时还要检查有没有不妥善的地方，例如水管爆裂、漏水以及倒斜流等，外墙管边的接口是否做好，尤其是管底的位置，支架和配件是否已经安装妥当等。

（3）煤气

要确保所有煤气管的安装和连接都已经做好，并且通过了气密测试，检验管道有没有损坏，热水炉过墙的套管是否有适当的胶纸保护。最后再次检查所有遗漏的地方是否都已经做妥。

（4）清洁

要清理粘在保护网上的砂石；还有窗台顶上、外墙管上、竹棚和绑扎点的砂石清理，要把这些砂石等垃圾扫入桶里，再运到楼内搬走。要特别注意的是，冷气排水管的盖是不可以拆走的，不然砂石掉进去就会造成堵塞。承建商一定要列明各分包商在合约上的责任，例如清理外墙水管、槽管、煤气管和外墙等等，以确保各项工程清理妥当。清洁时，一定要用工程师批准的清洁剂，由于涂有清洁剂的砖面的光泽感会造成永久的破坏，所以要有足够的清水清洗。而且还要按次序分阶段的清洁，由高层至低层来清洗外墙，不可把交接位做漏。清洁完成后，管工要细心查看外墙和管道等等是否已经洗干净，不能再有污渍泥砂。当清洁验收后，就可以继续做其他的外墙工程。例如油漆工程和外墙伸缩缝打胶，但是要等外墙完全干透以后才可以施工。因为打胶和最后的油漆，要在清洁干净的施工面才可以做，而且它们是最后的完成面，就不需要再做清洁。

（5）油漆

外墙油漆的验收。就要按图纸的要求检查外墙和管道是否已经全部刷好油，油漆表面是否平顺均匀，无脱色、不变黄、无剥落、无色差，总之一定要色泽均匀才能验收。另外，一定要等外墙管道和管码都清理好以后，才能在管子上涂漆。

外墙通天位通常就会利用撑力的方法来固定棚架，要把竹棚架移位，才能进行油漆工程；所以一定要检查竹棚架移位后的地方，是否已做好油漆工序。

（6）外墙伸缩缝打胶

外墙伸缩缝的深度一定要达到混凝土面，打胶前一定要检查并确定打胶的位置是否清理干净，接口位也要干净。另外，下雨天或者天气潮湿都会影响打胶的性能。要把打胶的接口做好，要准备好适当的胶枪和灰勺以及预备一些纸张来清理胶窗嘴。要在打胶面两边的砖位都要贴上胶纸，以确保打胶位置正确且不会弄污墙身。抹完胶枪嘴的纸要用袋子袋好，不然会影响到其他工程。优质的打胶就要按图纸要求来做，要顺滑，无缝，而且宽度要均匀一致，转弯位要对口。

（7）窗保护胶纸及窗边与墙碰口位打胶

窗户向室外的保护胶纸，要在外墙的清洁做好后，把它清除干净；外墙和窗框的接口位的打胶也都要做好，打的胶不能够粘在活动窗的窗叶上面，而且用完的胶罐千万不能插在竹棚架上面，窗玻璃打好胶之后，至少过 48 小时之后才能开窗。

（8）窗试水

空调机窗位和一些"死位"的固定窗，要在拆棚架前试水，这样才能确保无漏水才可进行拆棚。所谓外墙的"死位"是指外墙一些地方。如果拆了竹棚架，就不能进行后做工程和窗试水的工作，例如：外墙的通天位，或四周没有窗口的地方，这些"外墙死位"就必须在完成所有外墙工程后才可以拆棚架。对不能在室内安装玻璃或者打胶的窗，要等到玻璃和打胶都做好后，而且完成了试水，各项修补工作都做妥后，才可以拆棚架。进行窗试水时，要特别小心，不然把管道弄爆或者水管漏水就会损坏室内的装修了。

（9）后做工程

包括后拆的垂直升降机架、电梯位、临时垃圾槽等等，这些位置的各项工程和运料接近完成的时候才开始做。

承建商一定要预先计划好同时预留足够的时间来完成这一些工序：其中包括翻棚架、补烂、墨线、窗安装、水泥封口、窗安装、包角、打底、铺瓦、清除胶纸、还要做好清洁、窗边打胶、装上玻璃、打玻璃胶和做 100% 的试水。还要预留时间做工程验收，以确保各项工程符合验收标准。

35.1.6 外墙拆棚架

（1）拆棚架前准备

为确保拆棚架工人的安全，对拆棚架的方法和拆棚架前的准备工作一定要做充足。另外也要确保拆棚架的工序不会影响或者破坏到其他专业的安全才行。所以承建商一定要制订一份"拆棚架安全施工建议书"，并经工程师审批。

（2）清走桥架板

在拆外墙棚架前要先清走抹灰架板。承建商要先和管工商议好有关运走桥板的方法。在清走桥板时，一定要确保它不会破坏已经安装好的窗。所以承建商应该把窗横、竖料都加强保护，例如用木壳来保护已经安装好的窗。

（3）拆运身桥

要先清理好运身桥的桥面，把砂石、垃圾和铁皮都要运入楼内再清走。清拆运身桥的次序应该是由高层至低层，逐层逐层的拆走。

（4）拆网

拆网一定要先把所有外墙、窗台顶和管道上面的砂石清理好后才可以做，还要先清理好粘在棚架上的垃圾。而且还要一边拆网一边检查外墙是否真的清理好，如果发现有遗漏的话，就要先进行修补，然后才可以继续拆网。完成拆网之后，承建商管工还要用望远镜远距离的看清楚整体上有没有问题。

（5）拆棚架

通常拆高楼层的棚架会分段进行，高层的竹棚架要利用绞车（winch）机吊下，而低层的竹棚架就会用人工传递，千万不可以飞竹。而且在拆棚架时，拆棚架工人一定要特别小心，不能把已经安装好的装置整烂，包括窗、玻璃、管道等等。棚架短竹会经窗口传到楼内再运走，最好不要经过浴室和厨房的窗，以避免弄坏已经安装好的洁具和厨柜。外墙拆棚架前的验收是一栋楼验收一道重要防线，所以绝对不可以轻视，要确保各项工程都按图纸做好。

### 35.2　中国内地与香港在外墙拆棚前验收的比较

香港外墙拆棚架前的验收非常系统，是在各项工序都通过验收的基础上的再一次检查，以确保工程无任何遗漏和损坏。其外墙拆棚前分阶段验收包括：清洁前对混凝土、窗、水管、渠槽以及煤气工程的检查，清洁后对油漆工程、外墙伸缩缝打胶、窗边混凝土接口打胶等等的验收；以及验收后做的工程，包括拆卸了的垂直升降机、电梯位和临时垃圾槽等这些位置未完成的外墙工程。

在中国内地非常强调各施工工序的质量验收和工序间的交接经验以及检验批、分项工程、分部工程和单位工程的验收。在分部工程和单位工程验收中要对外观质量进行检查验收。其分部工程和单位工程的外观质量验收也是各项工序都通过验收的基础上再一次检查，以确保工程无任何遗漏和损坏。这些要求和规定分别体现在《建筑工程施工质量验收统一标准》GB 50300—2001 和各专业验收规范中。但在中国内地的总承包商对外墙拆棚架前的验收的重视程度较中国香港要差一些。上节介绍的中国香港外墙拆棚前验收的做法对于确保工程无任何遗漏和损坏是很重要的。这道工序值得中国内地的建筑工程总承包单位借鉴和推广。

# 主要参考文献

[1] 中国建筑科学研究院主编. 建筑工程施工质量验收统一标准 GB 50300—2001. 北京：中国建筑工业出版社，2001

[2] 上海市基础工程公司主编. 建筑地基基础工程施工质量验收规范 GB 50201—2002. 北京：中国建筑工业出版社，2002

[3] 陕西省建筑科学研究设计院主编. 砌体工程施工质量验收规范 GB 50203—2002. 北京：中国建筑工业出版社，2002

[4] 中国建筑科学研究院主编. 混凝土结构工程施工质量验收规范 GB 50204—2002. 北京：中国建筑工业出版社，2002

[5] 冶金工业部建筑研究总院主编. 钢结构工程施工质量验收规范 GB 50205—2001. 北京：中国建筑工业出版社，2002

[6] 哈尔滨工业大学主编. 木结构工程施工质量验收规范 GB 50206—2002. 北京：中国建筑工业出版社，2002

[7] 山西建筑工程(集团)总公司主编. 地下防水工程施工质量验收规范 GB 50208—2002. 北京：中国建筑工业出版社，2002

[8] 江苏省建筑工程管理局主编. 建筑地面工程施工质量验收规范 GB 50209—2002. 北京：中国建筑工业出版社，2002

[9] 中国建筑科学研究院主编. 建筑装饰装修工程质量验收规范 GB 50210—2001. 北京：中国建筑工业出版社，2002

[10] 沈阳市城乡建设委员会主编. 建筑给水排水及采暖工程施工质量验收规范 GB 50242—2002. 北京：中国建筑工业出版社，2002

[11] 上海市安装工程有限公司主编. 通风与空调工程施工质量验收规范 GB 50243—2002. 北京：中国建筑工业出版社，2002

[12] 浙江省开元安装集团有限公司主编. 建筑电气工程施工质量验收规范 GB 50303—2002. 北京：中国建筑工业出版社，2002

[13] 中国建筑科学研究院主编. 电梯工程施工质量验收规范 GB 50310—2002. 北京：中国建筑工业出版社，2002

[14] 北京市地方标准. 建筑安装分项工程施工工艺规程 DBJ/T 01—26—2003. 北京：中国市场出版社，2004

[15] 建设部人事教育司组织编写. 土木建筑职业技能岗位培训教材. 测量放线工. 北京：中国建筑工业出版社，2005

[16] 建设部人事教育司组织编写. 土木建筑职业技能岗位培训教材. 砌筑工. 北京：中国建筑工业出版社，2005

[17]　建设部人事教育司组织编写．土木建筑职业技能岗位培训教材．抹灰工．北京：中国建筑工业出版社，2005

[18]　建设部人事教育司组织编写．土木建筑职业技能岗位培训教材．混凝土工．北京：中国建筑工业出版社，2005

[19]　建设部人事教育司组织编写．土木建筑职业技能岗位培训教材．钢筋工．北京：中国建筑工业出版社，2005

[20]　建设部人事教育司组织编写．土木建筑职业技能岗位培训教材．木工．北京：中国建筑工业出版社，2005

[21]　建设部人事教育司组织编写．土木建筑职业技能岗位培训教材．油漆工．北京：中国建筑工业出版社，2005

[22]　建设部人事教育司组织编写．土木建筑职业技能岗位培训教材．架子工．北京：中国建筑工业出版社，2005

[23]　建设部人事教育司组织编写．土木建筑职业技能岗位培训教材．防水工．北京：中国建筑工业出版社，2005

[24]　建设部人事教育司组织编写．土木建筑职业技能岗位培训教材．水暖工．北京：中国建筑工业出版社，2005

[25]　建设部人事教育司组织编写．土木建筑职业技能岗位培训教材．建筑电工．北京：中国建筑工业出版社，2005